堤防病害诊断技术

周　杨　朱文仲　主编

黄 河 水 利 出 版 社
·郑州·

内 容 提 要

本书在简要介绍黄河堤防工程特点、建设情况、历史险情和常见病害类型的基础上，提出了堤防病害诊断的概念、内涵，认为堤防病害诊断主要是利用探测、监测等主要诊断技术来获取堤防或单位堤段的基础诊断资料，通过对各种定性或定量基础诊断资料的分析处理，建立综合诊断与评价体系来分析单位堤段中已有的或潜在的危险及其严重程度，为堤防工程管理和防汛抢险动态决策提供科学依据。书中对堤防病害诊断所涉及的探测诊断、监测诊断及综合诊断等领域的基本方法、发展现状、关键技术和特点进行了介绍与分析，本书以推动堤防病害诊断工作的发展、提高堤防安全工作水平为目的，具有较强的实用性。

本书可供从事堤防工程管理、堤防质量检测的管理人员和技术人员使用。

图书在版编目(CIP)数据

堤防病害诊断技术/周杨，朱文仲主编. —郑州：黄河水利出版社，2012.7

ISBN 978-7-5509-0190-2

Ⅰ.①堤…　Ⅱ.①周…　②朱…　Ⅲ.①堤防-管理　Ⅳ.①TV871.2

中国版本图书馆 CIP 数据核字(2012)第 157719 号

出 版 社：黄河水利出版社

地址：河南省郑州市顺河路黄委会综合楼 14 层　　邮政编码：450003

发行单位：黄河水利出版社

发行部电话：0371-66026940、66020550、66028024、66022620(传真)

E-mail：hhslcbs@126.com

承印单位：黄河水利委员会印刷厂

开本：787 mm×1 092 mm　1/16

印张：11

字数：254 千字　　　　印数：1—1 000

版次：2012 年 7 月第 1 版　　　　印次：2012 年 7 月第 1 次印刷

定价：30.00 元

编写人员

主　　编：周　杨　朱文仲

副 主 编：张清明

编写人员：王　锐　李长征　杨　磊　胡伟华　朱松立　常晓辉　赵志忠　王坤昂　谢义兵

审　　定：冷元宝　刘红宾

审　　核：乔惠忠　宋万增

特邀专家：于强生　常向前　朱萍玉　周福娜　曾宪强

前　言

堤防工程是重要的防洪工程之一，其主要作用是约束水流，抗御风浪和海潮，限制洪水泛滥，保护两岸工农业生产和人民生命财产安全等。据不完全统计，截至2010年，我国已建成江河堤防29.41万km，其中一、二级达标堤防长2.79万km。

1998年特大洪水以后，我国在大江大河上斥巨资进行重点堤段除险加固，使得堤防工程的抗洪能力整体得到了明显增强。但由于堤防工程自身的复杂性和施工技术水平的限制，目前相当数量的堤防工程仍存在一些不可忽视的问题，主要有：堤防施工质量未达到规范要求的标准，主要江河防洪标准仍然偏低；堤身内存在许多古河道、老口门、遗留的构筑物、虚土层、透水层等隐患，在洪水期间极易形成渗水、管涌、漏洞、散浸、跌窝等险情；生物破坏问题严重，南方的白蚁，北方的獾、狐、鼠类，对堤防的破坏作用很大；堤防存在不同程度的老化、沉陷和变形现象，需进行系统的检测与维护；堤防查险手段主要靠人工拉网，现代探测、检测、监测技术在堤防上的应用需进一步增强。随着堤防保护区内社会经济的迅猛发展，堤防工程在防洪减灾中的地位不断加强，因此加强堤防工程病害诊断工作对于堤防设计、除险加固、防汛抢险、工程运行管理具有重要意义。鉴于此，我们组织相关专家编写了此书。

本书共四章，对堤防病害诊断的概念及内涵作了细致的论述，堤防工程病害诊断是利用探测、监测、检测等诊断技术来获取堤防或单位堤段的基础诊断资料，通过对各种定性或定量基础诊断资料的分析处理，建立综合诊断和评价体系来分析单位堤段中已有的或潜在的危险及其严重程度，为堤防工程管理和防汛抢险动态决策提供科学依据，其内容主要包括专项诊断技术和综合诊断系统两大方面，本书对堤防工程探测诊断技术、监测诊断技术和综合诊断与评价技术作了重点阐述。

本书编写人员及编写分工如下：第一章由王坤昂、胡伟华、朱松立编写，第二章由赵志忠、李长征编写，第三章由王锐、张清明编写，第四章由杨磊、谢义兵、常晓辉编写。本书由周杨、朱文仲任主编，由张清明任副主编。

本书由冷元宝、刘红宾审定，由乔惠忠、宋万增审核。于强生、常向前、朱萍玉、周福娜、曾宪强对本书给予了具体的指导和帮助，提出了宝贵的意见。本书在编写和出版过程中得到了黄河水利委员会建设与管理局、黄河水利委员会国际合作与科技局、黄河水利科学研究院等有关方面的关心和支持，在此一并表示衷心的感谢。

本书着眼点高，意在梳理和总结堤防诊断新技术、新经验，强调实用性，注重理论与实践相结合，是水利工程技术人员、管理人员及相关水利管理部门不可缺少的参考书，有利于防汛抗洪工作规范化、科学化。

由于受编写时间的限制，书中不妥之处在所难免，敬请广大读者和专家批评指正，在此表示诚挚的谢意！

编　者

2012年3月

目　录

第1章 绪 论

1.1 堤防工程概况

1.1.1 堤防工程特点

堤防是为防止洪水(或风暴潮)侵袭,沿江、河、海、水库以及分蓄洪区周边修建的挡水建筑物;是人们为了保护农田、工厂和自身的生存和发展而逐步兴建与扩展的水利工程;是防洪工程体系的重要组成部分。

堤防工程具有以下特点:

(1)季节性或周期性发挥作用。在汛期洪水达到一定程度以后或风暴潮来临时才挡水,有时一年一次或数次发挥作用,有时则数年才发挥作用。挡水时间较短,仅数天或数十天。

(2)堤防高度一般不大,多在数米至10余m。

(3)堤防工程一般为长条形建筑物或带状建筑物,常跨越阶地、漫滩、古河道、冲沟等多个地貌单元。

(4)地基多为第四纪松散沉积物,其物质组成、分布及厚度变化大,地质条件较复杂。少数为基岩,地质条件较简单。

(5)已建堤防多为历次培修而成,堤身填筑土组成及密实程度不均一。

(6)各类穿堤建筑物较多。

我国很多重要城市和3 000多万hm^2农田都在江河的中下游,需要依靠堤防保护。据统计,堤防保护面积虽不到全国总面积的10%,但所保护的耕地面积占堤防保护面积的30%、保护的人口占全国总人口的50%以上、保护区内的农业产值约占全国农业总产值的60%、工业产值占全国工业总产值的70%以上。因此,一旦大江大河发生特大洪水,引起改道性的溃堤决口,后果将不堪设想。虽然我国各大江大河已初步建成了防洪体系,具有一定的抗洪能力,但1998年特大洪水仍受到了严重损失,受淹面积达6 610 km^2,受灾人口2.3亿人,直接经济损失2 600多亿元。

1.1.2 堤防工程建设

我国堤防工程建设历史悠久,是随着人口增长和经济发展而逐步修建起来的。新中国成立后,党和政府十分重视防洪工作,在积极安排防洪体系工程建设的同时,加强了堤防工程建设。截至2010年,全国已建成江河堤防29.41万km,累计达标堤防12.14万km,堤防达标率为41.3%,其中一、二级达标堤防长度为2.79万km,达标率为78.4%。全国已建成江河堤防保护人口6.0亿人,保护耕地4 700万hm^2。

黄河流域堤防主要集中在黄河下游,黄河下游大堤是随着河道变迁经历代不断修建而成现行河道两岸大堤的,东坝头以上建于明清时期,已有 500 多年的历史,东坝头以下是 1855 年铜瓦厢决口改道后修筑的,距今亦有 150 多年的历史。黄河下游临黄大堤长 1 371.227 km,其中左岸长 746.979 km,由于支流天然文岩渠和金堤河的汇入,以及保护对象不同,左岸堤防分为 3 大段 2 小段;右岸长 624.248 km,受东平湖至济南山麓分隔,右岸堤防分为 2 大段 11 小段,现状大堤高 10 m 左右,最高达 14 m,临背河地面高差 4 ~ 6 m,最高达 10 m 以上(如开封大王潭);堤防断面顶宽 7 ~ 12 m;艾山以上临背河坡一般为 1∶3,艾山以下临河坡为 1∶2.5,背河坡为 1∶3。黄河下游堤防工程现状见表 1-1。

表 1-1 黄河下游堤防工程现状

岸别	序号	堤段	桩号范围	堤防长度(km)	级别
左岸	一	第一大段:孟县中曹坡至封丘鹅湾	0 + 000 ~ 200 + 880	171.051	1
		其中孟县中曹坡至温县单庄段	0 + 000 ~ 15 + 600	15.6	4
	二	第二大段:长垣大车集至濮阳张庄闸	0 + 000 ~ 194 + 485	194.485	1
	三	第三大段:濮阳张庄闸至利津四段	3 + 000 ~ 355 + 264	350.123	1
	四	第一小段:贯孟堤	0 + 000 ~ 9 + 320	9.32	1
	五	第二小段:太行堤	0 + 000 ~ 22 + 000	22	1
	左岸合计			746.979	
右岸	一	孟津堤	0 + 000 ~ 7 + 600	7.6	2
	二	第一大段:郑州邙山根至梁山徐庄	− 1 + 172 ~ 336 + 600	340.183	1
	三	河湖两用堤	徐十堤 0 + 000 ~ 7 + 245 国十堤 7 + 245 ~ 10 + 471	10.471	1
	四	东平湖附近 8 段临黄山口隔堤		8.854	1
	五	第二大段:济南宋家庄至垦利二十一户	− 1 + 980 ~ 255 + 160	257.14	1
	右岸合计			624.248	
总计				1 371.227	

1.1.3 堤防工程历史险情

黄河是多泥沙河流,泥沙淤积使下游河床不断抬高,"地上悬河"形势越来越严峻,河道萎缩,洪患日趋加重。河床抬高导致同流量洪水水位大幅度升高。据有关资料,下游主要水文站同流量(3 000 m^3/s)的水位相比,1985 年较 1952 年高 1 ~ 3 m,加上"二级悬河"的出现,使得洪水威胁黄河河床的抬高日益严重,导致高水位运用时,堤身的背河出溢点高,堤脚渗漏,严重威胁堤防安全。

黄河大堤险点险段主要表现为潭坑(老口门)、堤身裂缝、堤身缺口、顺堤行洪、渗水段、堤身残缺段(高程、坡度不够)、病险涵闸、影响堤防安全的穿堤建筑物及其他,出险特点综合归结为以下四大类:

(1)以管涌、流土为代表的堤基渗透变形。管涌是黄河下游堤防在特大洪水期间比较常见的险情,如抢护不及时,时间久了洞径扩大,有可能发展成漏洞或脱坡塌陷等更大险情,危及堤防安全。历史上黄河堤防出现的管涌险情多出现在堤内坡脚不远处的低洼地带,距堤内脚30~50 m。黄河下游堤防堤基的表土层很少是砂砾层,因此地基的渗透破坏一般为流土破坏。流土首先发生于渗流出口,不可能在土体内部发生,当渗透力克服了重力的作用时,土体就会产生流土破坏。流土与管涌相比,其发生要求有更高的渗透比降,一旦流土发生,非常容易引起溃决,危害性更大。

(2)以渗水、滑坡为代表的堤身渗透变形。由于黄河下游堤防部分断面不足,堤身单薄,堤身土质以砂性土为主,加上筑堤质量差,因此在洪水时期,水压力增大,时间稍长,河水透过堤基或堤身在背河堤坡或堤脚出现渗水,这是黄河下游堤防最常见的险情。其特征是堤防背水侧坡面湿润、松散或有浸润纤流。散浸冲刷是堤身渗透破坏的主要形式之一,严重散浸将诱发堤身漏洞和堤身管涌以及脱坡滑坡的发生。

(3)以穿堤建筑物接触冲刷为代表的穿堤建筑物险情。穿堤建筑物的渗流破坏多是沿地基土、顶部填土或侧向与建筑物的接触面产生的,接触冲刷开始发生在填土与建筑物接触部位,先是接触部位颗粒从渗流出口被带走,进而形成渗流通道,引起堤防溃决。由于接触冲刷发展速度往往比较快,因此对堤防的威胁很大。

(4)河势急剧变化引起的冲决险情。黄河下游属游荡性河道,作为历史上黄河下游三大决口形式之一的冲决,就是当大堤堤外无滩或滩岸很窄,而河势游荡摆动,在没有被控制的情况下突然变化,发生"横河"、"斜河"、"滚河",主流将直接顶冲淘刷堤岸,造成堤防坍塌,抢护不及而决口。冲决发生率比较高,据统计,黄河在山东境内历年424个决口中,属于冲决的就有78个。各种险情之间相互联系、相互影响,往往一种险情的发生会引发多种险情,加剧险情的发展。

据黄河下游1949年以来历年大洪水期出险资料统计,堤基发生渗水(不包括堤身渗水)的堤段共有290处:河南省52处、山东省238处,左岸175处、右岸115处;属严重渗水的有112处,发生过渗透变形的有114处,其中109处堤段的堤基分布于老口门处,占全部渗水堤段的37%。发生渗水及渗透变形的时间多在1954年及1958年大洪水时期,经过多年来对大堤进行加固处理,洪水期发生渗水及渗透变形的堤段逐渐减少,但是在1976年及1982年大洪水时期,有些原来并不渗水的堤段,如山东省济阳县的邢家渡及天兴庄等,却发生了渗水问题。

1993年对黄河大堤险点、险段进行了统计,包括老口门、管涌、渗水、裂缝、堤身残缺、堤身缺口、顺堤行洪7项共28处险点,其中渗水13处占险点总数的46%。经检查,临黄大堤堤身浸润线在背河堤坡出逸的堤段占堤线总长的35%。近年来,虽然黄河来水量持续偏小,但险情仍有发生,如1996年8月洪水两次洪峰(7 600 m^3/s、5 520 m^3/s),山东黄河大堤就有21处出现险情,其中渗水、管涌14处,大堤裂缝6处,风浪淘刷1处。

综上可见,黄河下游临黄堤防在历史上大洪水时期发生渗水、严重渗水及渗透变形的堤段很多,问题也很严重,渗透变形仍是黄河堤防的首要问题,同时可以预见当发生大洪水时由渗流造成的险情仍将是非常严重的。

1.1.4 堤防工程病害

堤防工程病害是指埋藏于堤身及堤基内的动物洞穴、人类活动遗迹、腐朽树洞、古河道、坑塘、决口的老口门及堤身裂缝等，造成堤内洞穴纵横交错，“洞”、“松”、“缝”是堤防病害的主要特点，所有这些隐患，如不及时处理，会不断恶化，将严重危及黄河大堤的安全。

1.1.4.1 堤身病害

1）堤身土质差、填筑不实

黄河下游大堤是在原有民埝的基础上逐步加高而成的，虽然经过多年的加固处理，但仍存在许多险点隐患和薄弱环节。受当时技术、设备和社会环境等条件的制约，历史上修筑的老堤普遍存在用料不当、压实度不够等问题；修堤土质多属砂壤土、粉细砂，渗透系数大；局部用黏土修筑的堤防易形成干缩裂缝。人民治黄以来，黄河大堤历经了四次大的加高改建，1950～1957 年、1962～1965 年、1974～1985 年、1989～2000 年各加高改建一次。1980 年以前主要是靠沿堤农民推胶轮车筑堤，1989 年以后使用铲运机与推土机配合筑堤，因此黄河大堤在 1989 年以前历次筑堤中，填筑标准较低，压实标准和相对密度远不能满足运行要求，尤其是逐年培高，新老结合面没有按照常规要求进行处理，是引起堤身裂缝、滑坡及塌陷的重要原因。

大堤堤身土体组成复杂，一般由砂壤土、黏土、壤土混掺而成，土质极不均匀，结构疏松；遇大水偎堤，易于渗透逸出；暴雨时造成堤防不均匀沉陷，甚至坍塌。根据历史险情、隐患探测的成果和钻孔中漏水漏浆情况，加上室内土工试验测定的堤身土的黏粒含量、干密度和渗透系数等指标，充分说明堤身填筑质量不好，存在裂隙空洞等，引起堤身渗漏，表现为堤坡和堤脚部位的出渗。据检查了解，新中国成立前部分老堤的干容重仅 1.3 g/cm^3。虽然人民治黄以来历经了四次较大规模的修堤，堤防加高培厚的质量相对较好，但也只是加固了外壳，堤身内部隐患仍然没有解决。

2）洞穴及空洞

动物洞穴主要指獾、狐、地鼠、地猴等害堤动物在堤身内所挖掘的纵横通道及窝洞。当通道横穿大堤时，其危害更为严重。动物洞穴在黄河大堤上普遍存在，每年堤防检查都发现几十处獾洞，鼠洞更是到处可见。黄河下游大堤多年不靠水，獾洞多分布在堤坡中部，洞道处于设防水位以下；洞口多位于临河堤坡及坝坦的杂草丛中，不易被发现；洞道深入堤内直线长度达 3～5.5 m，个别洞道甚至为穿堤洞。1982 年，在开封县大堤上开挖一獾洞，伸入堤内长达 26 m；1991 年，在兰考大堤上解剖一鼠洞，伸入堤内长达 120 m。

堤内的空洞多为抗日战争时期在大堤上挖掘的军沟、战壕、防空洞、群众的房基地、红薯窖、废涵洞、排水沟、废井、坟墓等，多数已发现并处理，如济阳县田兴庄堤基有坟地，1955 年在进行锥探灌浆时，一眼孔曾灌入泥浆 300 多桶；1996 年洪水期间在台前县大堤桩号 176＋700 处背河堤身内发现一处较大的藏物洞。上述洞穴及空洞一般较为隐蔽，且动物洞穴还具有再生性，防不胜防，这些洞穴的存在使得堤身抗洪能力大大降低。

3）堤身裂缝

堤身裂缝是近年来黄河下游堤防上比较突出的问题。在 1999～2000 年对下游 671 km堤段的隐患探测调查中，共探出显著的堤防隐患 1 330 处，其中具有明显裂缝或洞穴等隐患的突出险点 468 处,土质不均匀的松散土及裂隙发育 862 处,裂缝下延深度为 6 ~ 10 m,深的可达 13 m;从历年普查资料看,堤身裂缝多数为纵向裂缝,少数为横向裂缝,且纵向裂缝近似呈直线展布,主要分布于背河堤肩路沿石处、临河堤肩路沿石处和堤防道路中间部位。堤身裂缝经雨水侵蚀形成陷坑、天井,破坏了堤防的完整性,一旦大水偎堤,横向裂缝直接形成渗漏通道,纵向裂缝则可能造成脱坡、崩岸,对大堤的安全极为不利。

黄河堤防堤身裂缝的产生主要有三方面的原因:一是堤身黏性土失水形成干缩裂缝;二是堤防培修时,新老堤身交接部位处理不当产生接头裂缝;三是由于堤身和堤基的土质、密实度不一致而产生不均匀沉陷裂缝。但从工程地质学角度分析,新构造运动造成的地壳不均匀沉降、断裂活动、地震活动也是堤身裂缝不断产生的内在原因。

1.1.4.2　堤基病害

1)堤基地质条件复杂

黄河下游堤基地质条件复杂,主要是在堵口时将大量的秸料、木桩、砖石料等埋于堤身下,形成强透水层,口门背河留有坑塘和洼地,而且黄河所处位置工程地质条件颇为复杂,不同堤段堤身及堤基的土壤分布特点见表 1-2。

表 1-2　黄河下游堤防不同堤段堤身及堤基的土壤分布特点

堤段名称		堤身填土	堤基土质
右岸	邙山至东坝头	以砂壤土为主	粉土、细砂、壤土,有的堤段夹有薄层黏土
	东坝头至东平湖	砂壤土及轻壤土	壤土、砂壤土
	济南宋庄至王旺庄	壤土	壤土、砂壤土
	王旺庄至垦利	砂壤土、粉土	砂壤土、薄层壤土
左岸	曹坡至北坝头	砂壤土	砂壤土与中厚层壤土
	北坝头至张庄	砂壤土、壤土各半	夹有薄层黏土与壤土互层
	陶城铺至鹊山	壤土及砂壤土	砂壤土及薄层黏土
	鹊山至北镇	壤土及少量盐渍土	砂壤土、壤土互层
	北镇至四段	壤土及盐渍土	砂壤土夹有薄层黏土、盐渍土的透镜体互层,在靠近地面黏性土常有裂隙

黄河下游河道从孟津至清水沟入海口全长 878 km,临黄大堤长 1 371.227 km,按地貌成因及形态划分,孟津至东平湖为冲积扇平原,地势西高东低,地层岩性主要为粉砂、细砂、中砂,颗粒组成自西向东变细,本区主要工程地质问题是渗透变形和地基液化;位山至蒲城一带为冲积平原区,大堤地基主要是以黏性土为主的多薄层结构,其次为双层结构;山东梁山县、东平县等东平湖附近地区为冲积湖积平原区,大堤地基多为以黏性土为主的多薄层类型,主要工程地质问题为沉降与不均匀沉降;蒲城以东河口地区为冲积海积三角洲平原区,河道内主要为粉砂、粉土及砂壤土,属高压缩性或中等压缩性的土壤,抗剪强度低。总的来说,黄河下游的工程地质问题有渗透变形、液化、沉降与不均匀沉降,老口门是

黄河大堤的特殊工程地质问题。

2)历史上老口门、古河道多

历史上黄河下游河道变迁,总的趋势是决口改道越来越频繁,决口时大堤被洪水冲断,堤基也被洪水冲成宽窄不同、深浅不一的沟槽和口门。据统计,现状大堤老口门达390多处,较深的口门内常沉积有粉细砂和中砂,有时也有静水沉积的淤泥质土。堵口时,填筑在口门里的料物各种各样:一般较小的口门,在洪水回落后成为干口的,多用一般的土料进行填筑;对于有流水的大口门,堵口的料物非常复杂,有秸料、芦苇、树枝、木桩、麻袋、铅丝笼、块石、土料等。典型老口门的填料情况见表1-3。小口门的一般填筑土料(素填土)经过多年在大堤上及堵口土料的自重压实下已经固结,其稳定性较好。大口门堵口的秸料腐烂后可以形成空洞,在大堤受洪水浸泡土质变软后,容易产生裂缝和塌陷,当洪水冲刷到秸料层时,还可能产生渗漏及集中渗漏,危及大堤安全。较深口门的沟槽内新沉积的粉砂、细砂、中砂层及填充的块石、秸料等透水性大,容易在背河处产生渗水及渗透变形。堵口时,在水中填充的砂土、砂壤土及壤土的密度均较小,在浸水时易产生不均匀沉降,使大堤产生裂缝和下蛰;遇到强地震时,填充的土易产生液化现象。

表1-3 典型老口门的填料情况

位置	口门宽度(m)	决口时间	口门填料
封丘县荆隆宫	1 250	1489年、1492年、1631年、1650年	口门填料主要为麦秸、玉米秆,含少量荆条、小木块及树枝,已腐烂成黑色,混杂大量粉细砂及壤土团。最大冲刷深度为20~23 m
中牟县九堡	1 438	1843年	上部为灰黄色、灰色砂壤土、粉细砂,含少量秸料;下部以灰色砂壤土为主,局部有细砂、粉砂,含较多的高粱秆、秸料、块石、树枝等。最大厚度为36 m
东明县高村	820 330	1880年9月、1879年10月、1921年7月	秸料主要为高粱秆、玉米秆,有少量树枝、木桩、麻绳,夹黏土、壤土及砂壤土。秸料在地下水位以上的都已腐烂,地下水位以下为半腐烂状态。合龙口处厚4.7 m
郑州市石桥	1 670	1887年8月14日	填料为秸秆、谷草、麻绳、木桩、竹缆、碎砖、土料等,冲刷深度为35 m
郑州市花园口	1 460	1938年6月9日	柳石、铅丝笼、块石、秸埽、木桩、木排、土料

3)近堤隐患多

黄河大堤洪水期的顺堤行洪及顶冲极易形成临河侧堤脚及堤坡冲坑等隐患;加之历史上黄河大堤决口频繁,填复时基础多采用柳秸料进行填堵,形成大量老口门隐患及背河塘坑。沿岸人口密集,近堤村庄多,村镇建设缺乏规划,填垫村房台取土及生产建设挖土造成大量临背河坑塘和低洼地。人民治黄以来,临黄大堤经历了4次大的加培,施工就近取土，形成一些断面大、长度长的临河堤根河，不少堤河与串沟相连，同时有一些为农业灌溉与排水而修筑的近堤渠道，近堤村庄多，为生产生活需要而挖掘了大量的水井，且大堤背河侧地面低于临河地面，近堤临河侧冲坑、背河侧坑塘、水井、串沟的广泛分布对黄河防洪安全是极为不利的。

如黄河“96·8”洪水，花园口水文站流量为7 600 m^3/s，下游堤防发生渗水51处，长40 km，管涌8处，堤身裂缝深5.28 km；不少背河坑塘、水井水位抬高，给防汛增加了很大压力，从新中国成立以来几次大洪水近堤险情统计（见表1-4）分析，堤防及近堤范围内渗水、管涌、漏洞等险情曾频繁发生，严重危及黄河防洪安全。

表1-4 几次大洪水堤防及近堤险情统计

年份	花园口水文站流量（m^3/s）	假堤（m）		出险次数	渗水长度（m）	管涌（处）	漏洞（处）	出险频率（%）
		长度	水深					
1958	22 300	—	4~6	1 998	59 962	4 312	13	39.9
1976	9 210	1 080	4~5	1 700	10 251	2 925	3	34.0
1982	15 300	887	2~4	1 136	6 619	83	3	22.7
1996	7 600	951	2~4	170	40 383	8	0	3.4

1.2 堤防工程病害诊断

具体而言，堤防工程病害诊断就是利用探测、监测、检测等诊断技术来获取堤防或单位堤段的基础诊断资料，通过对各种定性或定量基础诊断资料的分析处理，建立综合诊断和评价体系来分析单位堤段中已有的或潜在的危险及其严重程度，为堤防工程管理和防汛抢险动态决策提供科学依据。其内容主要包括专项诊断技术和综合诊断系统两大方面。

1.2.1 专项诊断技术

目前，用于堤防工程病害诊断技术多是以堤防隐患探测、堤防安全监测以及堤防安全检测等为主，另外还包括人工巡视检查和对堤防工程设计与施工的复核。

现在有关堤防监测、探测及检测方面的技术和方法研究国内开展得比较多，在堤防隐患探测方面，许多比较先进的隐患探测新技术被应用到工程实践中来，包括ZDT－I型智能堤坝隐患探测仪、SD－1瞬变电磁仪、MIR－IC直流数字电测仪、分布式高密度电阻率探测系统、聚束直流电阻率法以及地质雷达等，都为我国堤防隐患探测的发展作出了重要贡献；在堤防监测方面，许多专家和学者倾向于堤防自动化安全监控模式的开发，通过利用现代计算机先进的软、硬件技术，对堤防安全监测实现集成智能的数据管理、信息分析、推理和辅助决策，其目的也是能实时监控堤防的健康状况，确保堤防安全运行，充分发挥工程效益；而堤防安全检测主要是通过检测堤防工程在特殊气候、异常水情或运行状况严重异常时可能存在的缺陷、隐患和险情来判断堤防工程的短期健康状况，为堤防维护、维修与管理决策提供依据和指导。

1.2.2　综合诊断系统

堤防工程的安全状况反映在诸多方面,如渗透、变形、应力、裂缝、滑坡等,这些影响因素实际上是相互有一定联系的,如堤防应力、变形与堤岸稳定性等之间就互有影响,因此仅仅采用某一专项诊断技术存在一定的不足,难以准确诊断堤防的安全状况,对堤防工程的诊断不仅要考虑单个测点、单个项目所反映的局部性态,还要考虑多个测点、多个项目所反映的整体性态。目前,有关堤防工程综合诊断的研究尚处于起步阶段,还没有形成统一的理论。

1.2.2.1　堤防工程风险分析

国内堤防工程风险分析技术研究虽然滞后于国外,但自 1998 年长江流域发生特大洪水灾害之后,国家对堤防与大坝的安全评价和风险分析工作极为重视,也引起众多学者的格外关注,大坝与堤防工程的风险分析研究得到迅速发展,目前堤防工程的风险分析主要集中于水文风险、堤防结构风险、失事后果等单项研究,且已经取得了一定的成绩,但堤防系统所建立风险计算模型的准确性、各种工况下失事风险的组合以及堤防系统的综合风险等许多综合性问题还需要进一步探讨。

1.2.2.2　堤防工程安全评价

国内对堤防工程安全评价的研究起步较晚。虽然堤防的安全评价已经作为堤防加固设计和立项审批的重要依据之一,但从有关资料可以看出,我国现阶段的堤防工程安全评价缺乏科学、规范、统一的堤防工程安全性调查评价的指标体系、调查方法和技术标准,因而在堤防加固设计之前都还没有进行过专门的安全评价工作,只是在加固设计的过程中进行堤防工程的安全论证和复核。因此,有必要在借鉴国内外一些现行方法的基础上,根据特定堤防工程的特点,探讨堤防工程安全评价的理论问题,建立适合我国国情的堤防工程安全评价导则,为堤防的安全运行、日常管理、除险加固提供强有力的保障。

1.2.2.3　基于数据驱动的堤防病害诊断方法

堤防工程作为一个大型系统,其诊断方法有其研究和应用对象的特殊性,但在方法和理论方面又与一般大型系统的故障诊断有很多相同之处。基于数据驱动的堤防健康诊断方法,充分利用数据信息,更好地诊断堤防病害的原因,正确评估堤防工程的健康状态,对于提高国家公共安全、保护人民的生命财产安全具有重要的理论价值和实际应用价值。

第 2 章　探测诊断技术

2.1　堤防病害地球物理特征

在堤防病害的发生与发展过程中,其物性参数即地球物理特征也在不断变化。造成堤防地球物理特征变化的因素主要包括堤身材料含水量变化,堤身结构受到破坏,出现裂缝、孔洞及外界温度影响等。

软弱层硬度小,易液化,岩土物性资料和市场结果表明,大堤土抗剪强度及抗液化能力与其弹性波速有相关关系,为以弹性波为基础的物探方法提供了良好的物理前提;老口门软弱层孔隙度大,含水量高,一般表现为相对低阻,可采用以电阻率为基础的物探方法测试堤身各层视电阻率圈定其分布范围。

堤身主要为砂壤土和粉质黏土,堤身电阻率变化不大,宏观上可认为均质体,裂缝部位与无裂缝的堤段之间存在明显电性差异,为高密度电法和地质雷达提供了良好的物理前提。

堤防洞穴的球形物理模型可近似为匀质背景中的空洞,洞穴中的介质为空气,物性差异较大,具体表现为密度、电阻率、波速等物性参数。高密度电法观测精度较高,数据采集可靠,对地电结构具有一定成像功能,获得地质信息丰富,是堤防洞穴探测的主要方法。

2.2　瞬变电磁法

2.2.1　方法简介及发展现状

瞬变电磁法也称时间域电磁法(Time-Domain Electromagnetic Methods,简称 TEM),它是以地下介质之间的导电性和导磁性差异为物理基础,利用不接地回线(磁性源)或接地导线(电性源)向地下发送一次脉冲电磁场(一次场),在其激发下,地下地质体中激励起的感应涡流将产生随时间变化的感应电磁场(二次场)。由于二次场包含有地下地质体丰富的地电信息,在一次脉冲磁场的间歇期间,利用线圈或接地电极观测二次场(或称响应),通过对这些响应信息的提取或分析,从而达到探测地下地质体的目的。

在 1933 年,美国科学家 L. W. Blan 最早提出利用电流脉冲激发供电偶极形成时间域电磁场,采用电偶极测量电场,并命名为 Eltran 法,于当年获得美国发明专利。该方法提出后,美国石油公司做了很多野外试验,希望得到类似地震反射法的结果,但由于脉冲激发的瞬变电磁响应频率较低,在沉积盆地难以得到能识别的分辨率,使得 Eltran 法的幻想破灭。

在苏联,早在1937年,ARKrvae就提出了瞬变电磁测深法。20世纪50年代,苏联基本建立了瞬变电磁法解释理论与野外施工的方法技术,20世纪60年代成功地发现了奥伦堡地轴上的大油田。苏联在瞬变电磁法理论研究方面一直走在世界前列,在20世纪50~60年代,由JI. JI. BaHbRH, A. A. KydpMaHH等成功地完成了瞬变电磁法的一维正、反演。在20世纪70~80年代,苏联地球物理工作者又在二、三维正演方面做了大量工作。在20世纪80年代初,苏联学者提出了电磁波拟地震波的偏移方法,他吸取了"偏移成像"的广义概念,在电磁法中确定了正则偏移和解析偏移两种方法。在20世纪80年代末,KameHecKNN等又从激发极化现象理论出发,研究了时间域瞬变电磁法的激电效应特征及影响,成功地解释了瞬变电磁法晚期段电磁响应的变号现象。由俄罗斯生产的大功率瞬变电磁仪器已进入我国市场。

在西方,1951年首先由J. R. Wait提出了利用瞬变电磁场法寻找导电矿体的概念,但大规模发展该方法始于20世纪70年代。J. R. Wait, G. V. Keller, A. A. Kaufman等对该方法的一维正、反演及方法技术进行了大量研究。20世纪80年代以来,随着计算机技术的发展,西方各国在瞬变电磁法的二、三维正演模拟方面做了大量工作,代表性人物有G. W. Hohmann, P. Weidelt, G. F. West, A. P. Raiche, B. R. Spies, J. H. Knight, SanFilippo, T. J. Lee等。理论研究方面的代表性著作有A. A. Kaufman和G. V. Keller的专著《频率域和时间域电磁测深》及M. N. Nabighian主编的《应用地球物理学中的电磁方法》等。地面瞬变电磁法仪器主要有加拿大Geonics公司的PROTEM系统(包括PROTEM47、PROTEM57-MK2、PROTEM67等系列),加拿大CRONE公司的DigitalPEM系统,澳大利亚CSIRO公司的SIROTEM-Ⅱ、SIROTEM-Ⅲ以及美国Zonge公司的GDP-32Ⅱ多功能电法仪,加拿大Phoenix公司的V-5、V-6A、V8多功能电测站等。

我国对TEM的研究始于20世纪70年代,长春地质学院、地矿部物化探研究所、中南工业大学、西安地质学院、中国有色金属工业总公司矿产地质研究院、煤炭科学研究总院西安分院及中国地质大学等单位分别在方法理论、仪器及野外试验方面做了一定的工作,取得了一系列效果好的应用实例。从20世纪90年代至今,在国内,TEM进入了蓬勃发展和广泛的应用阶段。由于短偏移距TEM能够实现频率域方法中无法实现的近区勘探,特别是能解决中心探头装置不存在记录点的问题,且有极高的工作效率,因此在中、深层水文地质勘探中,TEM已成为主要的勘探方法。近年来,随着探测深度的增加,长偏移距瞬变电磁测深法(LOTEM)的应用日益增多,同时,由于浅层工程地质勘探的需要,又促进了浅层FASTEM的发展。总的来看,目前国内已比较完整地建立了TEM的一维正、反演及方法技术理论,并自行研制了一些功率较小的仪器,主要有长沙智通新技术研究所研制的SD-1型和SD-2型瞬变电磁仪、地矿部物化探研究所研制的WDC-2型系统、西安物探研究所研制的EMRS-2型系统以及北京矿产地质研究院研制的TEMS-3S型瞬变电磁仪等。但无论是方法理论研究还是仪器研制,均落后于世界先进水平,特别是在仪器研制方面,除少数有所独创外,大多是在国外仪器的基础上开发改进的,一流的大功率、多功能瞬变电磁仪目前仍然依赖进口。

2.2.2 基础理论

2.2.2.1 瞬变电磁场的计算方法

瞬变电磁场响应特征的分析有两种方法:第一种是直接在时间域求解电磁场波动方程及相应的边值问题;第二种是先在频率域求解相应的定解问题,再将结果经傅里叶变换转换到时间域。由于频率域定解问题相对简单,且有很多结果可以利用,因此第二种方法比较常用。

时间域电磁场 $h(t)$ 和频率域电磁场 $H(\omega)$ 构成一对傅里叶变换,即

$$h(t) = \frac{1}{2\pi}\int_{-\infty}^{\infty} I(\omega)H(\omega)e^{i\omega t}dt \tag{2-1}$$

式中　$I(\omega)$——激励场源对应的频谱。

瞬变电磁法中有很多种激励波形,常用的有阶跃波、半正弦波和三角波,其时间域表达式和相应的频率分别为

(1)阶跃波:

$$i(t) = \begin{cases} I_0 & t < 0 \\ 0 & t \geqslant 0 \end{cases} \tag{2-2a}$$

$$I(\omega) = \frac{1}{-i\omega} \tag{2-2b}$$

(2)半正弦波:

$$i(t) = \begin{cases} I_0 & t < 0 \\ I_0\sin\left(\frac{\pi}{2} + \frac{\pi}{d}t\right) & 0 \leqslant t \leqslant \frac{d}{2} \\ 0 & t > \frac{d}{2} \end{cases} \tag{2-3a}$$

$$I(\omega) = \frac{2\pi}{d}\frac{\cos\left(\frac{d}{2}\omega\right)}{\left(\frac{\pi}{d}\right)^2 - \omega^2} \tag{2-3b}$$

(3)三角波:

$$i(t) = \begin{cases} I_0 & t < 0 \\ I_0\left(1 - \frac{t}{d}\right) & 0 \leqslant t \leqslant d \\ 0 & t > d \end{cases} \tag{2-4a}$$

$$I(\omega) = \frac{1}{d\omega^2}[\cos(d\omega) - 1 - i\sin(d\omega)] \tag{2-4b}$$

式中　d——半正弦波和三角波长度。

对于大多数地电模型,式(2-1)都得不到解析解,必须采用数值方法计算傅里叶逆变换。Gaver－Stehfest 概率变换算法(简称 G－S 变换法)是计算拉普拉斯逆变换的快速方法,公式如下

$$f(t)=\frac{\ln 2}{t}\sum_{m=1}^{n}K_mF\left(\frac{\ln 2}{t}m\right) \tag{2-5}$$

式中　n——取决于计算机位数的正偶整数，通常取 $n=12$；

K_m——G－S 变换系数，可按式(2-6)算出。

$$K_m=(-1)^{m+\frac{n}{2}}\times\sum_{i=i_1}^{\min\left(m,\frac{n}{2}\right)}\frac{i^{\frac{n}{2}}(2i+1)!}{\left(\frac{n}{2}-i+1\right)!(i+1)!i!(m-i+1)!(2i-m+1)!} \tag{2-6}$$

式中求和下限 i_1 是 $(m+1)/2$ 的整数部分。一般地，可计算好 K_m，然后直接引用。

2.2.2.2　均匀半空间表面垂直磁偶极子源的瞬变场

均匀大地上垂直磁偶极子阶跃电流形成的瞬变场为

$$E_\phi=-\frac{3M\rho}{2\pi\gamma^4}e_\phi,\quad B_z=-\frac{\mu M}{4\pi\gamma^3}b_z,\quad B_\gamma=-\frac{\mu M}{4\pi\gamma^3}b_\gamma \tag{2-7}$$

$$e_\phi=\phi(u)-\sqrt{\frac{2}{\pi}}u\left(1+\frac{u^3}{3}\right)\mathrm{e}^{-(u^2/2)} \tag{2-8a}$$

$$b_z=1-\left(1-\frac{9}{u^2}\right)\phi(u)-\sqrt{\frac{2}{\pi}}\mathrm{e}^{-(u^2/2)}\left(\frac{9}{u}+2u\right) \tag{2-8b}$$

$$b_\gamma=4\mathrm{e}^{-(u^2/4)}\left[\left(2+\frac{u^2}{4}\right)I_1\frac{u^2}{4}-\frac{u^2}{4}I_0\frac{u^2}{4}\right] \tag{2-8c}$$

$$\frac{\partial B_z}{\partial t}=-\frac{9M\rho}{2\pi\gamma^5}\left[\phi(u)-\sqrt{\frac{2}{\pi}}\mathrm{e}^{-(u^2/2)}u\left(1+\frac{u^2}{3}+\frac{u^4}{9}\right)\right] \tag{2-9a}$$

$$\frac{\partial B_\gamma}{\partial t}=-\frac{M\rho}{\pi\gamma^5}u^4\mathrm{e}-\frac{u^2}{4}\left[1+\frac{u^2}{2}I_0\frac{u^2}{4}-2\left(2+\frac{u^2}{2}+\frac{8}{u^2}\right)I_1\frac{u^2}{4}\right] \tag{2-9b}$$

$$\phi(u)=\sqrt{\frac{2}{\pi}}\int_0^u\mathrm{e}^{-(t^2/2)}\mathrm{d}t \tag{2-10a}$$

$$u=\frac{2\pi r}{\tau},\quad \tau=\sqrt{2\pi\rho t\times10^7},\quad \tau_0=r\sqrt{\varepsilon\mu} \tag{2-10b}$$

1）早期道特性

当 $\tau/r \ll 1$ 时，可得到

$$\left.\begin{aligned}&E_\phi\to-\frac{3M\rho}{2\pi\gamma^4}\\&B_z\to-\frac{\mu M}{4\pi\gamma^3}\frac{9}{u^2}=-\frac{9M\rho}{2\pi\gamma^5}t\\&B_\gamma\to-\frac{\mu M}{4\pi\gamma^3}\frac{6\sqrt{2}}{\sqrt{\pi}u}=-\frac{3\mu M}{\pi\gamma^4}\sqrt{\frac{t}{\mu\sigma\pi}}\end{aligned}\right\} \tag{2-11}$$

可以看出，在早期道，瞬态场与大地电阻率、收发距的关系与频率域中大感应数（远区）的情况相同。如果电场与时间（频率）无关，$t=0$ 时磁场等于 0，而且垂直磁场对电阻率更敏感，随时间的变化比水平磁场增加更快，但随距离的衰减也更快。在早期道，满足

$B_z < B_\gamma$ 。如果收发距足够大或电导率很高，该特征可以持续到晚期。

2）晚期道特性

当 $\tau/r >> 1$ 时，可得到

$$\left.\begin{aligned}
E_\phi &\approx -\frac{\mu^{\frac{5}{2}}\sigma^{\frac{3}{2}}\gamma M}{40\pi\sqrt{\pi}t^{\frac{5}{2}}} \\
B_z^+ &\approx -\frac{\mu M}{4\pi\gamma^3}\left[1+\frac{2}{15}\gamma^3\frac{1}{\sqrt{\pi}t^{\frac{3}{2}}}(\sigma\mu^{\frac{3}{2}})\right] \\
B_\gamma &\approx -\frac{\mu M}{4\pi}\frac{\gamma}{32t^2}(\sigma\mu)^2 \\
B_z^- &\approx \frac{\mu M}{30\pi\sqrt{\pi}}\frac{1}{t^{3/2}}(\sigma\mu)^{3/2}
\end{aligned}\right\} \tag{2-12}$$

式中　B_z^+ 、B_z^- ——接通、断开时的磁感应强度垂直分量。

可以看出，与早期道相反，在晚期道垂直磁场大于水平磁场（ $B_z > B_\gamma$ ），且与距离无关。因此，在晚期测量垂直磁场时，发送机与接收器位置、角度等引起的误差小于频率域中测量振幅与相位的误差。此外，晚期的电磁场对电导率具有很高的灵敏度，这具有更高的实际价值，也是 TEM 对低阻介质比频率域方法更灵敏的原因。图 2-1 显示了均匀半空间表面垂直磁偶极子的瞬变电磁场。

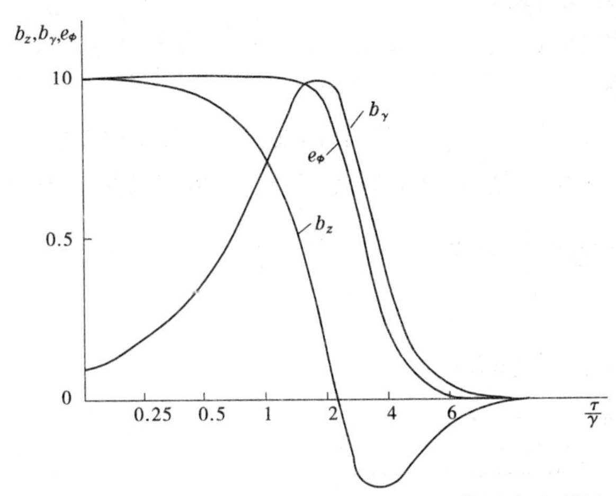

图 2-1　均匀半空间表面垂直磁偶极子的瞬变电磁场

同样地，磁感应强度的时间导数在早期和晚期响应分别为

$$\left.\begin{aligned}
\frac{\partial B_z}{\partial t} &\approx -\frac{9M\rho}{2\pi\gamma^5}\left(\frac{\tau}{\gamma}<2\right) \\
\frac{\partial B_z}{\partial t} &\approx +\frac{\mu M}{20\pi\sqrt{\pi}}\frac{(\sigma\mu)^{3/2}}{t^{5/2}} = +M\sqrt{\frac{2}{\pi}\frac{\rho\pi^4 32}{5\tau^5}} \\
\frac{\partial B_\gamma}{\partial t} &\approx +\frac{\mu M}{64\pi}\gamma\frac{(\sigma\mu)^2}{t^3} = +\frac{8\pi^5 M\rho}{\gamma^6}\left(\frac{\tau}{\gamma}>16\right)
\end{aligned}\right\} \tag{2-13}$$

在晚期，显然满足

$$E_\phi = -\frac{\gamma}{2}\frac{\partial B_z}{\partial t} \tag{2-14}$$

图 2-2 显示了磁感应强度时间导数的变化特征。

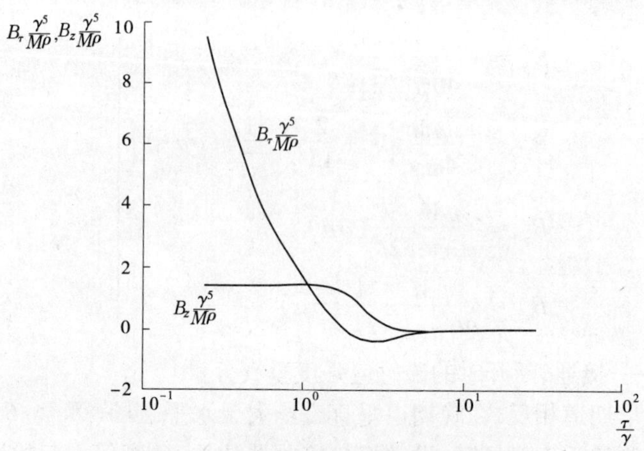

图 2-2　磁感应强度时间导数的变化特征

2.2.3　现场工作方法

2.2.3.1　常用工作方式与装置

1）剖面法的基本装置形式

A. 重叠回线装置

重叠回线装置是发送回线（T_x）与接收回线（R_x）重合敷设的装置（见图 2-3），由于 TEM 的供电和测量在时间上是分开的，因此 T_x 与 R_x 可以共用一个回线，称为共圈回线。观测参数：用 R_x 回线观测 $\frac{V}{I}$ 或 $\frac{\dot{B}}{I}$。

B. 中心回线装置

中心回线装置示意图见图 2-4。

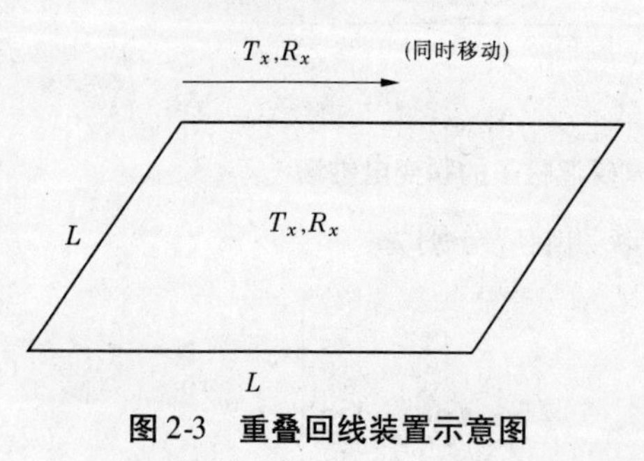

图 2-3　重叠回线装置示意图

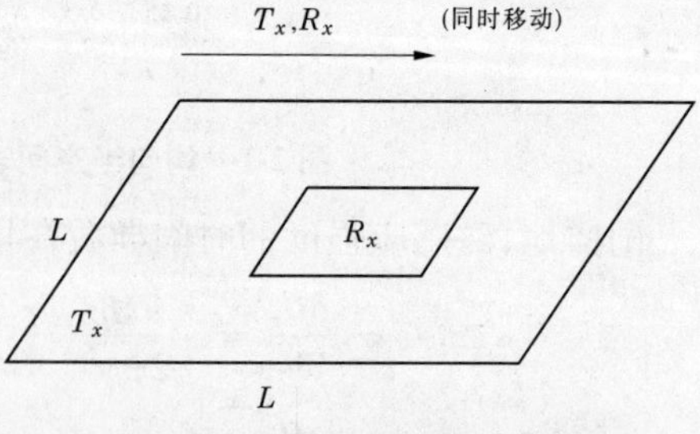

图 2-4　中心回线装置示意图

用 R_x 线圈观测 1 ~ 3 个分量的 $\frac{V}{I}$ 或 $\frac{\dot{B}}{I}$。

C. 偶极装置

偶极装置（见图 2-5）与频率域水平线圈法相类似，T_x 与 R_x 要求保持固定的发、收距，

沿测线逐点观测 $\frac{V}{I}$ 或 $\frac{\dot{B}}{I}$。偶极装置具有轻便灵活的特点,它可以采用不同位置和方向去激发导体及观测多个分量,对矿体有较好的分辨能力。但是,偶极装置是动源装置,发送磁矩不可能做得很大,因此其探测深度受到限制。

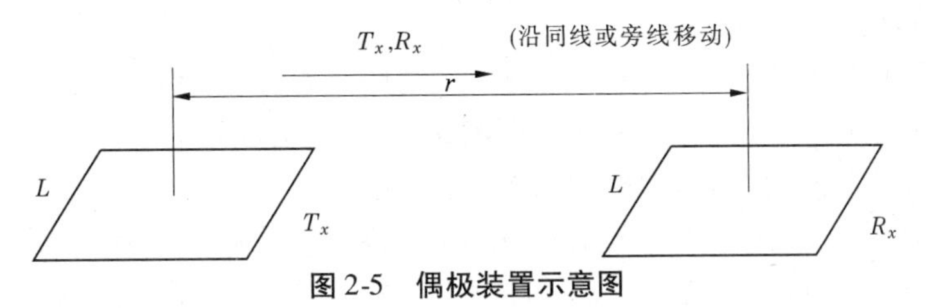

图 2-5　偶极装置示意图

D. 大定源回线装置

大定源回线装置(见图 2-6)的 T_x 采用边长达数百米的矩形回线, R_x 采用小型线圈(或探头)沿垂直于 T_x 长边的测线逐点观测磁场三个分量的$\frac{\mathrm{d}B}{\mathrm{d}t}$。

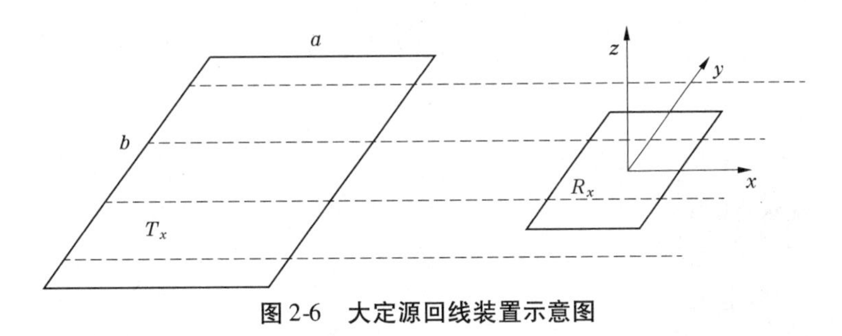

图 2-6　大定源回线装置示意图

2) 测深法的基本装置形式

常用的测深装置为电偶源装置、磁偶源装置、线源装置和中心回线装置,如图 2-7 所示。

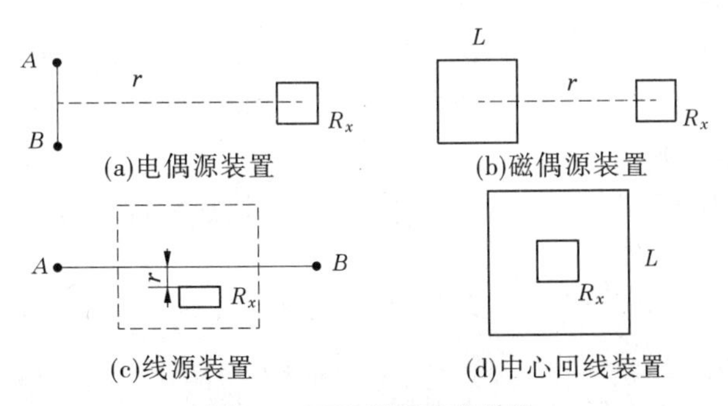

图 2-7　TEM 测深工作装置

中心回线装置是使用小型多匝 R_x (或探头)放置于边长为 L 的发送回线中心观测的装置,常用于探测 1 km 以内浅层的测深工作。电偶源和线源装置主要用于深部构造的测深,偶极距 r 选择大约等于目标层的深度。上述测深装置均是用 R_x 观测得到的$\frac{\mathrm{d}B}{\mathrm{d}t}$值换算成视电阻率 $\rho_\tau(t)$ 参数,使用 $\rho_\tau(t)$ 曲线进行反演推断。

2.2.3.2　工作参数选择

1)剖面法工作装置、发送回线边长选择

(1)重叠回线装置:适用于轻便型仪器的工作装置,主要应用于地质普查或矿产勘察工作。一般情况下,回线边长 L 大约等于探测目标的最大埋深。

(2)中心回线装置要求同(1)。

(3)大定源回线装置:探测深度较大、对探测目标的分辨能力较强的装置,主要应用于详查或矿产勘察工作。发送线框依据探测深度,一般在 100 m×200 m 至 300 m×600 m 范围内选用,通常长边沿平行地质体走向敷设。

(4)偶极装置:常用的偶极装置有同线偶极装置及定源旁线偶极装置两种。前者主要适用于陡倾斜良导目标物的探测,后者适用于确定目标物埋深、倾角及形态等几何参数的装置。发送线圈固定放置于目标物走向线上,接收线圈沿垂直目标物走向的剖面观测。

2)测深法的工作装置、发送回线边长、偶极距的选择和发送电流的选择

瞬变电磁测深的最佳工作装置是中心回线装置,发送回线边长和发送电流可参照式(2-15)合理确定。中心回线装置估算极限探测深度的公式为

$$H = 0.55\left(\frac{L^2 I\rho_1}{\eta}\right)^{\frac{1}{5}} \tag{2-15}$$

其中

$$\eta = R_m N \tag{2-16}$$

式中　I——发送电流;

L——发送回线边长;

ρ_1——上覆电阻率;

η——最小可分辨电平,一般为 0.2~0.5 nV/m^2;

R_m——最低限度的信噪比;

N——噪声电平。

3)时窗范围的选择

时窗范围的确定取决于测区内所要探测的目标物的规模及电性参数的变化范围、地电断面的类型及层参数、勘探深度等诸多因素,具体时窗范围应通过生产试验确定。

2.2.3.3　野外工作要求

野外工作的基本任务是按照设计和规范要求,保证安全施工,取全取准第一性资料。

1)发送站、接收站和线框的布设

(1)每个测站及线框布设时,应校对测量桩号是否正确。

(2)观测 $\dot{B}_x$ 、$\dot{B}_y$ 的方向误差不得大于 2°,观测 $\dot{B}_z$ 时以线圈架的水泡居中为准。

(3)发送站一般应设在便于与接收站联系的地方。

(4)接收站的布置应避免靠近强干扰源以及金属干扰物的地方。

(5)不得在上万伏高压线下布设发送站及接收站,有必要时允许弃点。

(6)发送站、接收站应配备测伞。阴雨湿度很大及雷雨天气不宜开展工作。

(7)敷设线框时,不得将剩余导线留在绕线架上,应将它呈 S 形铺于地面。布线时允许在方向线左右有所摆动,但摆动幅度不得大于回线边长的 5%;实际线框角点与线框角

点的标志(测桩)的点位误差应小于 5%。

(8)偶极装置工作时,发射线框面积误差不大于 5%。

(9)导线连接处应接触良好,严禁漏电。野外用的电线应定期检查绝缘性,绝缘电阻应在 2 MΩ 以上。供电导线的总电阻值应能保证所敷设回线的供电电流满足设计要求。

(10)当导线通过水田、池塘、河沟时,应予架空,防止漏电;当导线横过公路时,应架空或埋于地下,以防绊断压坏,架空的导线应拉紧,防止随风摆动。

2)观测与记录

(1)在设计书所规定的测道时间范围内,野外观测值一般只允许最后的 3 ~ 5 测道的观测值在噪声电平以下;否则,应查明原因,并采用增加叠加次数等方法重复观测。对于瞬间干扰,可暂停观测,待机再测。

噪声电平的测量和分区:噪声电平依据野外专门实测结果,按噪声电平的大小分为弱、中、强三个区域加以统计计算,其计算噪声电平的均方根公式为

一个区内 m 个测点的第 i 道

$$N_i = \frac{1}{m}\sum_{j=1}^{m} N_j(t_i) \tag{2-17}$$

第 j 点所有道

$$N_j = \frac{1}{n}\sum_{i=1}^{n} N_j(t_i) \tag{2-18}$$

一个区所有道

$$N = \frac{1}{nm}\sum_{i=1}^{n}\sum_{j=1}^{m} N_j(t_i) \tag{2-19}$$

式中　m——专门的噪声实测点数;

n——参加统计计算的噪声观测道数。

(2)曲线出现畸变时,应查明原因后重复观测;必要时,可移动点位避开干扰物源重测,并作详细记录。

(3)遇异常点、突变点时,应重复观测,必要时应加密测点。若曲线衰变慢,应扩大测道时间范围,重复观测。

(4)仪器出现故障时,应及时查明原因,并回到已测过的测点上作重复观测,在确认仪器性能正常后,方可继续观测。

(5)每个测点观测完毕后,操作员应对数据和曲线进行全面检查,合格后方可搬站。

(6)由磁带(或磁卡)或仪器内存储器记录的野外观测结果,应逐日(或数日)及时整理、编目及转储到计算机中去,做好相应的备份。

3)质量检查与评价

为了对成果的可靠性作出较客观的评价,系统的质量检查量不应低于总工作量的 3% ~ 5%。检查点应在全测区分布均匀,对异常地段、可疑点、突变点重点检查。检查点应在不同日期重新布线,独立观测,并绘制质量检查对比曲线和误差分布曲线。

系统检查观测结果,按式(2-20) ~ 式(2-23)计算误差,并应满足设计要求。

A. 平均均方相对误差公式

(1)某测点上各观测道总的平均均方相对误差为

$$M_j = \pm\sqrt{\frac{1}{2n}\sum_{i=1}^{n}\left[\frac{V_j(t_i) - V_j'(t_i)}{\overline{V}_j(t_i)}\right]^2} \tag{2-20}$$

式中　$V_j(t_i)$ ——第 j 点第 i 测道原始观测数据；

$V'_j(t_i)$ ——第 j 点第 i 测道系统检查观测数据；

$\overline{V}_j(t_i)$ —— $V_j(t_i)$ 与 $V'_j(t_i)$ 的平均值；

n ——参加统计计算的测道数。

(2)全区各检查点总的平均均方相对误差为

$$M = \pm\sqrt{\frac{1}{2nm}\sum_{i=1}^{n}\sum_{j=1}^{m}\left[\frac{V_j(t_i) - V'_j(t_i)}{\overline{V}_j(t_i)}\right]^2} \tag{2-21}$$

式中　m ——检查点数。

B. 平均均方绝对误差公式

(1)某测点上各观测道总的平均均方绝对误差为

$$\varepsilon = \pm\sqrt{\frac{1}{2n}\sum_{i=1}^{n}[V_j(t_i) - V'_j(t_i)]^2} \tag{2-22}$$

(2)全区各检查点总的平均均方绝对误差为

$$\varepsilon = \pm\sqrt{\frac{1}{2nm}\sum_{i=1}^{n}\sum_{j=1}^{m}[V_j(t_i) - V'_j(t_i)]^2} \tag{2-23}$$

受检查点小于噪声电平测道的不可靠观测值及突变值不参加统计。

各测道相对误差的1/2,即 $\dfrac{V_j(t_i) - V'_j(t_i)}{2\overline{V}_j(t_i)}$,或绝对误差的1/2,即 $\dfrac{V_j(t_i) - V'_j(t_i)}{2}$ 应满足如下要求:①超过设计误差要求的测点数应不大于检查点数的1/3;②超过设计误差要求2倍的测点数应不大于检查点数的5%;③超过设计误差要求3倍的测点数应不大于检查点数的1%。

当测区范围较大、各地段的观测技术条件相差较大时,应分区、分段评价质量;对于观测质量不合要求的区、段,允许增加检查工作量至20%以内;若仍然证明观测质量不合要求,则该区、段的观测工作量应予以报废或观测数据只能作为参考。

2.2.4　资料处理及解释

2.2.4.1　数据处理方法

观测数据处理的主要内容包括:原始数据的滤波处理,发送电流切断时间影响的改正处理,换算出视电阻率、视深度、视时间常数、视纵向电导等参数。

1)滤波

A. 三点滤波

三点滤波法的计算公式如下

$$\varepsilon'(t_i) = \frac{[\varepsilon(t_{i-1}) + 2\varepsilon(t_i) + \varepsilon(t_{i+1})]}{4} \tag{2-24}$$

式中　$\varepsilon(t_{i-1})$、$\varepsilon(t_i)$、$\varepsilon(t_{i+1})$——延时 t_{i-1}、t_i、t_{i+1} 的实测电动势；

$\varepsilon'(t_i)$——滤波后的延时 t_i 的电动势。

式(2-24)也可用于剖面曲线的滤波,此时式中时间坐标应当换做测点坐标。

B. 四点滤波

四点滤波法由 D. C. Fraser 首先提出，用于处理甚低频电磁法数据，它应用的最基本条件是场源固定，探测目标体位于均匀场中，感应二次电流可视做线电流。据此，Crone 等应用它处理大定源外的 TEM 观测数据，取得了令人满意的结果，计算公式如下

$$\varepsilon'\left(\frac{x}{2}\right) = (-1)^n \frac{(\varepsilon_i + \varepsilon_{i+k} - \varepsilon_{i+2k} - \varepsilon_{i+3k})}{N} \tag{2-25}$$

式中 i——计算滤波起始点号；

k——滤波步长与测点距之比；

$\frac{x}{2}$——ε' 值的绘图点，$x = i + 3k$；

n——取1或2，取决于希望滤波后曲线和符号；

N——一般取1，当作为不同步长的滤波时，取不同值来归一。

C. 六点滤波

六点滤波是为处理甚低频数据而设计的，它与 Fraser 滤波的不同在于采取数值滤波后换算成等效电流密度值。该方法的前提是：二维导体位于某固定甚低频台的场中，被感应出的二次电流沿垂直测线方向流动，由毕奥－萨伐尔定律求出该电流产生的垂直磁场，再反演到任一点的电流密度与磁场的关系式如下

$$I_j = \sum_{i=-n}^{n+1} k_{i0}^{-1} H_{i+j} \tag{2-26}$$

式中 k_{i0}^{-1}——滤波系数，采样点不同，系数也会随之不同。

(1)线性滤波公式。当式(2-26)中的 $n = 2$ 时，有

$$\frac{\Delta Z}{2\pi} I_a \frac{\Delta x}{2} = -0.205H_{-2} + 0.323H_{-1} - 1.446H_0 + 1.446H_1 - 0.323H_2 + 0.205H_3 \tag{2-27}$$

式中 H_i——某测点 i 的垂直磁场值，$H_i = H_{zm}(i\Delta x)$，i 为测点编号，$i = -2,-1,0,1,2,3$，是指求取某一电流密度值需利用其左、右两侧相邻6个测点的垂直磁场值，Δx 为测点距；

$\frac{\Delta Z}{2\pi}$——常数。

(2)对称滤波公式。解释野外数据前，如做滤波，需对数据进行处理，使曲线圆滑，则利用下式

$$\frac{\Delta Z}{2\pi} \bar{I}_a(0) = -0.102H_{-3} + 0.059H_{-2} - 0.561H_{-1} + 0.561H_1 - 0.059H_2 + 0.102H_3 \tag{2-28}$$

$$\bar{I}_a(0) = \frac{I\left(\frac{\Delta x}{2}\right) + I\left(-\frac{\Delta x}{2}\right)}{2}$$

2)斜阶跃波后沿影响的改正

A. 坐标移动法

斜阶跃波后沿的主要影响是响应值比阶跃波的响应值低(延时起点从后沿终点起

算)，且与延时有关。

M. W. Asten 和 D. G. Price 提出的三种坐标移动法如下

$$t_a = \frac{t + t + t_r}{2} \tag{2-29}$$

$$t_g = \sqrt{t(t + t_r)} \tag{2-30}$$

$$t_h = \frac{t_r}{\ln\left(\frac{t + t_r}{t}\right)} \tag{2-31}$$

M. W. Asten 认为式(2-31)最好。实际上，以均匀大地为例，将 t_h 的数据当做“真值”，要求时间误差引起的电动势相对误差 $\leqslant 5\%$ ，则 $t/t_r \geqslant 2$ 时式(2-29)和式(2-30)也都能满足，即三者的改正效果基本相同。

B. 解析法

采样零时选在关断终点，可直接写出

$$\dot{B}_z(t) = \frac{\dot{B}'_z(t)}{F(t,t_r)} \tag{2-32}$$

其中

$$F(t,t_r) = \frac{1}{m-1}\frac{t}{t_r}\left[1 - \left(1 + \frac{t_r}{t}\right)^{1-m}\right] \tag{2-33}$$

式中 $\dot{B}_z(t)$ ——阶跃后沿瞬变电动势垂直分量；

$\dot{B}'_z(t)$ ——斜阶跃后沿瞬变电动势垂直分量；

t ——取样延时，从脉冲终止起算；

t_r——斜阶跃脉冲持续时间；

m ——响应衰减幂指数，高阻基底上的导电薄层与半空间的 m 值分别为5/2 和4。

2.2.4.2 资料解释

TEM 的资料解释也分为定性解释、半定量解释和定量解释。

定性解释的目的是在资料分析与处理的基础上，通过制作各种必要的图件，概括地了解测线(或测区)地电断面沿水平方向和垂直方向上的变化情况，从而对测线(区)的地质构造轮廓获得一个初步的概念，以指导定量解释。

半定量解释是将获得的视电阻率与时间的关系曲线转化为电阻率与深度的近似关系曲线，使人们比定性解释更直观地了解地下电性特征及电性层的分布情况。实现半定量转换的方法很多，如根据曲线极值点坐标求近似的地电参数、薄板等效层法及“烟圈”近似反演法等。

定量解释是通过“精确”反演求出实测视电阻率曲线所对应的地电断面参数，目前常用的是曲线自动拟合反演解释法，解释步骤和大地电磁法的相同，即首先给出一个初始模型参数，然后用其计算视电阻率理论曲线并与实测曲线进行对比，如果二者差别较大，则修改初始模型的参数，重新计算相应的理论曲线再作对比，直至实测曲线和理论曲线拟合最好,即二者之差满足给定的误差要求,这时理论曲线所对应的地电断面参数即为实测曲线的解释结果。

2.3 瞬态面波法

2.3.1 方法简介及发展现状

当在地表垂直方向进行激发振动时,地下介质中一般会产生三种类型的弹性波,即纵波、横波和面波。面波又分为拉夫波和瑞雷波(Rayleigh Wave)。面波勘探一般有两种方法:用周期性外力激发地表产生面波称为稳态面波法,用瞬间外力冲击地表产生面波称为瞬态面波法。我们主要讨论瑞雷面波传播特点及瞬态瑞雷波法应用技术。

面波有两个明显的特点可以被充分利用:当介质具有层状结构时,具有频散特性,即频率不同,其传播速度也不同,并且穿透深度约为1/2波长($\lambda/2$),根据不同频率对应波速可绘制一条$v_R \sim H(\lambda/2)$曲线,称为频散曲线,反之,利用频散曲线可以划分地层并求面波速度;面波速度(v_R)与横波速度(v_S)具有很好的相关性,利用面波速度可以求出横波速度,然后进一步评价岩土物理力学特性。

面波最初由英国学者Rayleigh于1887年在理论上确定。20世纪50年代,Haskell首先用矩阵方法实现层状介质中频散曲线的理论计算。60年代,Knopoff对此算法进行了改进,用递推方法实现快速、高精度计算,成为当今频散曲线正、反演基础。70年代,随着计算机的发展,地球物理学家应用天然地震测得频散曲线,并反演地球内部物性参数(纵波速度v_P、横波速度v_S、密度ρ、层厚h),美国F. K. Chang和R. F. Ballard等利用瞬态面波法来研究浅部地质问题,并于1973年在第42届国际地球物理勘探年会报道了有关研究成果。80年代,日本VIC株式会社推出GR-810地下全自动勘探机,使得稳态面波技术在工程勘探中得到应用,然而由于该设备重量大、价格高、速度慢,推广受到限制。90年代,国内外开始研究瞬态面波在工程勘探中的应用并取得一定成效,这种方法设备简单、工作方便,成为物探热点。

2.3.2 理论基础

瑞雷波勘探主要是利用其两种特性:一是其波速与介质物理力学性质密切相关;二是在分层介质中,其波速具有频散性。面波与弹性介质和弹性波速密切相关,在讨论面波时,首先要讨论弹性介质有关理论及弹性波传播规律。

2.3.2.1 弹性介质与弹性波

实际工作中所测试的岩土介质是非完全弹性体,即当其所受外力取消后不能完全恢复原状,但在面波测试过程中,由于外力作用时间较短,并且弹性波传播过程中物体变形很小,因此在理论研究和应用中常近似为完全弹性体。

弹性介质常用以下几个弹性常数评价其力学性质:杨氏模量E,作用在物体某个方向单位面积上的力除以物体纵向(与力一致)相对变化;泊松比ν,物体横向相对变化除以物体纵向相对变化,ν是表示物体软硬的无量纲数值,理论研究表明,所有物质的ν均在

0 ~ 0.5内变化，其值越小，物质越坚硬，流体为0.5，未固结第四系地层为0.35 ~ 0.48，大多数岩石为0.25左右；体积模量K，物体周围均匀受力时，作用在物体上单位面积的力除以体积相对变化；剪切模量μ，物体所受剪切应力与剪切应变的比值。

设地下均匀半空间弹性介质，用力垂直于地面进行竖向激振，介质受到外力产生应变，然后应变在介质中通过质点间相互振动，以弹性波的形式向外传播。图2-8是下半空间中纵波、横波和面波三种波的波前剖面示意图。图2-9是面波在地面上传播的质点振动图及波的传播示意图，从图中可以看出，对于半无限均匀介质面波只沿地面表层传播，质点的振动轨迹为逆时针运动的椭圆。

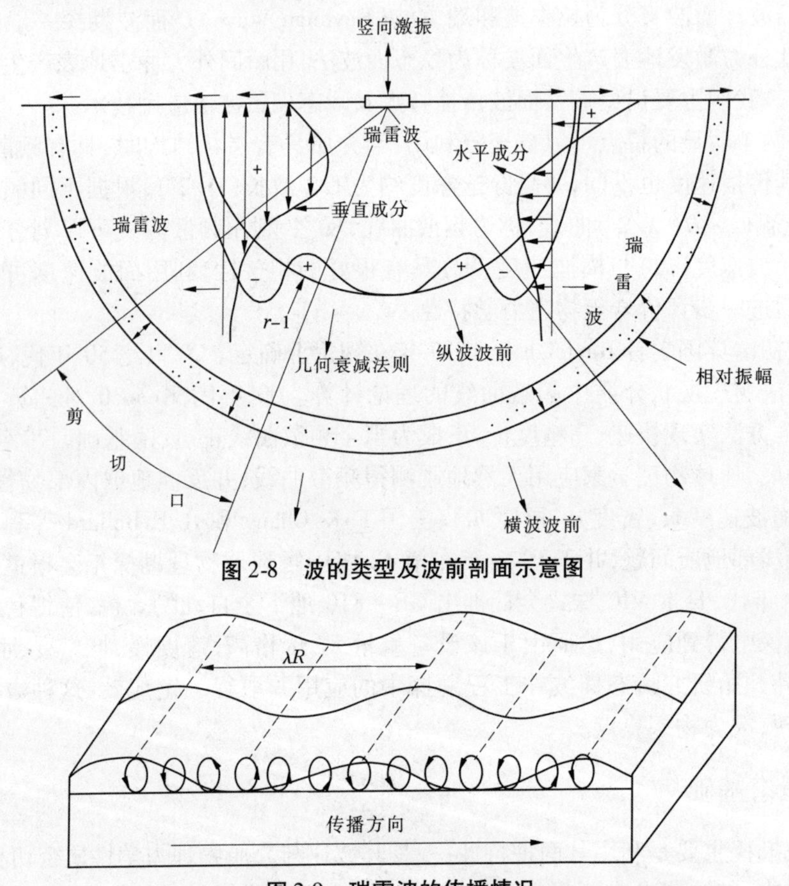

图2-8 波的类型及波前剖面示意图

图2-9 瑞雷波的传播情况

用v_P、v_S、v_R分别表示纵波、横波传播速度和面波传播速度，则v_P、v_S、v_R与介质弹性常数有如下关系

$$\left.\begin{aligned} v_P &= \sqrt{\frac{2\mu + \lambda}{\rho}} = \sqrt{\frac{E(1-\sigma)}{\rho(1+\sigma)(1-2\sigma)}} \\ v_S &= \sqrt{\frac{\mu}{\rho}} = \sqrt{\frac{E}{2\rho(1+\sigma)}} \\ v_R &= \frac{0.87 + 1.12\sigma}{1+\sigma} v_S \end{aligned}\right\} \tag{2-34}$$

根据弹性常数的定义可以看出，质点越致密，介质越坚硬，弹性波传播速度就越快，在同一介质中，$v_P > v_S > v_R$。当介质为泊松材料，即 $\sigma = 0.25$ 时，$v_P/v_S = 1.73$，$v_R/v_S = 0.92$。由此可见，只要已知介质面波速度和泊松比，即可求解出其纵波速度、横波速度。

2.3.2.2　均匀半空间介质中的面波

均匀半空间介质是一种理想化的模型，然而它却是研究解决问题的基础，通过复杂而烦琐的公式推导，可以达到如下几个基本结论：只要有波动就会产生面波，并且面波在介质的表面进行传播；面波在这种条件下传播速度与频率无关，即无频散性；体波（纵波、横波）能量的衰减与传播距离倒数成正比，面波与距离开方的倒数成正比。因此，随着传播距离增大，面波信号的能量远大于体波信号的能量；面波速度略小于横波速度，其质点运动为逆进的椭圆，椭圆的长轴在垂直方向，短轴在水平方向，其比值约为 3∶2。所以，在实测工作中，选择适当观察系统接收信号，可认为信号能量主要由面波组成，其他可以忽略，同时由于长轴方向能量较大，实测中只要对垂直方向振动信号进行处理，一般即可满足要求。

2.3.2.3　层状介质中的面波

层状介质中面波传播与上述不同之处是具有频散性，即同一介质中面波速度随频率不同而变化，这一特点正是面波勘探方法的前提。利用 Knopoff 快速计算方法，可求出并绘制两层和多层面波理论波频散曲线，据此研究分析频散曲线变化规律，寻找频散曲线与地质条件的内在联系，从而根据频散曲线变化规律和特征，更好更准确地解释实测面波资料。

图 2-10 是两层介质面波频散曲线 $v_R \sim H(\lambda/2)$，从中可以看出当频率较高、波长较短时，频散曲线为直线段且 v_P 近似等于 v_{R1}，随着频率降低、波长加大，面波速度发生变化逐渐加大，频散曲线以 $v_R = v_{R2}$ 为渐近线，当 $\lambda/2$ 等于地层厚度 H 时，频散曲线发生急剧变化。因此，在实测工作中，根据频散曲线拐点即可近似化分层厚，根据频散曲线平直段可近似确定面波速度，同时用经验公式或理论公式可近一步精确求解其结果。

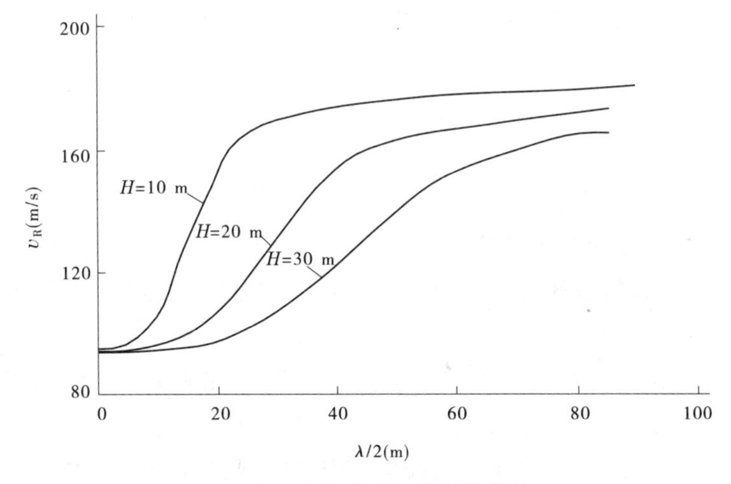

图 2-10　两层介质面波频散曲线

模型参数：$v_{P1}=250$ m/s，$v_{P2}=500$ m/s，$v_{S1}=100$ m/s，$v_{S1}=200$ m/s，$\rho_1=1.8$ g/cm^3，$\rho_2=1.9$ g/cm^3。

2.3.3　现场工作方法

（1）工作布置。瞬态面波现场工作布置如图 2-11 所示，图中 M 点为测试点，两检波器间距为 ΔX。ΔX 的选取是为了使两检波器能接收到足够的相位差，例如两信号间的相位差 $\Delta\varphi$ 要满足下式：$\frac{2\pi}{3}<\Delta\varphi<2\pi$，则 ΔX 应满足$\frac{\lambda}{3}<\Delta X<\lambda$，又设面波频散曲线测试深度符合 $H=\lambda/2$，则 ΔX 应满足$\frac{2H}{3}<\Delta X<2H$。由此可见，随着探测深度的加大，ΔX 的距离也应相应增大。

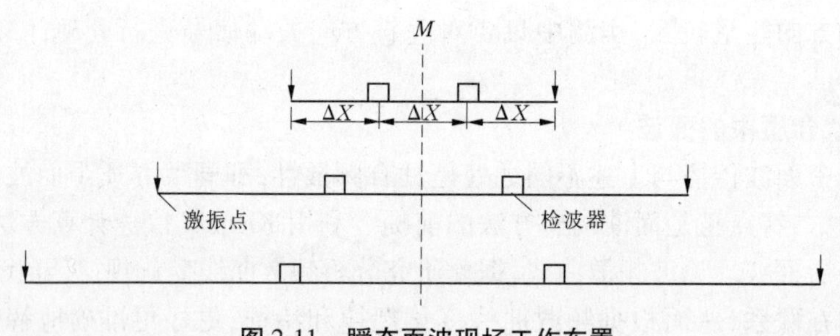

图 2-11　瞬态面波现场工作布置

（2）激发重量瞬态面波勘探的结果主要受激发的面波频率影响，根据半波长原理 $f\approx\frac{v_R}{2H}\approx v_S2H$，由此式可以看出，如果需要测试深度较大，就要能激发出低频信号。如设测区内面波速度约为 200 m/s，探测界面深度为 20 ~ 40 m，则相应频率范围应满足 2.5 ~ 5 Hz。瞬态法震源一般采用落重法，即以一定重量为 m 的重块，提升高度 H，自由落下撞击地面，从而产生瑞雷波，这种震源产生地震波的主频 f_0 可用下式表示

$$f_0=\frac{1}{2\pi}\sqrt{\frac{4\mu r_0}{m(1-\nu)}} \tag{2-35}$$

式中　r_0——重块底面的半径；

　　μ、ν——介质的剪切模量和泊松比。

从式(2-35)中可以看出，f_0 与震源重块质量的平方根成反比，与重块底面半径的平方根成正比。因此，当进行浅部测试时，可采用小铁锤，当测试深度较大时，可采用大铁锤或重块作为震源。

式(2-35)虽给出了震源质量、半径与主频的关系，但在实际应用中，须在测试现场根据要求的频率范围及分辨率进行试验，以筛选出合适的震源质量。

（3）瞬态面波法勘探的参数记录与浅层地震勘探类似，但在资料分析时，主要采用频谱分析，而目前的记录仪大部分是数字化记录仪，频谱也是离散化的。$\Delta f=\frac{1}{N\Delta t}$（$N\Delta t$ 为

记录时间)，高频时记录时间可短些，低频时记录时间应长些，如要求分辨率为 0.5 m，在 10 ~ 6.5 Hz 内，记录时间不应小于 5 000 ms)。

瞬态面波法的有效信号和干扰信号在记录上难以区别时，应在同一激发点重复接收 3 ~ 5 次，把重复接收的信号叠加，取其平均值，以加强有效信号，压制干扰信号。在测点的一侧激振和接收完成后，可把震源移至测点的另一侧，再重复激振接收 3 ~ 5 次，把两侧的测量结果平均，作为该点的最终结果。

(4)仪器配置面波勘探属于弹性波应用范畴，因此记录信号的仪器设备与常规的浅层地震勘探仪器基本一致，不同之处主要是面波测试需要信号采集系统有较大的频响范围，以适应探测不同深度，还要求有计算机系统应用于信号的处理。目前，国内没有专门的面波测试系统，需要根据方法原理、技术要求进行配置，配置面波接收仪的目的是把面波在某一测点处的传播过程准确地记录下来，然后用快速傅氏变换算法计算面波频散曲线。目前，国内开展面波勘探所用的仪器一类为常规浅层地震仪，如美国产 R24、ES1225 等；另一类为不同型号的动态信号接收分析仪，如中国科学院武汉岩土力学研究所的 RSM 系列。两种仪器所使用的拾振器一般均为加速度传感器，其频响范围可实现 0 到数千赫兹。两种仪器各有特点，但它们要有如下共同的基本功能，即仪器最少要有两个记录道，具有模数转换(A/D)功能，信号能用数字信号记录下来，仪器有较大的频响范围，可以直接或借助于计算机系统进行信号处理，计算频散曲线。

2.3.4　资料处理及解释

面波勘探采集到的是地面震动信号，对这种原始资料需要经过预处理计算和解释才能得到所需的勘探结果，归纳起来主要有如下步骤：

(1)根据实测资料计算面波频散曲线。

(2)根据频散曲线用近似算法或迭代拟合法求解地层面波速度、层厚等参数。

(3)利用同一条测线上的多条频散曲线绘制介质剖面色谱图。

2.3.4.1　**计算频散曲线**

面波勘探精度关键取决于实测信号的精度和计算方法，为了更准确地计算频散曲线，通常采取如下措施：

(1)同一测点单边激发，每点激发不少于三组振动信号，然后计算时在频域取其平均相位值。当界面变化较大时，可采用两边激发方式，进一步校正地形变化影响，提高精度。

(2)利用面波椭圆特性，使用三分量或二分量传感器，接收面波信号振动长轴和短轴两个分量，计算时首先根据长轴和短轴变化规律在时域确定信号带通窗口，然后以长轴和短轴振动分量为信号实部和虚部进行快速傅氏变换计算，精度会提高许多。

(3)如果仪器系统频响特性不一致，可用下述方法对实测相位曲线进行校正：把两传感器放在测试点，然后用面波方法进行测试并计算其相位曲线，如果一致性好，则其相位曲线近似为 0，可以不对面波相位曲线进行校正；如果曲线误差较大，计算面波相位曲线时，可减去相位误差曲线，提高解释精度，达到校正的目的。

面波频散曲线计算出来后，一般以 v_R 为纵坐标，以 $\lambda_R/2$ 为横坐标，绘在屏幕上，可直接打印输出或存入磁盘进一步计算分析。

2.3.4.2　解释地层参数

（1）确定层厚最有效、最简便的方法是直接分析频散曲线，根据拐点的位置及形态确定对应地层厚度。理论和实践表明，面波的穿透深度约为一个波长，即穿透深度与波长 λ_R 成正比。目前，国内外在应用面波勘探时，确定层厚和层速度一般依据半波长原理，即勘探深度 $H = \lambda_R/2$，同时面波速度近似为 $\lambda_R/2$ 深度以上介质的平均速度。因此，根据面波频散曲线可直接确定层厚，同时由于曲线拐点是一个渐变过程，介质变化及经验水平、解释精度会有一些偏差，但一般可以满足生产需要。利用求取频散曲线导数，计算曲线最大异常点等方法，可以突出曲线拐点，特别是当曲线点十分明显时，这种方法更为有效。但是，具体确定层厚仍然需要参考频散曲线，综合考虑然后确定。

（2）计算层速度实测面波频散曲线上某点的速度值代表着某一深度内各层速度的加权平均值。计算层速度目的就是根据频散曲线，从曲线上各深度点上的平均速度计算出各层的传播速度。当介质只有两层时，根据曲线的变化规律，用渐近线法可直接较准确地算出两层的面波速度；当频散曲线拐点较多，即对应地层较多时，可用近似公式算法求解各层面波速度。

（3）迭代拟合介质参数用面波正演算法，通过迭代拟合可以求解介质四个参数，即厚度 H、密度 ρ、纵波速度 v_P 和横波速度 v_S，在这四个参数中，ρ 和 v_P 对曲线的影响较小，只有 H 和 v_S 对曲线的影响较大，所以在正演拟合过程中，一般只对 H 和 v_S 进行迭代修改。四个参数的初值可根据测区有关资料给出，也可用下述方法确定。

H：用频散曲线解释得出的各层厚度；

v_S：用频散曲线解出各层 v_R 之后，用 $v_S = v_R/0.94$ 计算；

v_P：用公式 $v_P = 3v_S$ 给出；

ρ：当 $v_R < 90$ m/s 时 $\rho = 1.7$ g/cm^3，当 $v_R = 90 \sim 120$ m/s 时 $\rho = 1.8$ g/cm^3，当 $v_R = 120 \sim 150$ m/s时 $\rho = 1.9$ g/cm^3，当 $v_R = 150 \sim 300$ m/s 时 $\rho = 2.0 \sim 2.2$ g/cm^3。

确定出四个参数初值之后，可以用正演拟合算法解出各层的 H 值和 v_S 值。

2.3.5　工程应用典型案例

瞬变电磁法和瞬态面波法在黄河九堡探测中的应用介绍如下。

2.3.5.1　测区概况

测区位于黄河九堡老口门段，属典型的悬河地貌特征，堤身是 1843 年决口后人工填筑而成的。据有关资料和钻孔揭露，堤身自上而下主要由三部分组成：①堤身填土，人工填筑，厚度为 7 ~ 13 m；②老口门填土，人工填土且有秸秆等杂物，厚度为 3 ~ 35 m；③大堤基底，以中砂层为主，局部夹有薄层黏土。

2.3.5.2　瞬变电磁法探测

图 2-12 是黄河大堤九堡老口门段（96 ~ 112 号坝）瞬变电磁法探测结果。野外工作

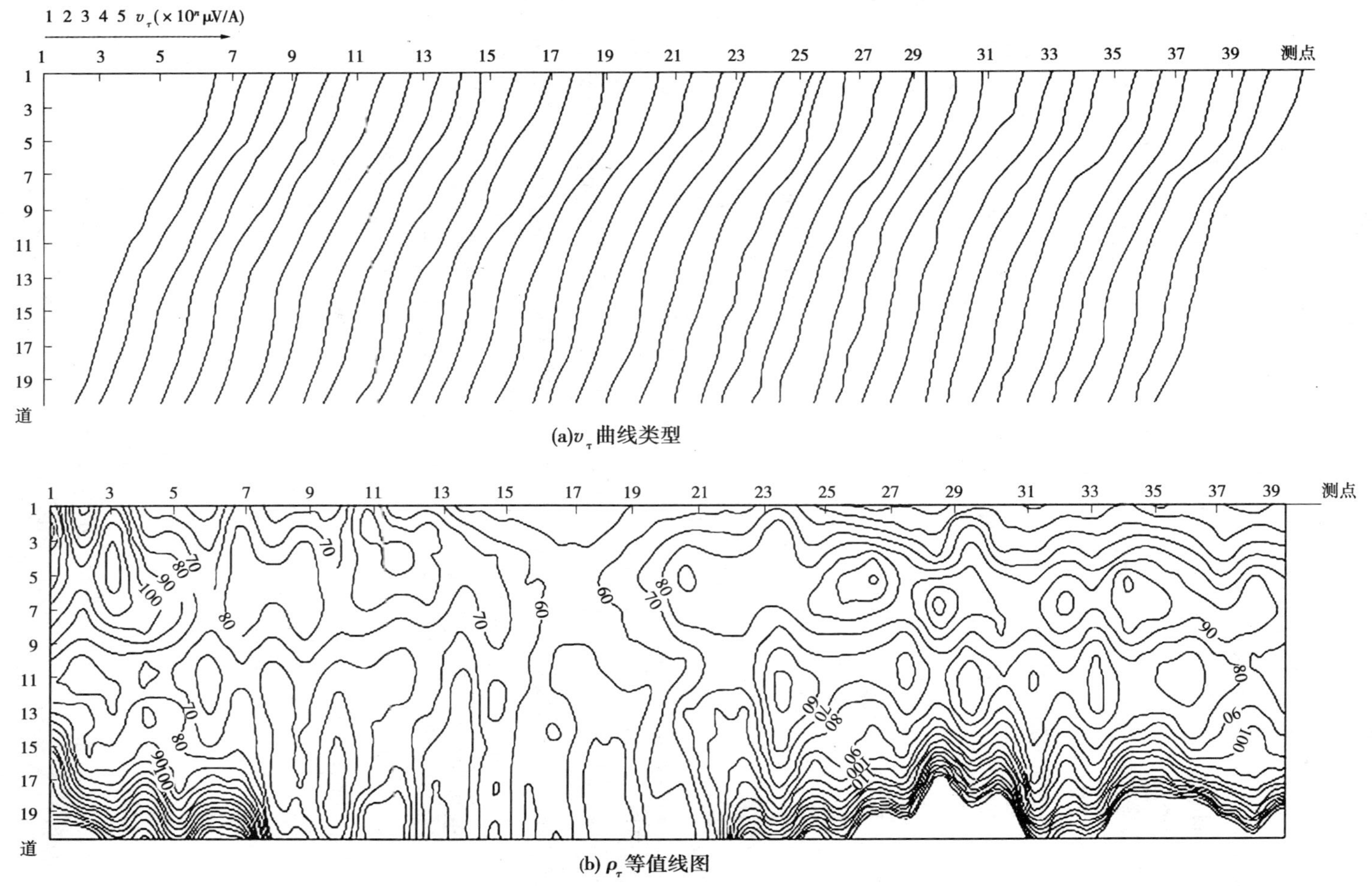

(a)v_τ曲线类型

(b) ρ_τ等值线图

图2-12 黄河大堤九堡老口门段（96~112号坝）瞬变电磁法v_τ曲线类型图与ρ_τ等值线图

采用重叠回线装置，边框设计为25 m×25 m的方框。发射线圈为双匝，接收线圈为单匝，发送电流为5 A，测点间距为25 m。为保证观测质量，当衰减曲线发生畸变时，应采用多次重复观测的方式工作。

视电阻率ρ_τ拟断面图大致反映三层结构：第一层电阻率略高（大于70 Ω·m），推断为堤身填土；第二层电阻率相对较低（小于60 Ω·m），推断为堵口秸料层；第三层为高阻基底，在绘制ρ_τ拟断面图时，为消除早期过渡过程的干扰，根据测区钻孔资料，对早期道进行了切除处理。

图2-13是视电阻率ρ_τ灰阶断面与工程地质纵剖面比照图，根据此图绘制大体积异性材料的分布范围，反映口门位置与钻探资料基本一致。

2.3.5.3 瞬态面波法实例分析

根据所测堤段有关地质资料，测量时确定重块为500 kg，提升高度约0.5 m，然后令它自由下落击振产生面波信号。使用ES－1225工程地震仪接收，记录时间长度为2 000 ms，检波距定为40 m，测点距为60 m，每个测点单边触发记录3～6组信号，由西向东共得20个测点，其中1号点从95号坝东10 m开始，20号点到坝西35 m结束，剖面长1 140 m。

实测频散曲线可概括为两种类型（见图2-14）：Ⅰ类曲线具有异常幅值小、拐点明显等特点，反映地层与钻孔较为一致；Ⅱ类曲线具有异常幅值大、深部速度曲线不规则等特点，主要有两方面原因造成：一是当软弱层较厚时面波难以穿透，二是大堤下部软弱层强度太小时能量衰减过大。用频散曲线$\lambda/2$作为探测深度，曲线以v_R拐点为界划分地层，所测软弱层界面与钻孔资料吻合较好。

据实测频散曲线和近似分层算法，把地层等分为N层，每层厚度为2 m，计算出每个厚度内的面波速度v_R，然后根据不同测点、不同深度的数据绘出色谱图（见图2-15）或等值线图，可直观地表现大堤各层强度相对变化。从图2-15中可以看出，剖面自上而下大致可分三层，分别对应堤身填土、老口门填土、大堤基底。表层波速变化区间较大，表明其强度分布不均；中间部位区域面波$v_R<130$ m/s，表明强度较小，剖面中部低速层（即软弱层）较厚，与口门分布位置、形态一致；底层面波$v_R>130$ m/s，证明其强度大。

由于已知的地质资料十分有限，仅对个别Ⅰ类频散曲线作近似正演拟合，计算时设测点处上部分为三层，且中间为软弱层，给出地层初始参数，然后自动拟合解释，算出各层物性参数（$v_{Pi}, v_{Si}, \rho_{Pi}, h_i$）并用下式

$$\nu = 0.5(v_P^2 - 2v_S^2)/(v_P^2 - v_S^2)$$

$$G_d = \rho v_S^2$$

$$E_d = 2G(1+\nu)$$

进一步算出各层泊松比、动剪切模量、动杨氏模量。计算结果表明，曲线上部（小于15 m）拟合效果较好，说明该段所求参数基本准确，第一、二层拟合结果见表2-1。

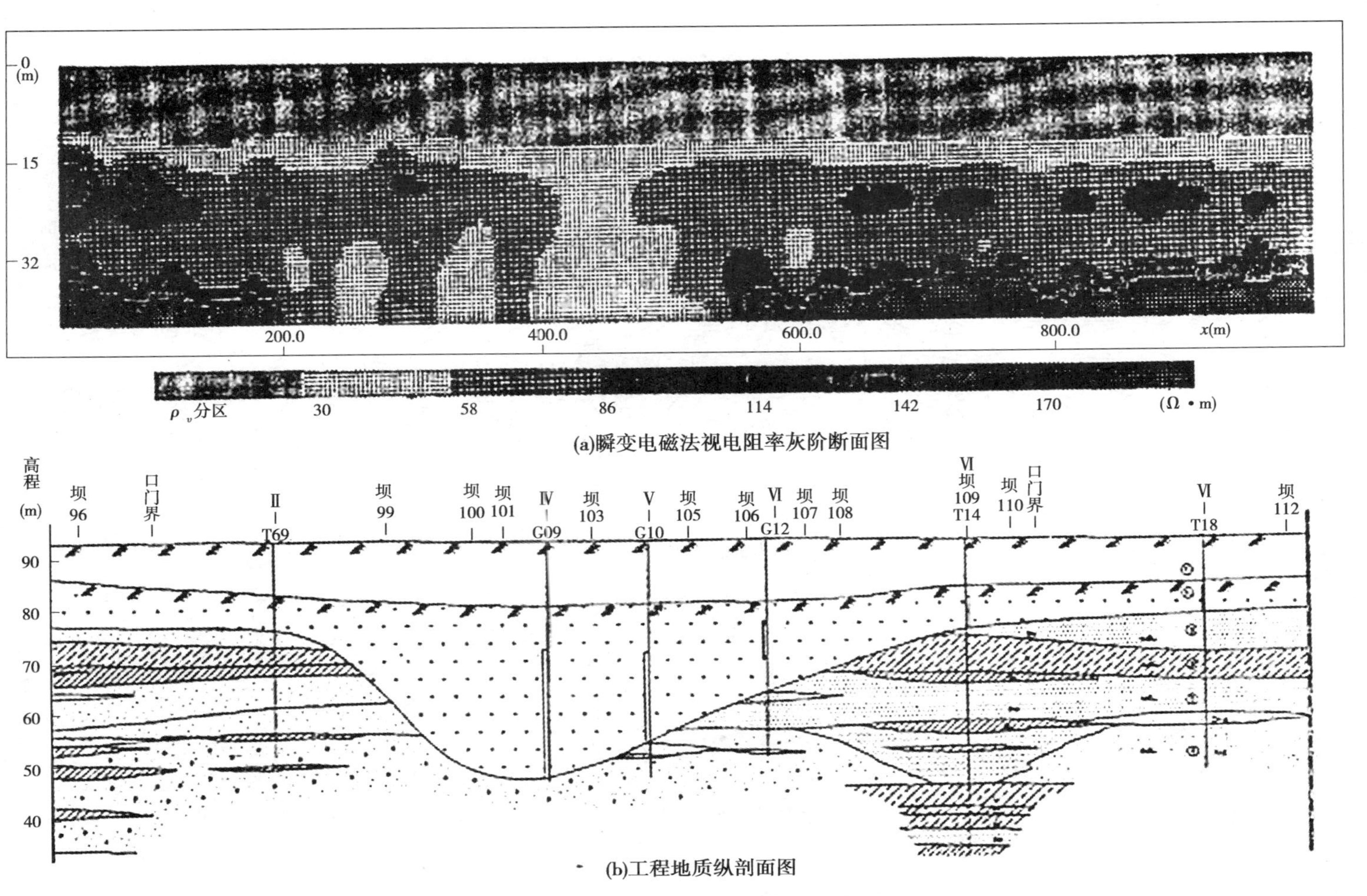

图2-13　黄河大堤九堡段瞬变电磁法视电阻率灰阶断面与工程地质纵剖面比照

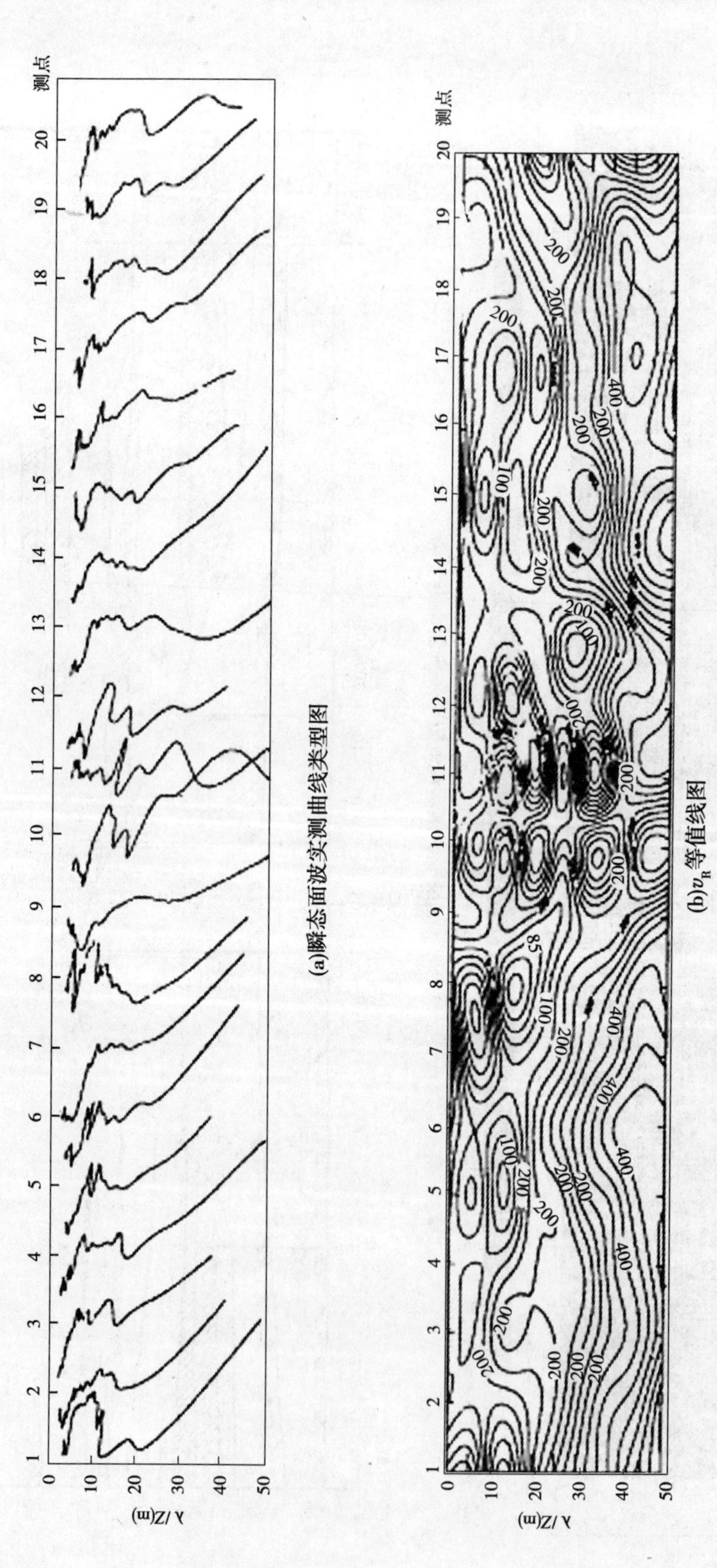

(a)瞬态面波实测曲线类型图

(b)v_R等值线图

图2-14　黄河大堤九堡段瞬态面波实测曲线类型图与v_R等值线图

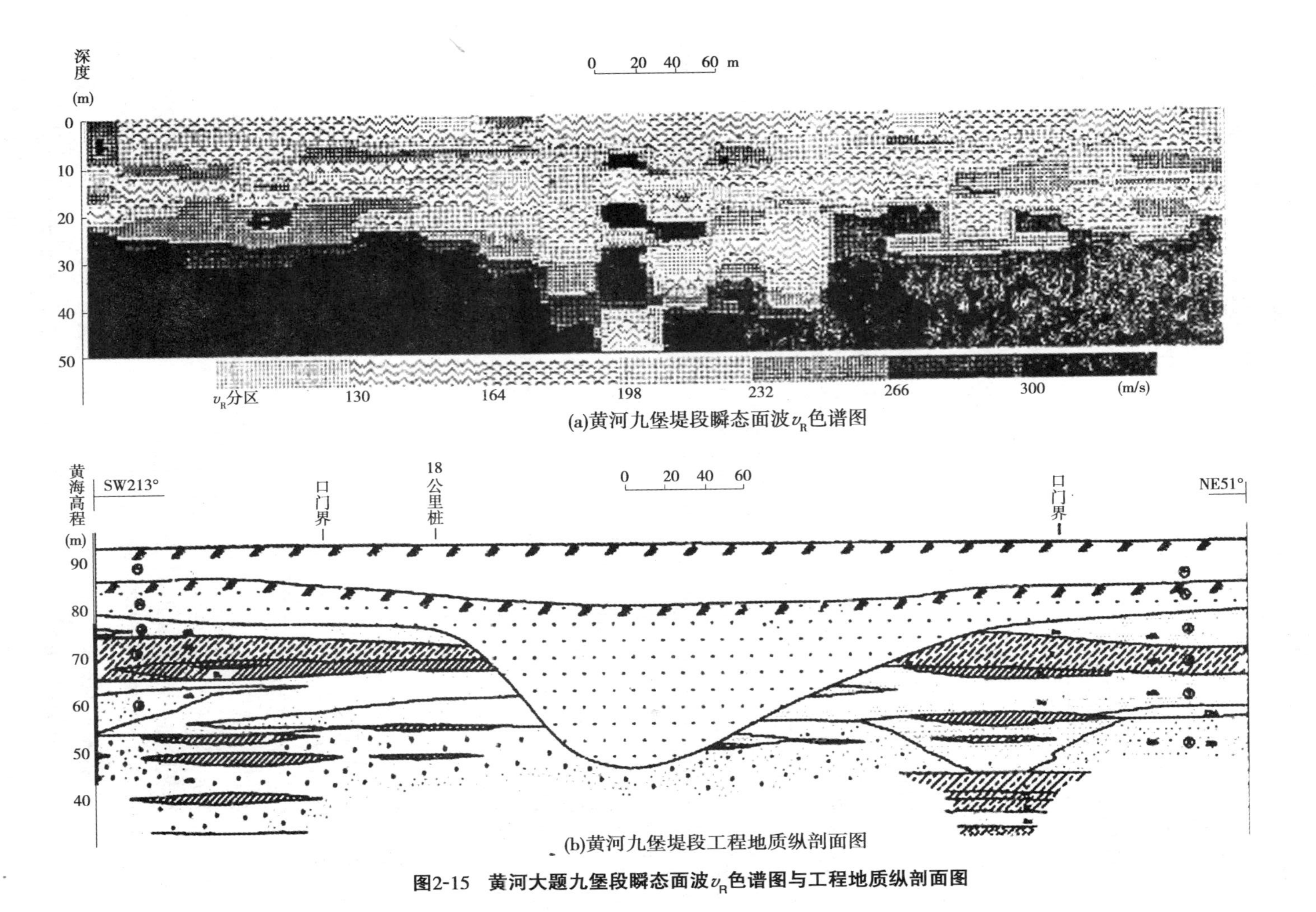

(a)黄河九堡堤段瞬态面波v_R色谱图

(b)黄河九堡堤段工程地质纵剖面图

图2-15　黄河大题九堡段瞬态面波v_R色谱图与工程地质纵剖面图

表 2-1　拟合反演大堤物性参数

点号	层位	纵波速度 v_P(m/s)	横波速度 v_S(m/s)	密度 ρ(g/cm^3)	层厚 h(m)	泊松比 ν	动剪切模量 G_d(MP$_a$)	动杨氏模量 E_d(MP$_a$)
2 号	1	300	146	1.745	8	0.34	37.2	100
	2	595	107	1.391	7	0.48	15.9	47.2
15 号	1	300	129	1.571	7	0.39	26.1	72.5
	2	595	107	1.391	6	0.48	15.9	47.2

2.4　脉冲压缩和阵列激发

脉冲压缩和阵列激发相结合是堤防隐患声波探测的一种新方法,能有效地提高声波信号的信噪比和图像分辨率。脉冲压缩技术通过相关接收的原理能将时域上比较长的调频信号压缩到很短的时间段之内,从而较大程度地提高探测信号的能量和信噪比,使探测深度大大增加。脉冲压缩技术实际上是一种脉冲累计算法,利用此算法可以将一系列脉冲产生的回波信号通过叠加产生时带积远远大于 1 的结果。采用多个声激励阵元组成声波阵列,每一阵元具有不同的中心频率,使所有阵元的中心频率分布在一定的区域范围之内。虽然单个声源的频带比较窄,但是由多个声源组成的阵列就能在较宽的频带范围内激励出所需要的声波信号。这样,就能根据具体问题设计出所需要的调频信号,通过阵列激励方式将声调频信号发射出去,采用脉冲压缩方法对接收回波进行脉冲压缩,得到高信噪比的目标回波信号,从而提高探测深度。另外,阵列激励方式大大加强了声源孔径,孔径增大意味着探测深度的提高,因此采用脉冲压缩和阵列激励相结合的方式能使声波的探测深度在脉冲压缩的基础上进一步得到提高。

2.4.1　方法简介及发展现状

脉冲压缩技术是指发射宽编码脉冲并对回波进行处理获得窄脉冲,因此脉冲压缩雷达既保持了窄脉冲的高距离分辨力,又能获得宽脉冲的强检测能力。在超声领域,Newhouse(1974)首次将脉冲压缩方法引入医学超声成像研究中,在此后的 30 多年里,人们对脉冲压缩应用的各种编码方法进行了深入研究和开发,包括 M 序列伪随机码、Barker 码、Golay 码、Chirp 码和伪 Chirp 码等各种编码方法被用于超声编码激励的研究和分析。目前,医学超声成像中的数字编码激励技术主要研究方向包括 B 型超声成像、多普勒血流测量、二维灰阶血流成像(B-flow)、谐波成像以及三维成像技术等方面,其中最主要、最基础的应用是 B 型超声成像和多普勒血流测量。在商业应用领域,GE 公司最先推出了应用 Golay 互补序列对脉冲压缩编码激励的商品化超声成像系统(B-flow)。目前,GE、Siemens、Acuson 等国外公司相继推出了商品化的应用数字编码激励技术的超声诊断设备。脉冲压缩技术在雷达通信等领域应用得比较成熟,取得了很好的应用效果,但在声波探测上(特别是在堤防隐患探测上)关于脉冲压缩技术的研究并不多,应用效果也不理想,还有很多问题需要我们进一步去探讨和研究。

超声检测技术出现在 19 世纪初,经过近 2 个世纪的发展,它已经渗透到国防建设、国民经济、日常生活及科学测量等各个领域,在海洋探测与开发、无损检测与评估、医学诊断及微电子学等领域发挥了巨大的作用。随着科学技术的发展与进步,超声相控阵技术应运而生,并在工程中得到了广泛的应用。相控阵传感器的基本概念很早就被提出了,初期主要应用于医学超声成像诊断。超声相控阵技术的基本思路来自于雷达电磁波相控阵技术。相控阵雷达天线由许多辐射单元排成阵列组成,通过控制阵列天线中各个单元上电流的幅度和相位,得到所需要的方向图和波束指向,或者在一定的空间范围内合成灵活快速的聚焦扫描的雷达波束。虽然阵列声波的激发和探测在医学和工业探测等领域都应用得比较多,但我们还未见到有关阵列声波在堤防探测中的应用,主要原因是阵列激发对阵列中每一声源的要求比较高(如相控阵列),在阵元一致性、声波耦合等问题上有比较苛刻的要求,这些要求在工程物探上往往不容易实现。阵列激发是为了更好地在具有强衰减的堤防土介质和土石结合隐患部实现脉冲压缩技术而提出的,它在阵元数量、一致性等问题上没有相控阵阵列那样严格的要求,在实际工程中是不难实现的。

2.4.2　基础理论

2.4.2.1　脉冲压缩

脉冲压缩方法应用于超声检测与传统脉冲回波成像系统的不同之处有两点:①在发射端采用调制编码激励,发送经过调制的大时宽 T、大带宽 B 信号,即编码激励;②在接收端通过相应的解码,即对接收信号利用参考函数进行匹配滤波,获得与信号带宽的倒数 $1/B$ 相对应的窄脉冲信号,即解码处理。解码信号是脉冲压缩的结果,经过压缩后的信号为窄脉冲信号,因此具有良好的测距精度和距离分辨率。脉冲压缩信号等于回波信号与参考函数的卷积:

$$S_{out} = S_{in} * S_{filter} \tag{2-36}$$

式中　S_{out}——脉冲压缩信号;

S_{in}——回波信号;

S_{filter}——参考函数。

脉冲压缩检测原理如图 2-16 所示。

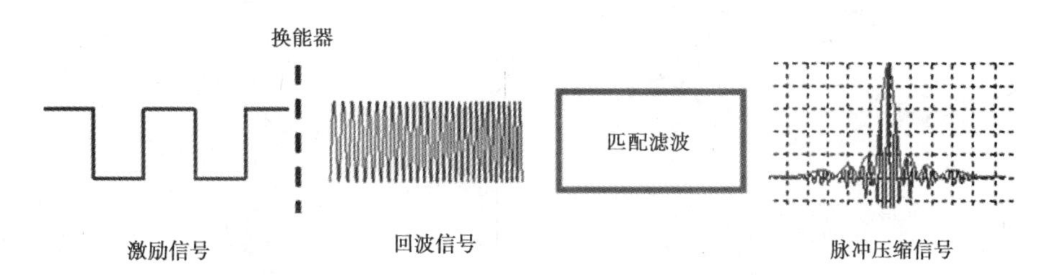

图 2-16　脉冲压缩检测原理

2.4.2.2　超声相控阵技术

超声相控阵换能器是由多个相互独立的压电晶片组成的阵列,按一定的规则和时序用电子系统控制激发各个晶片单元来调整焦点的位置和聚焦的方向。由其原理可知,相控阵换能器最显著的特点是可以灵活、便捷而有效地控制声束形状和声压分布。其声束角度、焦柱位置、焦点尺寸及位置在一定范围内连续、动态可调,而且探头可快速平移声束。因此,与传统超声检测技术相比,相控阵技术的优势是:

(1)无须声透镜便可使声束聚焦,可以灵活而有效地控制声束。生成可控的声束指向和聚焦深度,实现复杂结构件和盲区位置缺陷的精确检测。

(2)通过局部晶片单元组合实现声场控制,可在保证检测灵敏度的前提下实现高速电子扫描,不移动工件进行高速检测,不移动探头或尽量少移动探头可扫查厚大工件和形状复杂工件的各个区域,成为解决可达性差和空间限制问题的有效手段。

(3)使用相控阵技术可以实现理想的声束聚焦,采用同样的脉冲电压驱动每个阵列单元,聚焦区域的实际声场强度远大于常规的超声波技术,从而对于相同声衰减特性的材料可以使用较高的检测频率。

(4)通常不需要复杂的扫查装置,不需更换探头就可实现整个体积或所关心区域的多角度多方向扫查,因此在核工业设备检测中可减少受辐照时间。

(5)优化控制焦柱长度、焦点尺寸和声束方向,在分辨力、信噪比、缺陷检出率等方面具有一定的优越性。

相控阵阵列由若干个独立的阵元按照一定的形状和尺寸组合而成,其中每个阵元都有自己独立的发射和接收电路,控制系统分别控制各阵元发射信号的相位(或接收信号的时延)、波形和幅度,使得各阵元发射的声束到达预设焦点或者接收点时以相同的相位叠加,从而使声束实现聚焦、偏转、扫描等效果。

图2-17(a)中阵列换能器各阵元的激励时序是两端阵元先激励,逐渐向中间阵元加大延迟,使得合成的波阵面指向一个曲率中心,即发射相控聚焦。

图2-17(b)中阵列换能器各阵元的激励时序是等间隔增加发射延迟,使得合成波阵面具有一个指向角,就形成了发射声束相控偏转效果。

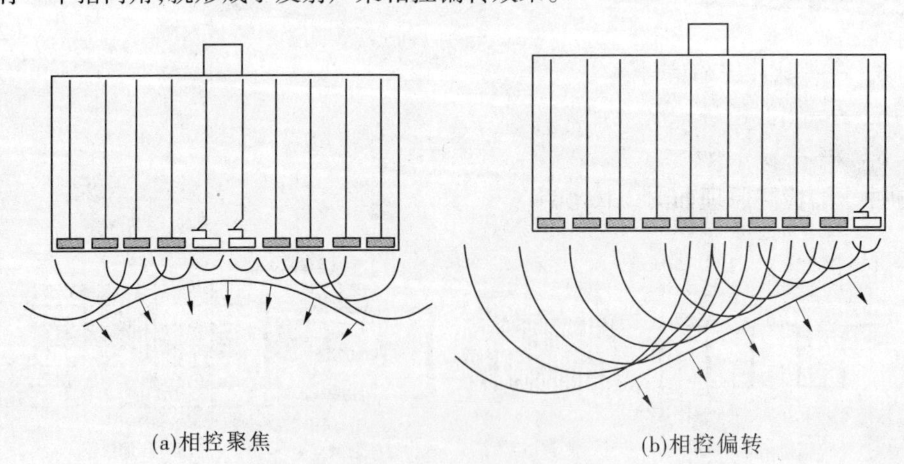

(a)相控聚焦　　(b)相控偏转

图2-17　相控聚焦和相控偏转

换能器发射的超声波遇到目标后产生回波信号,它们到达各阵元的时间存在差异。按照回波到达各阵元的时间差对各阵元接收信号进行延时补偿,然后相加合成,就能将特定方向回波信号叠加增强,而其他方向的回波信号减弱甚至抵消。同时,通过各阵元的相位、幅度控制以及声束形成等方法,形成聚焦、变孔径、变迹等多种相控效果。相控阵接收的原理如图 2-18 所示。

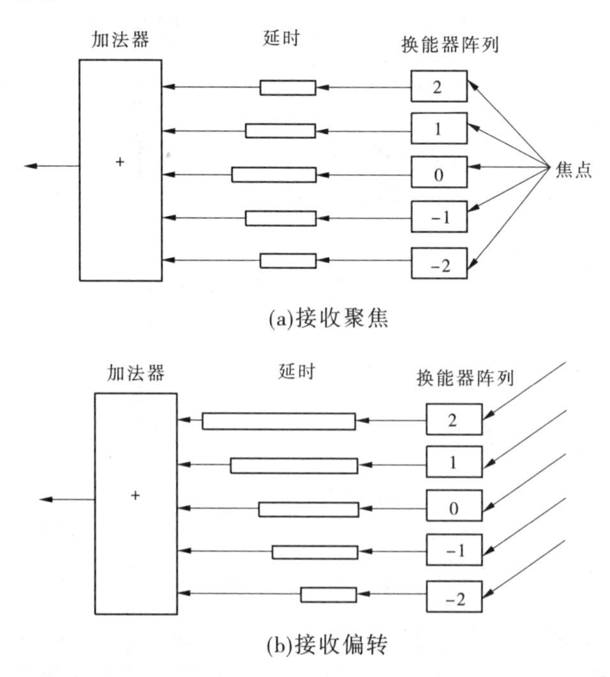

图 2-18　相控阵接收的原理

在超声检测和医学诊断中,相控阵的主要工作方式有两种:一种是线性扫查,另一种是扇形扫查。当然,在更复杂的相控阵技术中,两者都要配合动态聚焦技术实现两种扫查方式。

超声相控阵最显著的特点就是可以灵活、便捷而有效地控制声束指向、波前形状以及声压分布。其声束指向、焦点位置以及焦斑大小在一定范围内连续、动态可调,而且通过电子扫查可以实现快速声束移动。因此,与传统超声检测方法相比,超声相控阵的优势主要体现在如下几个方面:

(1)无须声透镜便可以实现声束聚焦,可以灵活有效地控制声束和聚焦点的位置,实现复杂结构件和盲区位置缺陷的精确检测。

(2)通过发射和接收单元的组合来实现声场控制,可在保证检测灵敏度的情况下实现高速电子扫描和对工件进行高速检测。通常不需要复杂的扫描装置和更换探头就可以实现整个所关心区域的多角度、多方向扫查。

(3)使用相控阵方法可以实现理想的声束聚焦,采用同样的脉冲电压驱动每个阵列单元,聚焦区域的实际声场强度远大于使用常规的超声波方法,因此对于相同声衰减特性的材料可以使用较高的检测频率。

(4)通过优化控制焦点尺寸和声束方向,能使分辨率、信噪比、缺陷检出率等性能得到提高,减小盲区,消除接收波面上的干涉。

2.4.3　堤防混凝土构筑物内部缺陷的弹性波数值模拟研究

设计堤防土石结合部混凝土内部存在隐患，如图2-19所示，隐患大小为4 cm×4 cm，隐患顶面距离混凝土表面分别为0.3 m、0.5 m、0.7 m。用有限差分方法模拟LFM信号的传播过程，得到混凝土表面的散射波信号。通过分析散射信号，得到不同深度隐患的分辨率。计算中未考虑混凝土的衰减特性。

计算参数有：激发源为线性调频信号，$t=2\times10^{-4}$ s，中心频率为100 kHz，带宽为40 kHz，介质纵波波速为2 500 m/s，横波波速为1 600 m/s，混凝土密度为2 500 kg/m^3，孔洞取水的密度为1 000 kg/m^3。

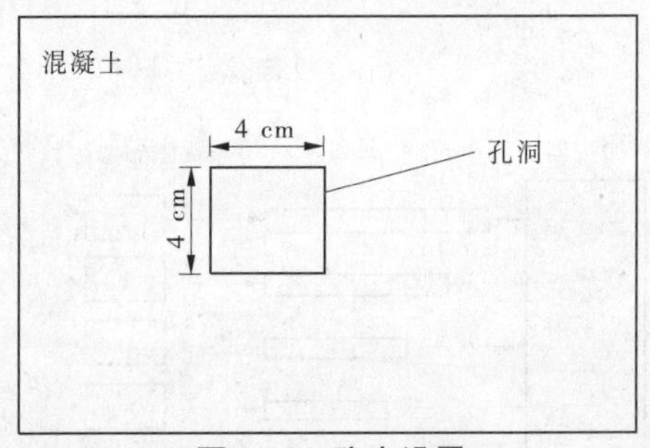

图2-19　隐患设置

图2-20～图2-22为不同时刻的波场快照。由图2-20知，激发出纵波、横波和表面波，可看到表面波能量较大。由图2-21知，波阵面遇到隐患，发生散射，波前发生畸变。图2-22显示散射波往四周传播，在混凝土表面设置检波器，可接收到散射波信号。

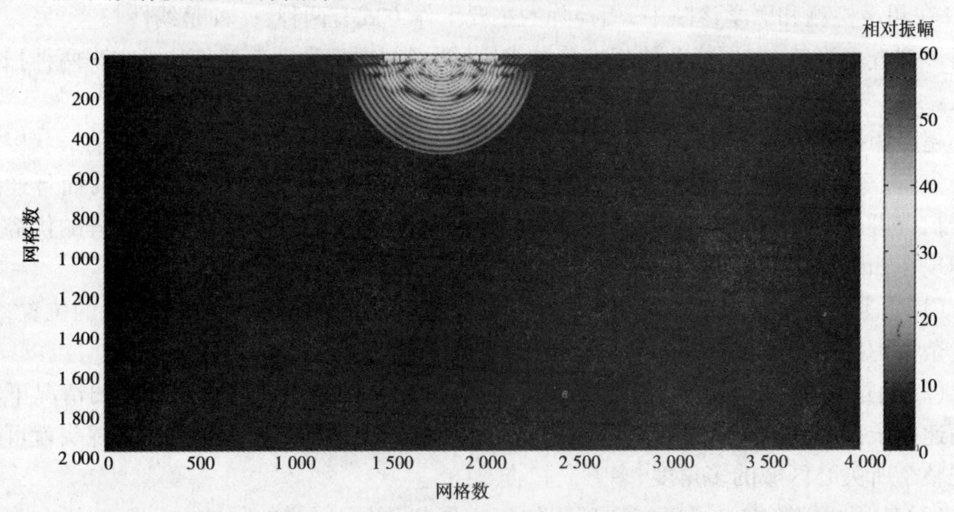

图2-20　1×10^{-4} s的波场快照（隐患深0.3 m）

由表2-2知，缺陷越深，散射波信号峰值越低，其他参数无明显变化规律。图2-23～图2-25为不同深度缺陷的散射波信号与压缩波形。

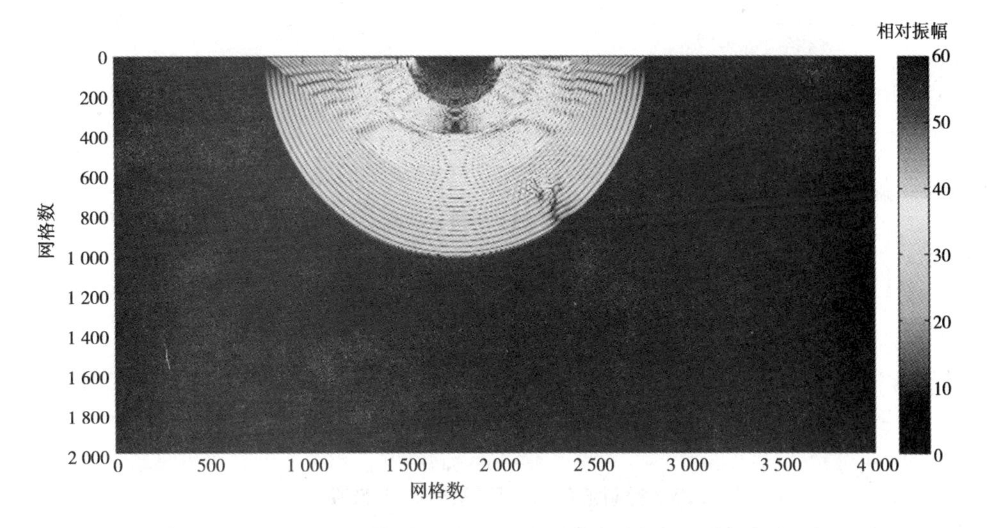

图 2-21　3×10^{-4} s 的波场快照(隐患深 0.3 m)

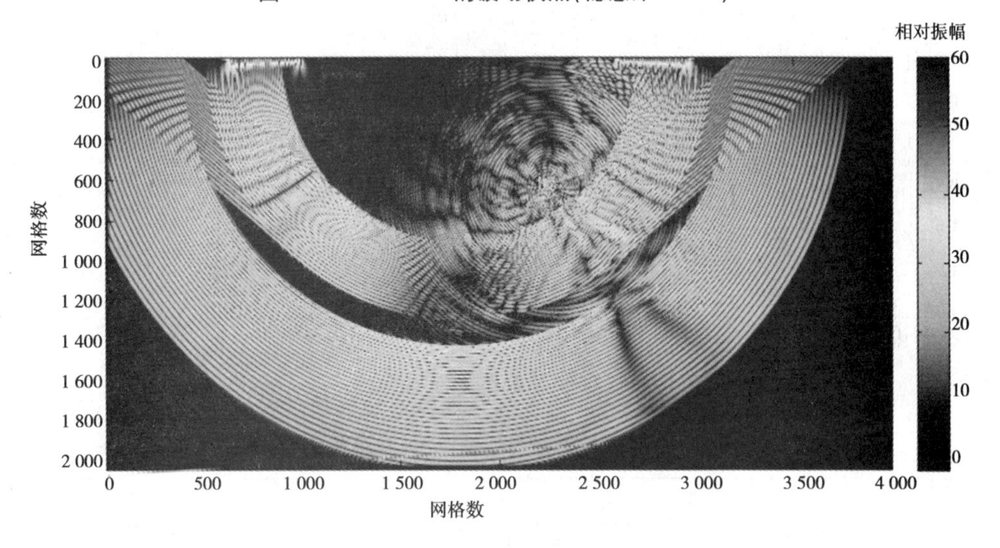

图 2-22　6×10^{-4} s 的波场快照(隐患深 0.3 m)

表 2-2　压缩参数对比

缺陷深度(m)	主瓣宽度(μs)	主副瓣比(第一副瓣)	主副瓣比(第二副瓣)	信号最大峰值
0.3	19	2.997	4.24	$2.572\ 1\times10^{-5}$
0.5	17	2.16	3.15	1.824×10^{-5}
0.7	19	3.0	3.4	$9.523\ 8\times10^{-6}$

总的看来,散射波信号较表面波信号强度低,但经过压缩后,主瓣较窄,并且保持较高的主瓣峰值,同时存在多个副瓣,并且主副瓣比较低,这不利于我们实际检测工作。需利用非匹配滤波的方法,尽量降低副瓣峰值,从而提高检测的分辨率。隐患深 0.5 m 与 0.7 m的波场快照见图 2-26 ~ 图 2-31。

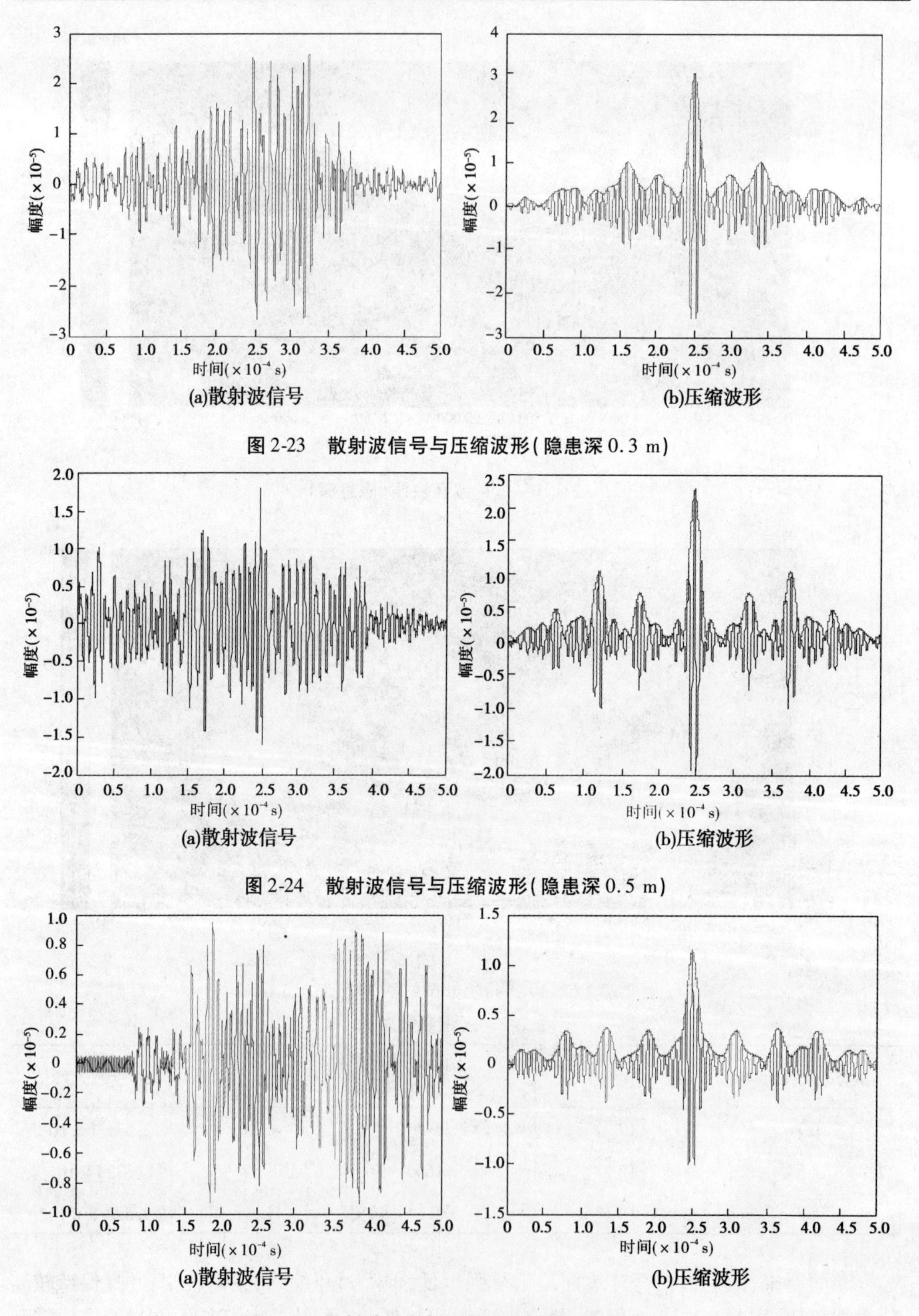

图 2-23　散射波信号与压缩波形(隐患深 0.3 m)

图 2-24　散射波信号与压缩波形(隐患深 0.5 m)

图 2-25　散射波信号与压缩波形(隐患深 0.7 m)

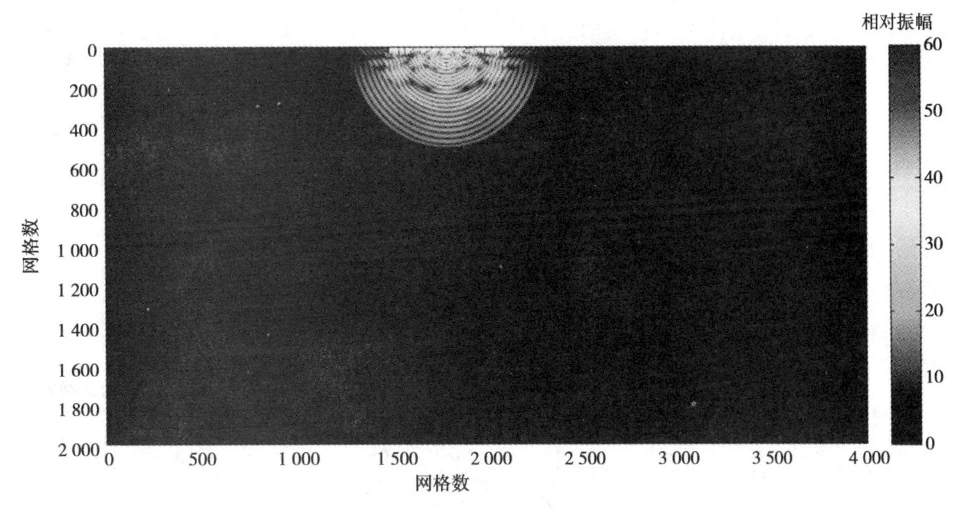

图 2-26 1×10^{-4} s 的波场快照(隐患深 0.5 m)

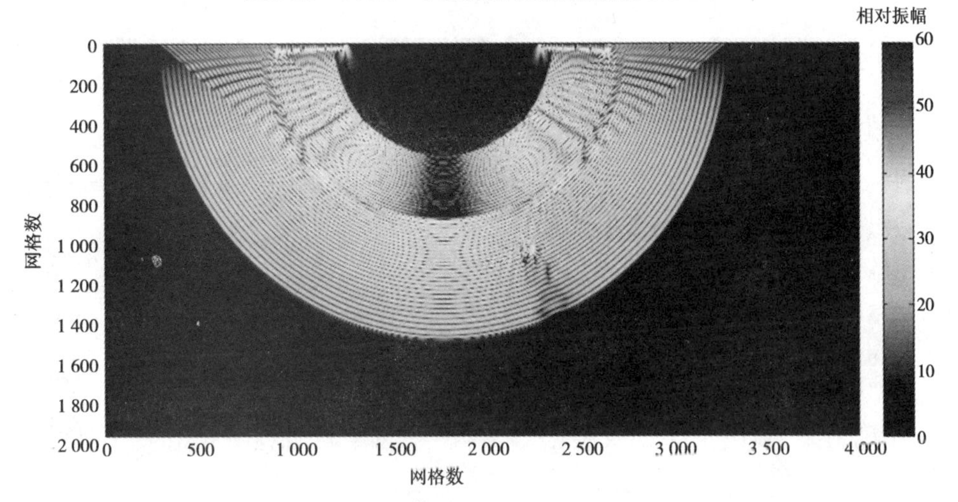

图 2-27 3×10^{-4} s 的波场快照(隐患深 0.5 m)

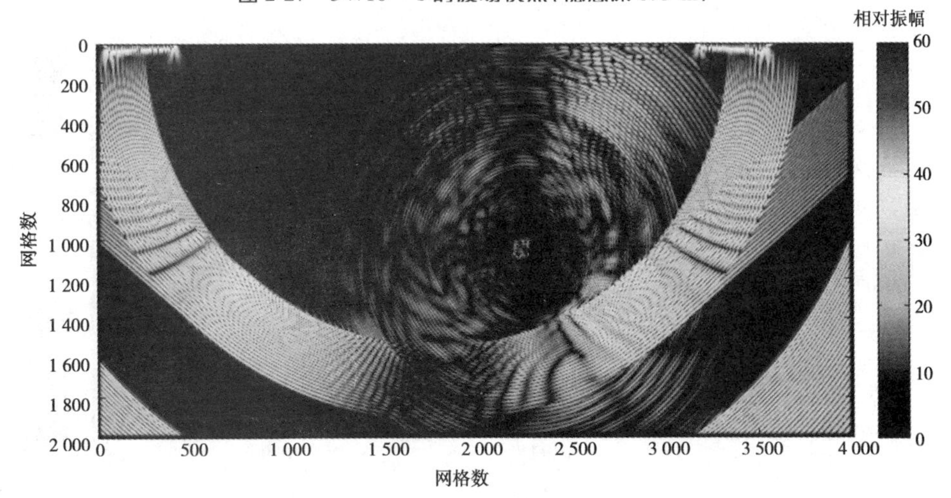

图 2-28 6×10^{-4} s 的波场快照(隐患深 0.5 m)

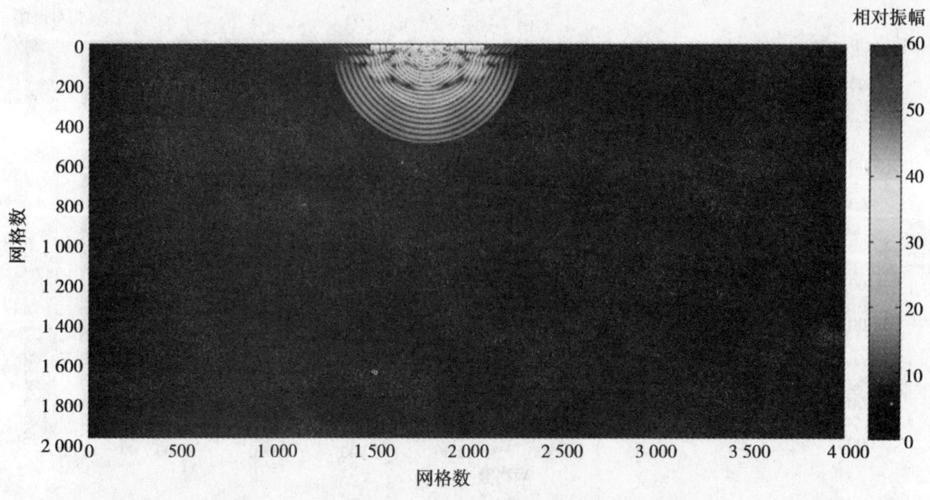

图 2-29　1×10^{-4} s 的波场快照(隐患深 0.7 m)

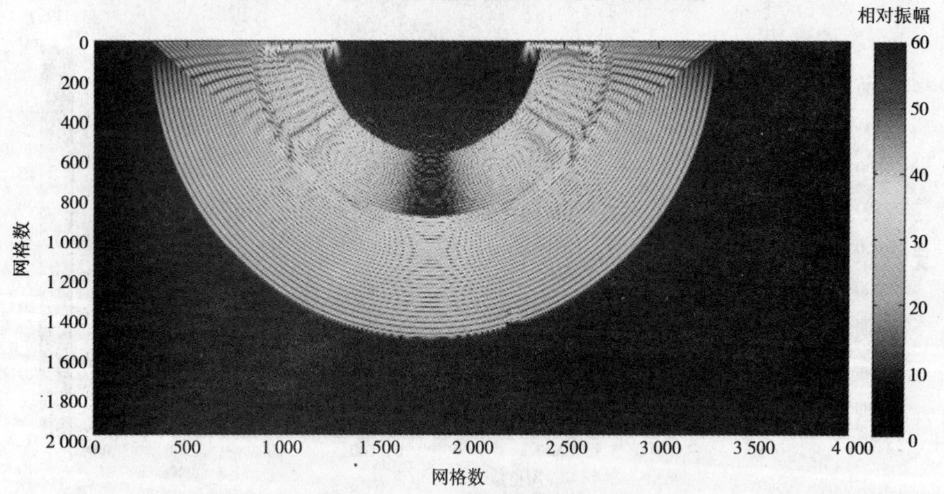

图 2-30　3×10^{-4} s 的波场快照(隐患深 0.7 m)

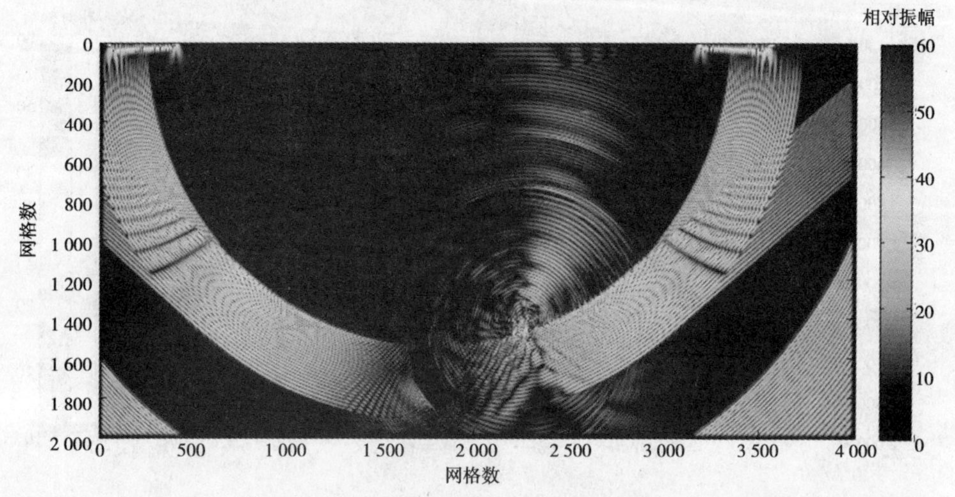

图 2-31　6×10^{-4} s 的波场快照(隐患深 0.7 m)

2.5　高密度电法

2.5.1　方法简介及发展现状

高密度电法是一种阵列勘探方法,阵列勘探的思想源于20世纪70年代末期,其中英国学者所设计的电测深偏置系统实际上就是高密度电法的最初模式。80年代中期,日本地质计测株式会社曾借助电极转换板实现了野外高密度电法的数据采集,只是由于整体设计的不完善性,这套设备没有充分发挥高密度电阻率法的优越性。80年代后期,我国原地质矿产部系统率先开展了针对高密度电法及其应用技术的研究,从理论与实际结合的角度,进一步探讨并完善了方法理论及有关技术问题。

目前,国内研究高密度电法技术和仪器的主要有北方地球物理探测技术开发有限公司、中国地质大学、重庆奔腾数控技术研究所、吉林大学、重庆地质仪器厂等单位和院校。

2.5.1.1　高密度电法正演方法现状

与其他的地球物理数值模拟的方法类似,在电阻率法正演数值模拟的方法中,最常用的是有限差分法、边界单元法和有限单元法。

1)有限差分法

有限差分法是一种经典的数值模拟计算方法,其基本原理就是用差商代替微商,把问题转化为代数方程组的求解。

第一次将有限差分法利用到电磁法领域是在20世纪60年代末期,讨论了二维地电条件下点源电阻率法和激发极化法问题,Lamontagne等(1971)对矩形薄板的电磁法响应进行了数值模拟;Jepsen(1975)在博士论文中对有限差分法在电阻率正演模拟中的应用作了详细论述;Mufti(1976)改进了有限差分网格剖分方法,采用非均匀网格计算任意形状二维体取得了很好的效果。20世纪70年代末期,Dey和Morrison(1979)将混合边界条件引入有限差分法中,对三维任意形状的地质体的电阻率进行了正演模拟。Scriba在1981年对三维断面的电场响应也进行了论述。Zhdanow等(1982)对三维地质体的电磁响应、Gldman等(1983)对三维断面的瞬变电磁响应进行了数值模拟。Leepin. M(1992)用有限差分法求解了2.5维矩形电流回线的时间域电磁响应问题。Spitzer等(2001)在有限差分的离散化和收敛速度方面进行了深入研究,对三维正演模拟的精度和速度进行了分析。

我国的地球物理工作者从20世纪80年代开始研究有限差分法正演计算问题,为有限差分法的发展作出了相当大的贡献,刘树才等(1995)、刘正栋(2000)、吴小平等(1998)求解了三维电源场的正演问题,他们在差分格式、网格剖分方法等方面做了相当多的工作。

2)边界单元法

边界单元法的前身就是边界积分方程法,随着有限单元法的兴起,其单元划分和插值函数的概念引入到了边界积分方程法中,发展成为边界单元法。边界单元法最早是由英国的Southampton大学土木工程系开始使用,并逐渐应用到各个领域的。20世纪80年代初,边界单元法首先在电法/电磁法的地形研究领域占有一席之地,以解决复杂的地形影响问题。刘继东(1998)、汤洪志等(2001)、徐世浙利用边界单元法成功地解决了二维、三维地电断面的正演模拟问题。

Tovrres-Verdinand Habash 基于非均匀介质中电磁散射问题的局部非线性近似,用积分方程法研究了频率域中垂直磁偶极源的 2.5 维正演,但积分方程法涉及求张量格林函数和散射电流的褶积的问题,只适用于模拟为数不多的局部异常体,否则计算量会成倍增加。毛先进等将传统的边界积分方程进行了改进,使积分方程法可以适应地下多个不均匀体的正演计算并得到了 2.5 维和三维的计算结果。GeraldW. Hohmann 利用积分方程法对三维极化率和电磁模型进行了正演。

3)有限单元法

有限单元法是将要分析的连续场分割为很多较小的区域,它们的集合代表原来的场,然后建立每个单元上待求场量的近似式,再结合起来进而求得连续场的解。从数学角度上来讲,它是从变分原理出发,通过区域剖分和分片插值,把二次泛函的极值问题化为多元二次函数的极值问题,后者等价为求解一组多元线性代数方程组,是一种从部分到整体的方法,可使分析过程大为简化。

该方法是在 20 世纪 50 年代首先在力学领域发展起来的一种模拟方法,最初用于结构力学和应力分析(O. C. 齐基威茨、Y. K. 邱,1967);1971 年 Coggon 发表了著名论文,拉开了有限单元法在电法勘探领域正演模拟的序幕,他从电磁场总能量最小原理出发,实现了二维地电断面有限单元法正演计算,不过由于有限单元网格缺乏通用性,计算精度和速度未能达到实用水平;Rodi(1976)发展了有限单元法的剖分方法,采用矩形网格剖分,以解决二维大地电磁测深正演问题,使有限单元法向前发展了一步;Rijo(1977)引入了一个通用性网格剖分方法,使有限单元正演的精度和速度得到了大幅度提高,成为计算二维地电条件下电法/电磁法正演模拟的有效工具,使有限单元法正式进入实用阶段。70 年代末,该方法在甚低频法正演、时间域电磁法的正演模拟中得到应用;DeyandMorrison(1979)将混合边界条件引入到有限单元法的正演模拟中,使它得到了进一步发展;1981 年,Pridmore 等对有限单元法的三维地电断面的电法/电磁法正演问题进行了论述;Wannamake 等(1986)用有限单元法模拟了大地电磁中的二维地形响应;Unsworth M. J. 等发表了频率域电流偶极源电磁场的 2.5 维有限单元法模拟。

20 世纪 70 年代末有限单元法引入我国,80 年代初我国数学家李大潜发表了专著《有限元素法在电法测井中的应用》,有限单元法正式应用到电法领域。此后,地球物理学家周熙襄(1986)等对有限单元法进行了深入研究,发表了一系列有限单元法在电阻率法中应用的论文或专著,研究领域涉及直流电法、电磁法领域,网格剖分也由原来的简单剖分发展到三角单元和三角-矩形综合剖分;周熙襄等在二维电阻率有限单元法正演中采取混合边界条件等优化措施,提高了计算精度和速度,对有限单元法的发展起到了推动作用。从 80 年代开始着手研究 2.5 维电磁场的数值模拟,到目前已用二次场算法实现了二维地电构造上谐变电偶极子电磁场的有限单元算法、电偶源 CSAMT 法二维正演的有限单元算法、主剖面上时间域和频率域电偶源瞬变电磁场的 2.5 维有限单元正演模拟,时间谱电阻率法的二维正演算法;阮百尧等利用有限单元法实现了三维地电断面的正演模拟并编制相应程序,但计算速度不十分理想。

2.5.1.2　高密度电法反演方法现状

国内研究反演方法的有很多,王兴泰等利用佐迪反演方法对地表高密度电法的数据采集结果进行了电阻率图像重建,通过对多种复杂地电模型的数值模拟和野外实例的反演分析,表明佐迪反演方法用于地表测量的电阻率层析成像完全可行;王若等针对佐迪反演方法在二维拟断面应用中的缺陷进行了三个方面的改进:固定佐迪反演方法中用于转换电极距和深度关系的深度转换因子,可使绝大多数数字模型的反演过程稳定收敛,在调整视电阻率的公式中加入一个迭代系数,可使计算值快速趋向于观测值,减少了迭代次数,对于含有噪声的数据,加入滤波因子可以在一定程度上抑制噪声;张大海等采用二维视电阻率断面的快速最小二乘反演,避免了偏导数矩阵的直接计算,减少了计算时间和存储空间,具有简单、快速、有效,不受装置排列形式的影响等优点;王丰等采用全局反演方法中的模拟退火和单纯形的组合算法,改进了模拟退火和单纯形算法的匹配技术,并将它引入到电阻成像反演问题中;王运生等用目标相关算法解释高密度电法资料,通过理论分析、大量的模型试验及实测数据验证,表明该方法具有分辨率高、抗干扰能力强、操作简便等优点。国内关于高密度电法反演方面的研究不少,但真正推出商用软件的不多,国外主要研究计算机自动二维、三维反演。二维反演程序是基于圆滑约束最小二乘法的计算机反演计算程序,使用了基于准牛顿最优化非线性最小二乘新算法,使得大数据量下的计算速度较常规最小二乘法快 10 倍以上。由于产权保护、数据不兼容等,各种反演软件在对地电结构的解释准确性上很少进行横向对比。

2.5.1.3　国内外研制仪器的情况

高密度电法是在常规电法的基础上发展起来的,高密度电法仪实质上是一个多电极测量系统,所以高密度电法仪形式是普通的电测仪 + 电极转换开关。早期,电极转换由人工进行,后来随着微型计算机(处理器)的发展,电极转换开关实现了自动化。高密度电法测量系统包括数据收录和资料处理两大部分。高密度电法仪结构上的主要问题是如何实现测量主机与众多电极之间的连接。为此,出现了两种形式,即传统式高密度电法仪和新型分布式智能化高密度电法仪。

(1)传统式高密度电法仪一般有 60 根电极,通过 60 根导线与电极转换器连接。电极转换器有两种:一种是步进电机驱动的机械触点式,由 60 路触点底盘、4 路触点、电极排列选择开关、驱动隔离电路及步进电机等部件组成,由工程电测仪控制步进电机的转动,以实现不同的电极极距和不同的排列方式;另一种是继电器型电极转换开关,工程电测仪输出一定的控制数码,通过译码电路分别驱动不同的继电器的吸合、释放,达到不同电极、不同极距的切换。这两种转换开关的仪器有两点问题值得注意:机械式的问题主要是机械触点接触可靠性,继电器式的问题主要是连接电线。

(2)新型分布式智能化高密度电法仪主要由笔记本式计算机、主机、主电缆和电极连接盒等组成。主机包括发送控制命令、接收信号等部分,主电缆主要作用是信号传输,电极连接盒根据主机的命令进行电极转换和数据采集、传输。由于是一根电缆覆盖所测量的剖面,并且使用计算机进行控制,使得每一个电极都可能成为 A、B、M、N 极,中国地质大学(武汉)研制生产的分布式高密度电法仪最多可进行 240 道电极输入,原则上可方便地进行无限扩展(由于受导线电阻、工作电流、工作电压和干扰的限制,所以建议道数不要过分追求),整套仪器体积小、质量轻,电极的连接是任意的,使用起来十分方便。

国外生产高密度电法仪的主要有日本的OYO公司、瑞典的AEBM公司、法国的IRIS公司、美国的AGI公司。国外仪器大多数是将电测仪与电极转换开关分开的。2002年12月,美国的AGI公司出品一款新仪器将电测量主机与开关单元结合在一起,但未见国外仪器中使用PC机或类似PC机作为仪器主控制器,实现现场测量曲线的报道。

我国的堤防探测技术始于1970年,初步利用电法勘探技术探测堤防灌浆效果,并取得了一定的效果。随着我国政府对堤防工程的日益重视,研究堤防隐患探测技术的单位和个人也随之增多。"八五"期间,水利部列专项委托黄河水利委员会物探总队开展堤坝隐患探测技术的系统研究,先后投入了多种地球物理方法进行现场试验及分析对比工作,包括浅层地震反射法、地质雷达、电测深、电剖面、高密度电阻率法、瞬变电磁法、瞬态面波法等,获得大量研究成果,大多成果至今被技术人员作为隐患探测的重要依据。1998年,水利部国际合作与科技司的"988"科技计划将堤防隐患探测课题列为首要任务,并开始组织有关单位开展攻关研究。1999年3月,根据国家防汛抗旱总指挥部办公室的部署,湖南省防汛抗旱指挥部办公室、湖南省洞庭湖水利工程管理局组织益阳市赫山区水利水电局具体实施,在湖南省益阳市永申垸废堤段上人工模拟埋置各种不同隐患,包括裂缝、蚁穴、空洞和涵洞等,并于同年3月组织多种检测仪器进行测评工作,同年11月,水利部重大科技项目"堤防隐患和险情探测仪器开发"正式启动。2000年8月,国家防汛抗旱总指挥部办公室等单位在郑州召开了"全国堤坝隐患及渗漏探测技术研讨会",2000年7月,国家防汛抗旱总指挥部办公室与水利部又在北京大兴县建设了试验场,组织了国内外仪器的比测工作,这一系列重大举措有力地推动了隐患探测技术的发展。2002年,国家防汛抗旱总指挥部办公室主持并组织黄河水利科学研究院等有关单位开始编制《堤防隐患探测技术规程》(SL 436—2008),并于2009年颁布实施,对进一步规范我国的堤防隐患探测工作具有重要意义。

2.5.2 基础理论

2.5.2.1 高密度电法工作原理

高密度电法是以岩土体导电性差异为基础的一类电探方法,研究在施加电场的作用下地中传导电流的分布规律,在求解简单地电条件的电场分布时,通常采取解析法,即根据给定的边界条件解以下偏微分方程

$$\nabla^2 U = -I\delta(x-x_0)\delta(y-y_0)(z-z_0)/\sigma \tag{2-37}$$

式中　x_0、y_0、z_0——源点坐标;

x、y、z——场点坐标。

当$x \neq x_0$、$y \neq y_0$、$z \neq z_0$时,即当只考虑无源空间时,式(2-37)变成拉普拉斯方程,即

$$\nabla^2 U = 0 \tag{2-38}$$

由于坐标系的限制,解析法能够计算的地电模型是很有限的。因此,在研究复杂地电模型的电场分布时,主要还是采用了各种数值模拟方法。

2.5.2.2 高密度电法工作方法

高密度电法野外工作装置形式较多,总电极数与点距可根据场地条件及勘察深度任意选择,而且同一断面可选用多种装置进行测量。表2-3给出了几种常用测量装置、视电阻率剖面深度参数,其中a_0、M、L分别为高密度电法测线的基本电极间距、电极总数、总

长度；n 为隔离系数（温纳装置中 $m=n$）；h 是伪深度（pseudo－depth），即实测值在视电阻率剖面中对应点的深度；a 为测量时的实用电极间距；m 随测量深度加大而调整，取值为整数；K 为装置系数，也称为几何系数，$1/K$ 又被称为信号的强度系数，K 值越小，同样的供电电流能产生更大的信号强度（即 M 与 N 间的电位差 U_{MN}）。

表 2-3　常用电阻率测量装置及视电阻率剖面伪深度

装置	电极排列	伪深度	装置系数 K
二极（Pole－Pole）	L；－B　A　na　M　N－；h	nma_0 或 L	$2\pi nma_0$
三极（Pole－Dipole）	L；－B　A　na　M　na　N；h	nma_0 或 $L/2$	$4\pi nma_0$
温纳（Wenner）	L；A　na　M　na　N　na　B；h	nma_0 或 $L/3$	$2\pi nma_0$
施伦伯格（Schlum－beger）	L；A　na　M　a　N　na　B；h	$(2n+1)ma_0/2$ 或 $L/2$	$n(n+1)\pi ma_0$
偶极－偶极（Dipole－Dipole）	L；B　a　A　na　M　a　N；h	$(n+1)ma_0/2$ 或 $L/2$	$n(n+1)(n+2)\pi ma_0$

1）二极装置

二极装置需要布设 2 个无穷远极 B 和 N，置放地点应沿着测线方向分别布置在 A 和 M 的外侧且不应交叉。距 A 或 M 的距离应保证在 AM 最大值的 5～10 倍，这种布设方式非常不利于固定在堤防上进行探测，所需要的电线用量大，即增加了系统的成本，又使系统受破坏的风险较大。由于供电要通过 A 极和无穷远极进行，如要保证一定大小的供电电流，需要相对较高的电压，这给电源提出了较高要求，并增加了测量中的危险性，而且远电极的设置往往会带来难以消除的地电噪声，限制了电位测量的精度和应用范围，因此二极装置并不适用于堤防病害探测的应用。二极装置主要应用于小区域探查、井间成像、浅部三维测量,此时电极间隔 a 值比较小,远电极的布设容易实现。

2)三极装置

三极装置工作中,需要设置一个无穷远电流极,然后用一组测量电极测量距供电极不同距离的电位差,以实现对地下地电体的探查。三极装置具有良好的垂直分辨力,但随着勘探深度的增加,随机电位干扰将加大,影响有效的勘探深度,通常主要用于浅部勘察。

3)温纳装置

温纳装置具有最小的装置系数值($2\pi a$),其抗噪能力最强,是在高噪声背景条件下进行观测的首选系统。该装置对介质的垂直向变化反应最灵敏,探测深度中等。其弱点是水平分辨差,而且倒梯形成像剖面底边的水平覆盖范围最小,深度每增加 1 层,减少 3 个测点,为保证深度目标的覆盖度,需要在地面布设较长的测线,增加了电极数和观测时间。

4)施伦伯格装置

施伦伯格装置的优点是高敏感度值集中在测量点 M 和 N 的下方,对水平方向和垂直方向都具有适中的分辨率,折中了温纳法与偶极法的分辨能力;探测深度比温纳法要大,高出约 10%;抗噪能力比温纳法低,但比偶极法要好;成像剖面的水平覆盖范围也介于二者之间。其缺点是对同一个 m 值,隔离系数 n 不能连续增加过大,否则由于 MN 间的电压差过小,会影响信号强度,同时测量时间会因为测量点数过多而增加。因此,在实际工作中往往会在 n 增加到一定程度后,增加 n 的取值,这时的工作装置实际上是温纳和施伦伯格的混合装置,数据量多于温纳装置,少于施伦伯格装置,但在不同深度上仍保持较好的数据覆盖。

5)偶极－偶极装置

偶极－偶极装置对信号最为敏感,也就意味着其抗噪能力最弱。对于同一个 m 值,其隔离系数 n 值不能增至过大,通常控制在 6 以下,可采用及时增加 m 值的办法来加大探测深度。它的优点是在 AB 电极对或 MN 电极对的附近分辨能力很强,水平分辨率好、垂直分辨率差,探测的深度比温纳法要浅,成像剖面的水平覆盖范围比温纳法宽。由于偶极－偶极装置易受干扰,噪声水平高,而在应用高密度电法反演技术时其噪声水平有可能进一步加大,掩盖信号,影响监测效果。

2.5.3　现场工作方法

2.5.3.1　野外工作准备阶段

高密度电阻率法勘探工作中,野外数据采集是非常重要的基础工作,数据采集的质量好坏是勘探工作成败的前提。为了确保数据能按质高效的采集,要在野外的数据采集之前做好各种准备,注意采集时的各种细节问题。

2.5.3.2　分析探测对象,收集相关资料

采用高密度电阻率法开展堤防病害探测工作之前,首先必须分析研究所要调查堤防对象的分布形态和物理性质,以确定方法的可行性。如果所探测堤防段的电阻率和周围介质的电性差异很小,所要探测地层的厚度和异常体的体积与其埋深的比值显得过小,用高密度电阻率法进行探测就显得非常困难。

同地层介质的弹性波速度相比较，影响介质电阻率的因素更多，比如，所探测堤防段构成物质的颗粒电阻率、孔隙度、含水饱和度、孔隙水电阻率、温度等。因此，在对测得的电阻率结果进行详细解释的时候，所能对比应用的材料越多越好，同时应该收集地质踏勘资料、室内岩土试验资料等。

2.5.3.3　探测深度与极距选择

高密度电阻率法数据采集时，当隔离系数 n 逐次增大时，电极距也逐次增大，测点的深度增加，但由于最大供电极距是不变的，所以反映不同深度的测点将依次减少，从而导致整个剖面最后几层的数据量非常少，反演出来的图像便不准确，精确度很低，所以我们野外设计的探测深度应为探测对象深度的 1.5～2.0 倍。而测线两端的区域也因为数据量较少的原因存在同样的问题，所以在设计时，测线的总长应为探测对象区域的长度 I 加上两侧各 $H/2$（探测深度的一半），如图 2-32 所示，测线总长 $L=H$（设计探测深度）$+I$（探测对象区域长度），这样就能保证被探测对象区域的数据量足够丰富，反演图像就比较准确。

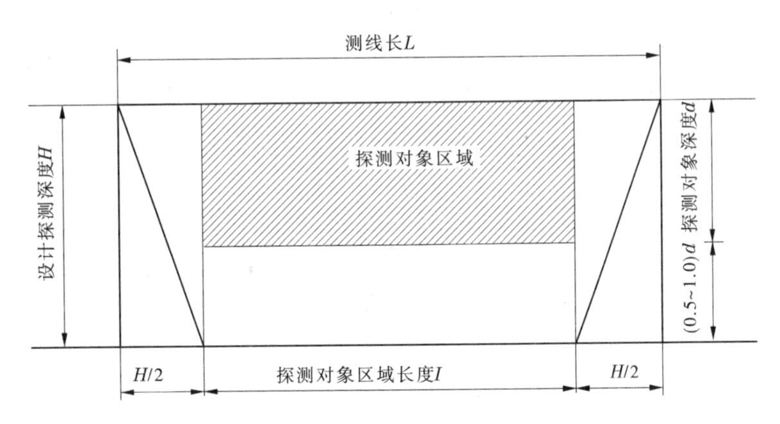

图 2-32　探测对象区域和解析区域示意图

2.5.3.4　电极布设

当用两根正、负电极向地下供电时，测得的电阻为两根电极的接地电阻、电线的电阻和地层电阻的总和。通常情况下，电线的电阻可忽略不计，则接地电阻的存在对地层电阻率的测试结果影响就很大。由于进行数据采集时，测量电极测得的电位差与地层中的电流强度成正比，地层中电流强度与供电电极间加载电压成正比，与接地电阻成反比，因此在一般情况下，供电电压是有限定的，所以减小接地电阻就显得很重要。接地电阻主要由电极周围地层的电阻率和电极同地层的接触面积来确定。电极设置点的地层电阻率越低，接触面积越大，接地电阻越低。

野外设置电极时，应尽量避开含砾层和树根多的地方。选在表层土致密和潮湿的地方。如果在干燥的山坡布极，在电极周围尽量多撒一些水或盐水也能减小接地电阻。在条件允许的情况下，电极直接打入地层的湿润部分效果较好。

有时为了增加电极和地层的接触面积，把许多根并联的电极当成一根电极，在这种情况下，电极应打入相同深度且间隔相等，并尽量选用多根细电极而不用少量粗电极。

电极布设时，一定要确保各点点距均匀，尤其要注意与仪器相连两个电极的距离，否则由于点距分布不均匀可能会导致反演剖面的异常。

2.5.3.5　野外接地电阻测试阶段

在数据采集前必须先检测接地电阻，确保各电极接地电阻准确无误后再进行测量，测量前还要选择合适的电压等准备工作。根据野外经验，把遇到的问题及解决方法总结如下：

(1)在测量接地电阻时，如果仪器显示某处电极接地电阻大于 100 kΩ · m，系统会自动停止检测，产生这种问题的原因有多种，如电极与大地接触不良、有电极未布设或电极布设在较软的土层上等。针对这种现象，我们需要找出有问题的电极，分析电阻过大原因，重新进行合理的布设。

(2)测量时如仪器提示自电电压过大，这时在检查连接线路没有短路的情况下要适当地减小供电电压；如测量时仪器提示 *AB* 供电开路，在检查连接线路良好的情况下，要适当地加大供电电压。

(3)测量时要随时观察测量到的数据，相邻两点的电阻率值应该是比较平滑的变化，如出现起伏非常大的情况，检查是否有外部干扰或其他原因，然后重新测量该段数据。

(4)在野外检测接地电阻时，我们需要时刻观察各电极电阻情况，如发现电阻过大或过小，都需要重新布设出错电极，保证电阻数据的均一性和有效性，为后续数据处理提供可靠的数据。

(5)野外数据采集阶段。高密度电阻率法现场数据采集时，通常有数十毫安到几百毫安的电流从地层中流过，若碰到供电电极，便会有触电危险，因此在供电电流 1 m 的范围内，人和牲畜不许靠近。数据采集过程应尽量避免和一些爆破工作、电力作业工作同时进行。

2.5.4　数据处理

高密度电阻率法的数据处理时把所测得的视电阻率，首先经过数据格式转换，然后对数据进行预处理，包括剔除坏点、数据拼接、地形校正等，再通过正演及反演计算，最后得到视电阻率成像断面图。图 2-33 为高密度电阻率法数据处理流程。

2.5.5　工程应用典型案例

2.5.5.1　穿堤素混凝土管探测

郑州市武陟县沁河左岸废堤，堤高约 10 m，堤顶宽约 8 m，采用水平钻孔(垂直大堤走向)埋设一外直径为 0.4 m 的素混凝土管，堤顶向下垂直深度为 5 m 和 6 m。高密度电阻率探测试验采用对称四极装置，点距 1 m，电极 64 个。剖面实测视电阻率断面见图 2-34 和图 2-35，图中可见在区域电阻率背景中叠加 3 个电阻率高阻异常体，中部一个视电阻率 92.5 Ω · m 等值引线封闭的近等轴状的高阻异常体为埋设的素混凝土管引起，左右高阻异常体推断为局部松散体引起，后经钻孔证实。

2.5.5.2　穿堤涵管探测

郑州市自来水厂在黄河大堤花园口段有一穿堤涵管，直径约 1 m，埋深 8 m。采用

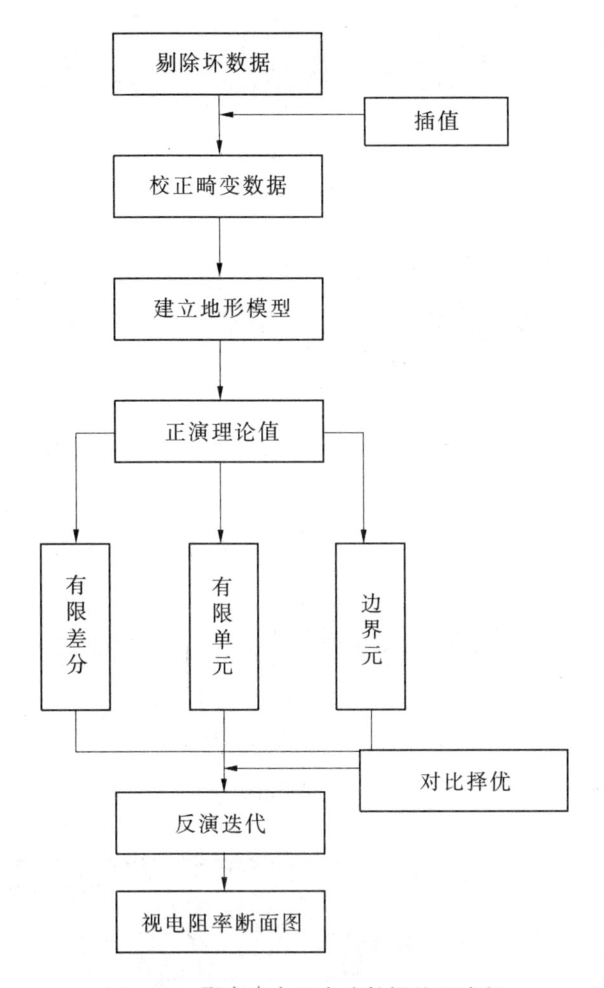

图 2-33　高密度电阻率法数据处理流程

988 高密度电阻率法堤防隐患探测仪探测，温纳装置，2 m 点距，64 根电极，电极隔离系数 1 ~ 21。剖面实测视电阻率 ρ_τ 断面见图 2-36，从图中可以看出，穿堤涵管引起明显的呈近等轴圆的视电阻率高阻异常。

2.5.5.3　黄河九堡老口门探测

黄河九堡老口门段，堤身是 1843 年决口后人工填筑而成的，根据有关资料和钻孔揭露，堤身自上而下主要分三层：第一层堤身为人工修筑填土，厚度为 7 ~ 13 m；第二层为老口门人工修筑填土，厚度为 3 ~ 35 m，填土中含有秸秆等杂物；第三层为大堤基底，以中砂层为主，局部夹有薄层黏土。

高密度电阻率法探测采用单边三极装置连续滚动，点距 2 m，电极隔离系数 1 ~ 48。剖面实测视电阻率断面见图 2-37 和图 2-38。视电阻率 6 ~ 20 Ω·m 的低阻异常位于黄河九堡老口门的口门内，视电阻率低阻异常范围基本上与钻探控制的老口门决口后修筑时人工第二层填土中含有秸秆等杂物的软弱松散的土体范围相符。

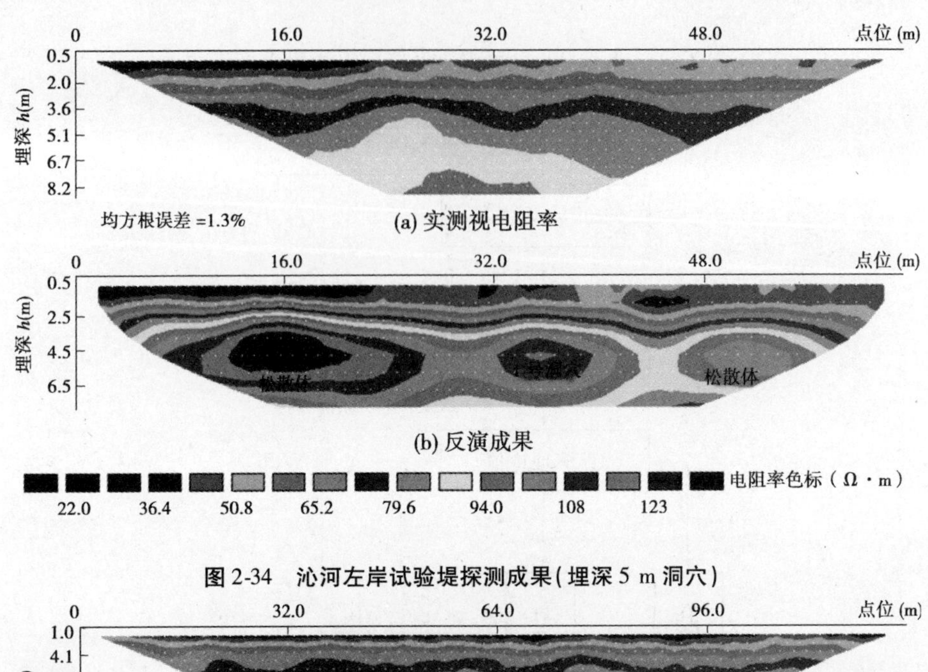

图 2-34　沁河左岸试验堤探测成果（埋深 5 m 洞穴）

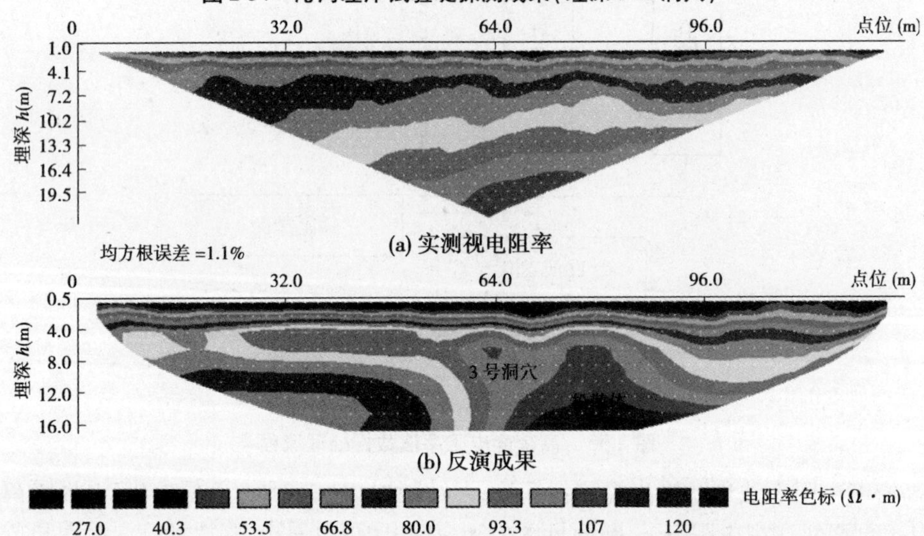

图 2-35　沁河左岸试验堤探测成果（埋深 6 m 洞穴）

2.5.5.4　堤防裂缝检测

渭河干流南岸堤防（31 + 010 ~ 31 + 100）临水侧探测，堤身为褐黄粉土，稍湿，土体稍密，粉粒级配不良，土体中含褐色黏土块，土质斑杂。在 31 + 068 附近发育一宽 2 cm 裂缝，埋深 2.0 m，延伸至 3 m 左右，贯通性较好。探测采用 988 高密度电阻率法堤防隐患探测仪，温纳装置，点距 1 m，探测成果见图 2-39。

渭河干流北岸堤防（49 + 650 ~ 49 + 782）临水侧探测，探测采用 988 高密度电阻率法堤防隐患探测仪。在 49 + 701 开挖验证，堤身为黄褐粉质黏土，稍湿，硬塑，土质均一，密实，土体中含黏土块，人工夯填痕迹明显。埋深 0.6 ~ 0.9 m 处发育一横向裂缝，宽约 1 cm，贯通性好，延伸至 2.05 m 尖灭，探测成果见图 2-40。

渭河干流堤防大荔堤段 22 + 771 ~ 22 + 791，探测采用 988 高密度电阻率法堤防隐患

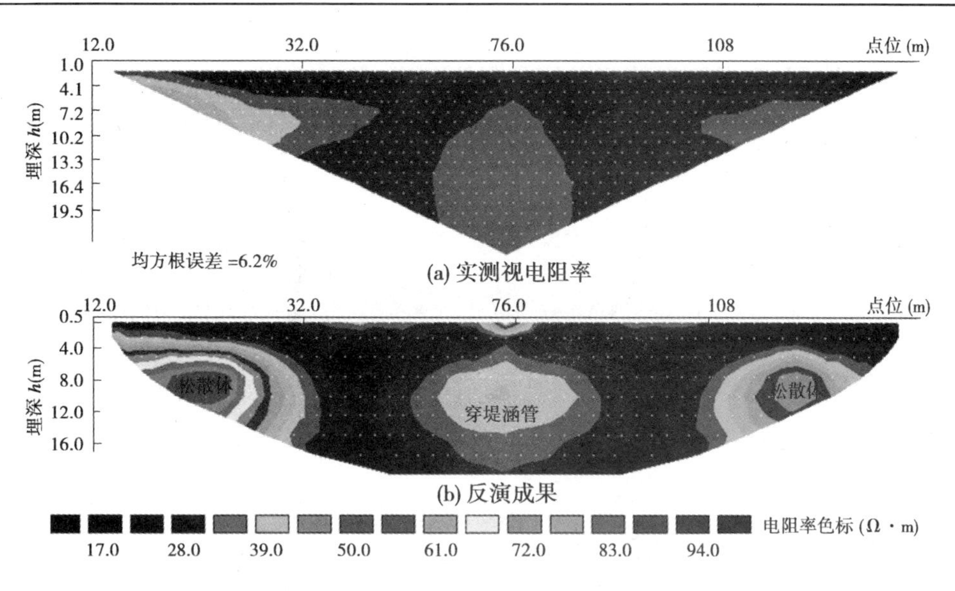

图 2-36　穿堤涵管探测成果视电阻率

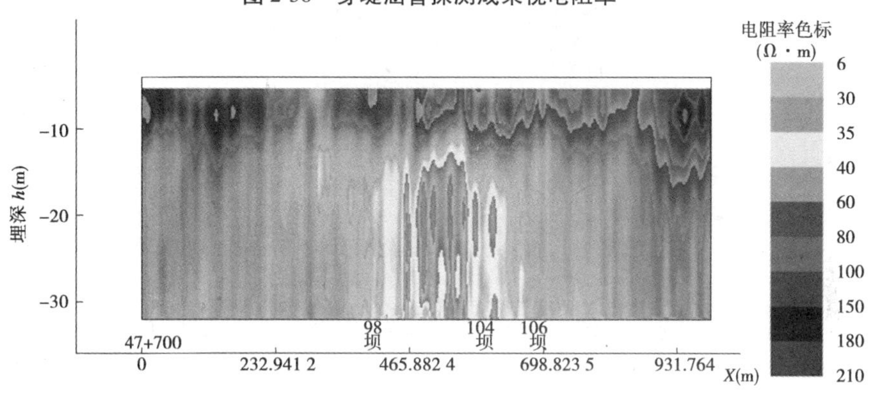

图 2-37　九堡老口门段探测成果(偶极装置)

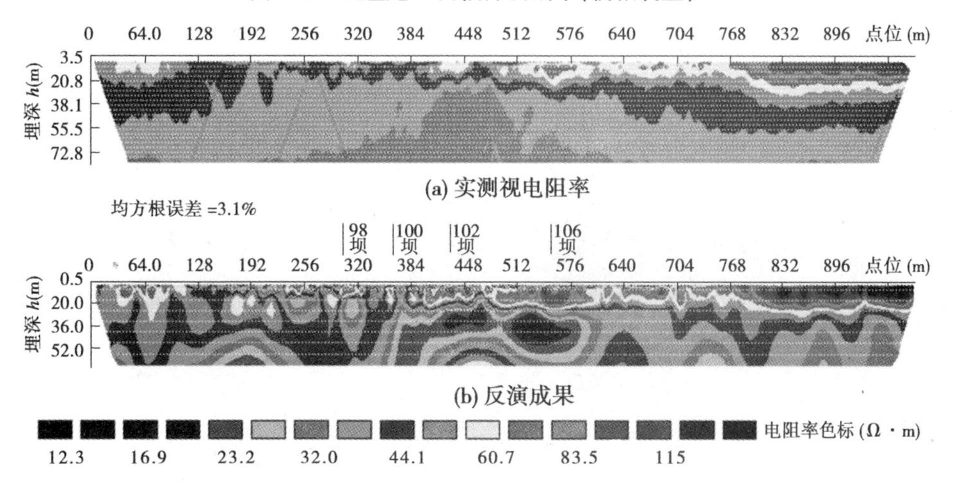

图 2-38　九堡老口门段探测成果(单极 - 单极装置)

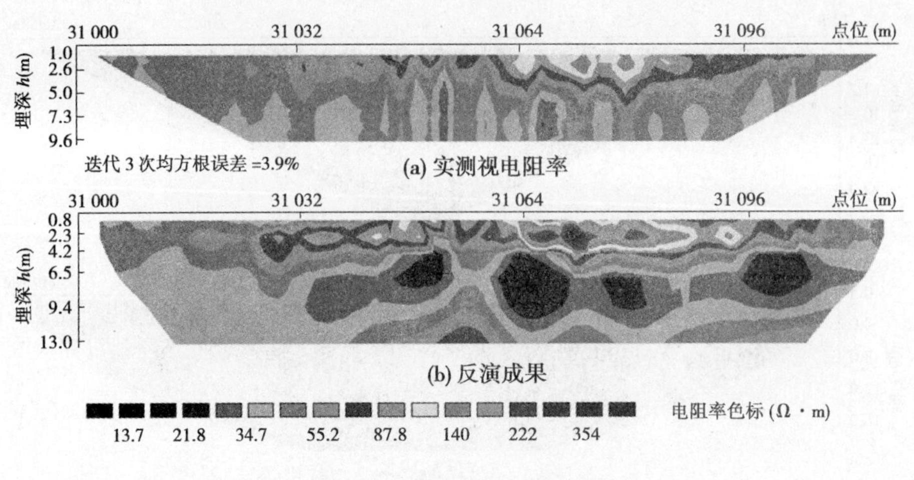

图 2-39　堤防裂缝探测成果

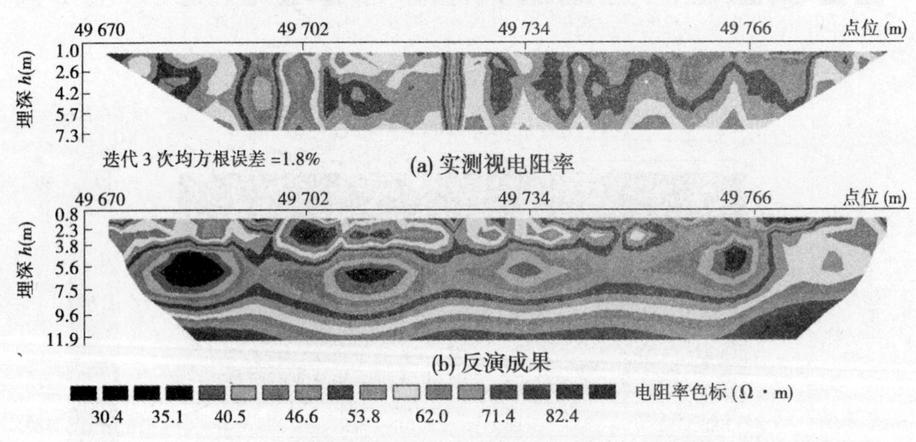

图 2-40　堤防隐患探测成果

探测仪。在 22 + 778 临水侧开挖，为浅褐黄色粉土，稍湿，土质疏松。于 0.7 m 处出现纵向裂缝，宽 1 ~ 2 cm，贯通性好，延伸至 1.90 m 尖灭，探测成果见图 2-41。

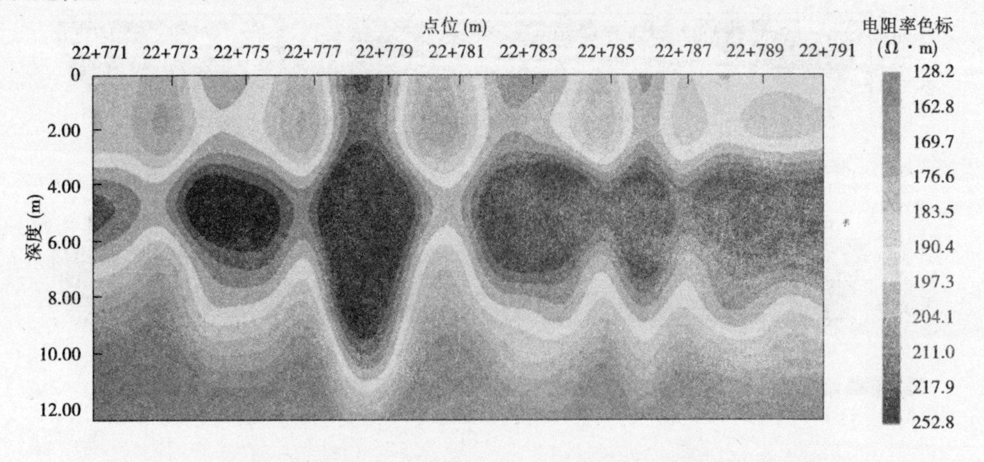

图 2-41　渭河干流堤防（22 + 771 ~ 22 + 791）隐患探测视电阻率色谱图

渭河干流堤防大荔堤段22+100~20+260，探测采用988高密度电阻率法堤防隐患探测仪。在20+212临水侧开挖，为浅褐黄色粉土土质，较疏松，土体中含少量褐色TWIK土块，孔隙较发育，探测成果见图2-42。

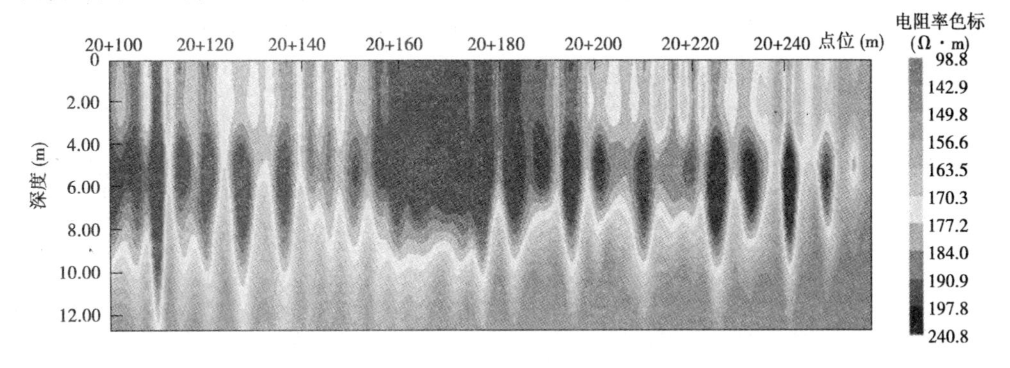

图2-42　渭河干流堤防(22+100~20+260)隐患探测视电阻率色谱图

2.5.5.5　堤防软弱夹层检测

渭河干流南岸堤防(51+100~51+080)临水侧探测，探测采用988高密度电阻率法堤防隐患探测仪，温纳装置，点距1 m。在51+024开挖验证，为灰白色粉砂，砂质纯净，砂粒磨圆好，级配较好，成分以长石、石英为主，局部有粉质黏土夹层，探测成果见图2-43。

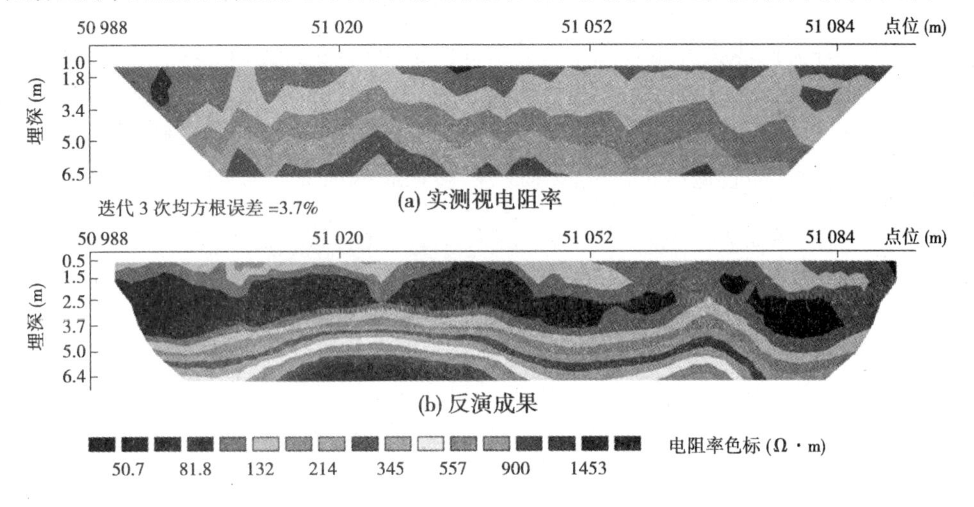

图2-43　堤防质量探测成果

2.6　地质雷达法

2.6.1　方法简介及发展现状

地质雷达(Ground Penetrating Radar，简称GPR)与探空雷达技术相似，是利用宽带高频时域电磁脉冲波的反射探测目标体，只是频率相对较低，用于解决地质问题，又称为地质雷达。将雷达技术用于探地，早在1910年就已经提出，在随后的60年中该方法多限用于对波吸收很弱的盐、冰等介质中。直到20世纪70年代以后，地质雷达才得到迅速推广应用（工程地球物理专业委员会，王百荣等，2001）。我国地质雷达仪器的研制始于20世纪70年代初期，由多家高校和研究机构进行仪器研制和野外试验工作。但是，由于种种原因，研究成果至今未能用于实际。目前，国内使用的地质雷达仪器多是引进的，能够提供商用地质雷达技术的有美国、加拿大、瑞典、俄罗斯等（李大心，1994）。

地质雷达是由地面的发射天线将电磁波送入地下，经地下目标体反射被地面接收天线所接收，通过分析接收到电磁波的时频、振幅特性，可以评价地质体的展布形态和性质。由于雷达穿透深度与发射的电磁波频率有关，使其穿透深度有限，但分辨率很高，可达0.05 m以下。早期，地质雷达只能探测几米内的目标体，应用范围比较狭窄。此外，地质雷达与地震反射法原理相似，一些地震资料处理解释方法可以借用（唐大荣，1995）。根据目前报道，在陆地上地质雷达探测深度最大可达100 m，已经成为水文和工程地质勘察中最有效的地球物理方法之一。

地质雷达因具有分辨率高、成果解释可靠的特点，在浅地层地质勘探中，有着非常广泛的应用。地质雷达的仪器生产厂较多，但目前世界上使用较多的地质雷达系列机型主要为美国地球物理探测公司（GSSI公司）生产的SIR－20型和SIR－3000型，瑞典MALA地球科学仪器公司生产的CUⅡ型和Pro Ex型（CUⅢ型）。另外，国内部分用户也使用加拿大探头及软件公司（SSI公司）生产的Plue EKKO_PRO型、意大利RIS公司生产的K2型地质雷达。各类型地质雷达的主要技术参数见表2-4。

总之，无论是国外的雷达产品，还是国内的地质雷达探测仪器，它们均是以电磁雷达波为机制对地下被探测物体实行探测的，它们比振动声波或超声波具有频率高、分辨能力强和精度高等特点，而且地质雷达成像速度快、彩色显示直观等优势已被广大工程业界人士普遍认同。

2.6.2 基础理论

2.6.2.1 雷达检测基础理论

地质雷达技术是研究高频（$10^7 \sim 10^9$ Hz）短脉冲电磁波在地下介质中的传播规律的一门学科。在距场源 r、时间 t，以单一角频率 ω 振动的电磁波的场值 P 可以用下列数学公式表示

$$P = |P| e^{-j\omega\left(t-\frac{r}{v}\right)} \tag{2-39}$$

式中 P——电磁波的场值；

j——虚数单位：

ω——角频率；

t——时间；

v——电磁波速度；

$\frac{r}{v}$——r 点的场值变化滞后于源场变化的时间。

因为角频率 ω 与频率 f 的关系为 $\omega = 2\pi f$，波长 $\lambda = \frac{v}{f}$，式（2-39）可以表示为

表 2-4　各类型地质雷达的主要技术参数

型号	生产厂	脉冲重复频率(kHz)	数据位数	动态范围(dB)	样点数/道	叠加次数	分辨率(ps)	采样模式	天线兼容性	硬件通道(个)	工作温度(℃)	特点
SIR－20	美国地球物理探测公司	500	16	＞110	128～8 192	1～32 768	5	距离/时间/手动	GSSI 公司的所有天线	2	－10～＋40	后处理软件功能齐全，硬件一体化程度高，结实耐用，技术性能稳定，操作方便，用户数量多
SIR－3000		100	16	未标明	123～4 096	1～32 768	5			1	－10～＋40	
CU Ⅱ	瑞典 MALA 地球科学仪器公司	100	16	未标明	128～8 192	1～32 768	1.3	距离/时间/手动	MALA 公司的所有天线	2～4	－20～＋50	后处理软件功能齐全，硬件一体化程度高，仪器性能稳定，操作方便，分离式天线可完成 CMP、透视法等测试，用户数量多
Pro Ex		100	16	未标明	128～8 192	1～32 768	5			2	－20～＋50	
Plue EKKO_PRO	加拿大探头及软件公司	100	16	186	10～31 000	1～32 768	50	距离/时间/手动	SSI 公司的所有天线	1	－10～＋40	后处理软件功能齐全，硬件一体化程度高，分离式天线可完成 CMP、透视法等测试，发射电压可调
K2	意大利 RIS 公司	400	16	＞160	128～8 192	1～32 768	5	距离/时间	兼容所有 RIS 天线	2	－10～＋40	

$$P = |P| e^{-j\left(\omega t - \frac{2\pi f r}{v}\right)} = |P| e^{-j(\omega t - kr)} \tag{2-40}$$

其中

$$k = \frac{2\pi}{\lambda}$$

式中　k——相位系数，也称传播常数；

f——频率；

λ——波长。

k是一个复数，从Maxwell方程中可推导出

$$k = \omega\sqrt{\mu\left(\varepsilon + j\frac{\sigma}{\omega}\right)} \tag{2-41}$$

式中　μ——磁导率；

ε——介电常数；

σ——电导率。

若将式(2-41)写成$k = \alpha + j\beta$，则有

$$\alpha = \omega\sqrt{\mu\varepsilon}\sqrt{\frac{1}{2}\left[\sqrt{1 + \left(\frac{\sigma}{\omega\varepsilon}\right)^2} + 1\right]} \tag{2-42}$$

$$\beta = \omega\sqrt{\mu\varepsilon}\sqrt{\frac{1}{2}\left[\sqrt{1 + \left(\frac{\sigma}{\omega\varepsilon}\right)^2} - 1\right]} \tag{2-43}$$

将基本波函数$e^{jkr} = e^{j\alpha r} \cdot e^{-\beta r}$代入电磁波表达式(2-39)，则有

$$P = |P| e^{-j(\omega t - \alpha r)} \cdot e^{-\beta r} \tag{2-44}$$

式中　α——相位系数，表示电磁波传播时的相位项，波速的决定因素；

β——吸收系数，表示电磁波在空间各点的场值随着离场源的距离增大而减小的变化量。

介质电磁波速度v的计算公式为

$$v = \frac{\omega}{\alpha} \tag{2-45}$$

常见混凝土及岩土介质一般为非磁介质，在地质雷达的频率范围内，一般有$\frac{\sigma}{\omega\varepsilon} \ll 1$，于是介质的电磁波速度近似为

$$v = \frac{c}{\sqrt{\varepsilon}} \tag{2-46}$$

式中　c——电磁波在真空中的传播速度，取0.3×10^9 m/s。

当雷达波传播到存在介电常数差异的两种介质交界面时，雷达波将发生反射，反射信号的大小由反射系数R决定，R的表达式如下

$$R = \frac{\sqrt{\varepsilon_1} - \sqrt{\varepsilon_2}}{\sqrt{\varepsilon_1} + \sqrt{\varepsilon_2}} \tag{2-47}$$

式中　ε_1——上层介质的介电常数；

ε_2——下层介质的介电常数。

根据反射波的到达时间及已知的波速，可以准确计算出界面位置。根据雷达波的大小，从已知的上层介质的介电常数出发，可以计算出下层介质的介电常数，结合工程地质及地球物理特征推测其物理特性。

2.6.2.2　雷达波散射基础理论

目前，在雷达检测和勘测应用的解释中，习惯上采用反射理论，这是对地震勘探理论的一种沿袭。反射只是散射的一种特殊情况，是散射体足够大时的一种背向散射，反射的基本规律和解释方法比较简单，其适用条件是反射面尺度远大于波长。而实际工程检测中，目标体、异常体的尺度多为分米级和厘米级，很难满足电磁波的反射条件，比较而言，散射理论的适用范围更为广泛。在雷达探测过程中，多数情况下探测对象结构差异大、异常尺度小于波长，不符合反射理论的适用条件，如混凝土中的钢筋、空洞等孤立异常体的探测记录是最典型的散射记录。散射与反射理论的适用条件主要取决于使用的波长与目标体尺度的关系，可以简单地表述如下：即目标体远小于波长时使用瑞利散射理论，目标体与波长相近时使用米散射理论，目标体远大于波长时使用反射理论。

混凝土中钢筋雷达散射记录图像如图 2-44 所示。

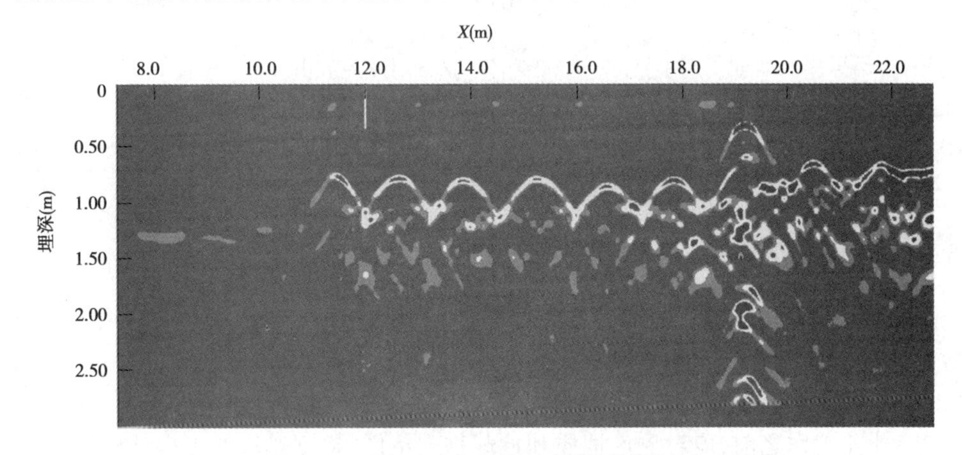

图 2-44　混凝土中钢筋雷达散射记录图像

在使用波长一定的条件下，散射理论比反射理论有更高的分辨率，应用散射理论可识别比波长小得多的异常体。工程结构多数是非均质的，特别是混凝土结构。混凝土结构中常有骨料、钢筋、振捣不密实形成的孔隙、施工不当形成的脱空区等非均体，或称异常结构微元体。这些异常微元体往往大小不等、分布不均，使工程介质的性质表现出强烈的不均匀性和局部异常。在电磁波的照射下，这些异常体都会使电磁波发生散射，散射波的传播遵循电磁波动方程。对于弱吸收介质，电磁波时间域和频率域的传播方程为

$$\nabla^2 E = \frac{\partial^2 E}{c^2 \partial^2 t}, \nabla^2 H = \frac{\partial^2 H}{c^2 \partial^2 t} \tag{2-48}$$

$$\nabla^2 E - \frac{w^2 E}{c^2} = F(r,\omega), \nabla^2 H - \frac{w^2 H}{c^2} = F(r,\omega) \tag{2-49}$$

式中　E——总场强。

由于入射场能量很高而相互作用较小，波恩近似较好，可认为总场强等于入射场强。瞬间散射过程示意图如图 2-45 所示。

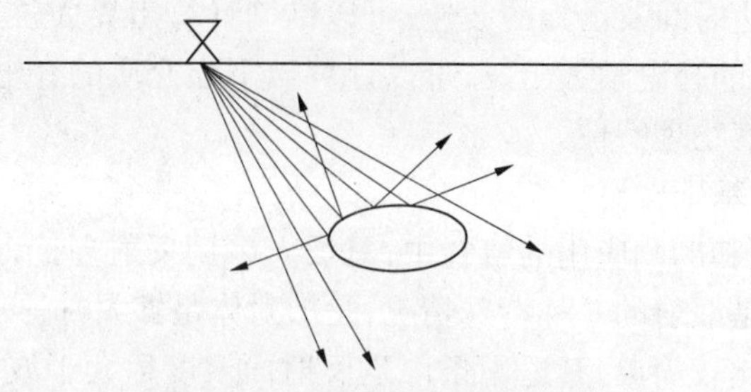

图 2-45　瞬间散射过程示意图

考虑电场和磁场的波动方程有相同的形式，这里仅讨论电场散射，目标体电场散射可表示为

$$E_s(r) = j\omega A_s^{(\theta)}(r) - \nabla \phi_s^{\theta}(r) \tag{2-50}$$

其中

$$A_s^{(\theta)}(r) = \mu_0 \int_\Gamma G(r,r',\omega) \cdot J_\theta(r') \mathrm{d}r \tag{2-51}$$

$$\phi_s^{(\theta)}(r) = \frac{1}{j\omega s_0} \int_\Gamma G(r,r',\omega) \nabla' \cdot J_\theta(r') \mathrm{d}r \tag{2-52}$$

$$G(r,r') = \frac{\theta_{-j\omega} \sqrt{\mu_0 \varepsilon_0} \mid r - r' \mid}{4\pi \mid r - r' \mid} \tag{2-53}$$

式中　E_s——散射场强；

$G(r,r')$——散射点在 r、接收点在 r' 的 Green 函数。

2.6.3　现场工作方法

地质雷达法外业工作包括外业准备工作、生产前的试验工作、测网和测线布置、仪器参数的选定、资料的检查与评价等。

2.6.3.1　外业准备工作

(1)外业工作之前，应对测区地质和地球物理条件、检测对象的工程结构特征和施工情况，特别是探测深度、分辨率要求、目标体与围岩的电性差异、场地电磁干扰情况作全面的了解和分析，作为工作的指导和参考。

(2)外业工作前，应对仪器设备进行全面的检查、检修，各项技术指标应达到出厂规定。

2.6.3.2　生产前的试验工作

生产前需进行必要的试验工作，尤其在测区工程结构和地质条件复杂或物性前提不清时。试验工作应符合下列要求：

(1)试验前，应根据测区任务要求、地形地质条件(或工程结构特征)、地球物理条件拟订试验方案。试验成果可作为生产成果的一部分。

(2)试验工作应遵循由已知到未知、由简单到复杂的原则。试验工作应具有代表性，宜选择在物探工作测线上，有钻孔时应通过钻孔。

(3)试验方法一般采用宽角法或共中心点法、连续剖面法和点测法，采用不同的参数进行试验和分析工作，最后计算或估计要取得的各参数，确定探测的最佳方法。

(4)如果要探测方向未知的长轴目标体,则应采用方格网测量方式,先找出目标体的走向。

2.6.3.3　测网和测线布置

探测工作进行之前必须首先建立测区坐标系统,以便确定测线的平面位置。

(1)根据横向分辨率要求确定测线和测网的密度。测线的距离一般要求是最小探测目的体尺寸的 0.5 ~1 倍。

(2)测线应垂直目标体的长轴。

(3)基岩面等二维目标体调查时,测线应垂直二维体的走向,线路取决于目标体沿走向方向的变化程度。

(4)精细了解地下地质构造时,可以采用三维探测方式,获得地下三维图像,并可以分析介质的属性。

(5)尽量避开或移除各种不利的干扰因素,否则应作详细记录。

(6)工程质量检测的测线和测网布置一般按业主的要求布置,业主没有明确要求时按横向分辨率要求布置。

2.6.3.4　仪器参数的选定

探测仪器参数选择合适与否关系到探测效果的好坏。探测仪器参数包括天线中心频率、时窗、采样率、测点点距、发射与接收天线间距、天线的极化方向、增益控制。

1)天线中心频率选择

天线中心频率的选择通常需要考虑三个主要因素,即设计的空间分辨率、杂波的干扰和探测深度。根据每一个因素的计算都会得到一个中心频率。

一般来说,当满足分辨率且场地条件又许可时,应该尽量使用中心频率较低的天线。如果要求的空间分辨率为 x(单位 m),围岩相对介电常数为 ε_r,则天线中心频率可由下式初步选定,即

$$f_c^R > \frac{75}{x\sqrt{\varepsilon_r}} \quad (\text{MHz}) \tag{2-54}$$

根据初选频率,利用雷达探距方程计算探测深度。如果探测深度小于目标埋深,需降低频率,以获得适宜的探测深度。

根据探测深度,也可以获得中心频率的选择值,即假设探测深度为 D,则

$$f_c^D < \frac{1\,200\sqrt{\varepsilon_r - 1}}{D} \quad (\text{MHz}) \tag{2-55}$$

通常探测时,三种频率都能计算出来,如果野外参数(如相对介电常数)获得的较准确、探测设计较合理,将会看到

$$f_c^C < f_c < \min(f_c^C, f_c^D) \tag{2-56}$$

当根据分辨率获得的中心频率大于根据干扰体或深度得到的中心频率时,说明设计的空间分辨率与干扰体尺寸或探测深度相矛盾。

表 2-5 所示为天线的中心频率与探测深度的对应关系。

表 2-5　天线的中心频率与探测深度的对应关系

深度(m)	中心频率(MHz)	深度(m)	中心频率(MHz)
0.5	1 000	10.0	50
1.0	500	30.0	25
2.0	200	50.0	10
7.0	100		

2)时窗选择

时窗选择主要取决于最大探测深度 h_{max}(m)与地层电磁波速度 v(m/ns)。时窗 W 可由下式估算

$$W = 1.3\frac{2h_{max}}{v} \tag{2-57}$$

式(2-57)中时窗的选用值应增加30%,这是为地层速度与目标深度的变化所留出的余量。

不同介质时窗的选择见表 2-6。

表 2-6　不同介质时窗的选择

深度(m)	岩石	湿土壤	干土壤
0.5	12	24	10
1.0	25	50	20
2.0	50	100	40
5.0	120	250	100
10.0	250	500	200
20.0	500	1 000	400
50.0	1 250	2 500	1 000
100.0	2 500	5 000	2 000

3)采样率选择

采样率是记录的反射波采样点之间的时间间隔。采样率由 Nyquist 采样定律控制,即采样率至少应达到记录的反射波中最高频率的 2 倍。

为使记录波形更完整,建议采样率为天线中心频率的 6 倍。若天线中心频率为 f(MHz),则采样率 Δt(ns)为

$$\Delta t = \frac{1\,000}{6f} \tag{2-58}$$

SIR 雷达系统建议采样率为天线中心频率的 10 倍,其采样率用记录道的样点数表示,即

$$样点数/扫描速率 = (时窗/发射脉冲宽度) \times 10 \tag{2-59}$$

野外测量时也可以采用表 2-7 进行简单的选择。

表 2-7　中心频率对应最大采样间隔

直接设置采样间隔的雷达		利用时窗和样点数控制采样间隔的雷达		
中心频率（MHz）	最大采样间隔（ns）	中心频率（MHz）	时窗（ns）	每道样点数（点）
1 000	0. 17	1 000	15	≥512
500	0. 33	500	60	≥512
200	0. 83	200	200	≥512
100	1. 67	100	300	≥512
50	3. 30	50	500	≥512
25	8. 30	25	750	≥512
10	16. 70	10	1 000	≥512

4）测点点距选择

在离散测量时，测点点距选择取决于天线中心频率与地下介质的介电特性。为确保地下介质的响应在空间上不重叠，亦应遵循 Nyquist 定律，采样间隔 n_x（m）应为围岩中波长的 1/4，即

$$n_x = \frac{75}{f\sqrt{\varepsilon_r}} \tag{2-60}$$

式中　f——天线中心频率，MHz；

ε_r——围岩相对介电常数。

当介质的横向变化不大时，点距可适当放宽，工作效率将提高。

当连续测量时，天线最大移动速度取决于扫描速率、天线宽度以及目标体尺寸。SIR 系统认为查清目标体应至少保证有 20 次扫描通过目标体，于是最大移动速度 v_{max} 应满足

$$v_{max} < (\text{扫描速率}/20) \times (\text{天线宽度} + \text{目标体大小}) \tag{2-61}$$

5）发射与接收天线间距选择

使用分离式天线时，适当选取发射与接收天线之间的距离，可使来自目标体的回波信号增强。偶极天线在临界角方向的增益最强，因此天线间距 S 的选择应使最深目标体相对接收天线与发射天线的张角为临界角的 2 倍，即

$$S = \frac{2D_{max}}{\sqrt{\varepsilon_r - 1}} \tag{2-62}$$

式中　D_{max}——目标体最大深度；

ε_r——围岩相对介电常数。

实际测量中，天线距的选择常常小于目标体最大深度。原因之一是天线间距加大，增加了测量工作的不便；原因之二是随着天线间距增加，垂向分辨率降低，特别是当天线间距 S 接近目标体深度的一半时，该影响将大大加强。

6)天线的极化方向

天线的极化方向或偶极天线的取向是目标体探测的一个重要方面,在近年的研究中越来越重要,主要原因是通过不同极化方向的雷达波探测不仅可以确定目标体的形状,而且有可能研究目标体的性质。

图2-46和图2-47为应用不同天线的极化方向获得的探测实例。从图中可见,天线取向不同,获得的图像有明显的不同,而且背景也有较大的差异。

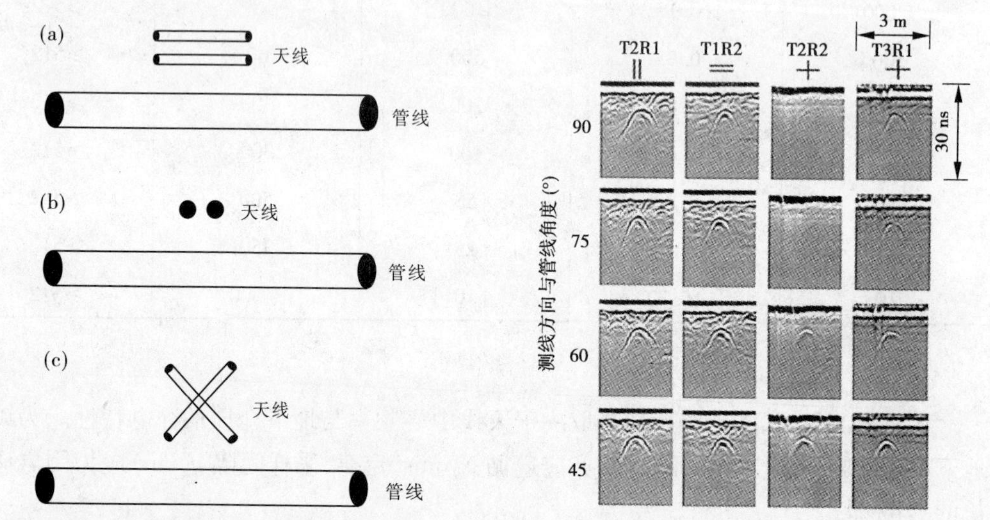

图2-46　天线的极化方向与地下管线的关系　　图2-47　不同天线取向获得地下管线的图像

7)增益控制

现场探测对雷达数据加增益,主要优点是可直接观察分析探测效果。另外,在SIR系列雷达中,存储的数据为增益后的结果,可记录较弱的雷达信号。

现场增益一般要求是:最大反射信号经增益后不超过数据可存储最大值的一半。

2.6.3.5　资料的检查与评价

1)资料的检查

资料的检查应符合下列要求:

(1)现场操作员应对全部原始记录进行自检。

(2)专业技术负责人应组织人员对原始记录进行检查和评价,抽查率应大于30%。

(3)原始记录应符合下列要求:①原始记录应包括仪器检查、检修记录、生产前试验记录、生产记录和班报等;②记录数据的磁盘、光盘等应标识清楚,并与班报一致。

2)资料的评价

复检数据图像与初检数据图像特征(异常形态和位置、反射界面起伏和深度情况等)对应良好、整体一致性好,且不出现下述情况为探测数据质量合格,否则为不合格。

(1)干扰背景强烈影响有效波识别或准确读取旅行时的记录。

(2)探测时窗未满足探测深度要求。

(3)记录编号或主要内容与班报不符,又无法还原改正的记录。

(4)无仪器检查记录、未作定期检查或检查不合格的仪器所得的全部记录。

不合格的检测数据应在查明原因并解决后进行重复观测。

2.6.4　资料处理及解释

地质雷达的资料整理及资料解释按以下步骤和原则进行:

(1)对现场采集到的原始数据进行预处理,包括删除无用数据道、水平比例归一化、编辑各类标识、编辑起止桩号等。

(2)根据实际需要对信号进行增益调整、频率滤波、f－k 倾角滤波、反褶积、偏移、空间滤波(道平均和道间差)、点平均等处理,以达到突出有效异常、消除部分干扰等目的。各种处理方法的功能和使用条件见表 2-8。

表 2-8　地质雷达数据处理方法的功能和使用条件

处理方法	功能	使用条件
增益调整	调整信号的振幅大小,利于观察异常区域和反射界面	信号过大或过小,或者现有的增益不符合信号衰减规律
频率滤波	除去特定频率段的干扰波	有干扰波时使用
f－k 倾角滤波	去除倾斜层状干扰波	有倾斜层状干扰波时使用前应进行水平比例归一化和地形校正。当有同样倾角的有效层状反射波时限制使用
反褶积	压制多次反射波、压缩反射子波,提升垂直方向厚度的可解释能力	反射子波明显影响数据解释精度或有明显多次反射波时使用。当反射信号弱、数据信噪比低、反射子波非最小相位时限制使用
偏移	将倾斜层反射波界面归位,将绕射波收敛	反射信号弱,数据信噪比低
空间滤波	道平均方法去除空间高频干扰,使界面连续性更好;道间差去除空间低频信号,突出独立的异常体或起伏大的反射界面。两种方法都是为提高数据图像的空间解释性	空间高频信号或低频信号对数据解释产生影响时使用
点平均	去除信号中的高频干扰	信号中高频干扰明显时

(3)结合工程地质情况、结构物特征和地球物理特征,通过现场复核、筛选干扰异常,在原始图像上通过反射波波形、能量强度、反射波初始相位、反射界面延续情况等特征判断识别和筛选异常(有效反射界面),确定异常体的性质、规模等。

(4)读取各异常点的界面反射波到达时间 t,根据异常延伸长度确定异常水平向规模。

(5)求取各异常点埋深 $h = vt/2$,得到混凝土厚度、异常体的垂向规模等信息。

2.6.5　工程应用典型案例

2.6.5.1　土裂缝的地质雷达特征

大堤在用壤土填筑后，当存在不均匀压实时，会造成土中裂缝的发育。土裂缝的宽度一般为 2～5 cm，少数为 10～20 cm。裂缝宽度小于地质雷达的探测能力，但在裂缝发育区形成的组合反映可以在地质雷达图像中清晰见到。图 2-48 为土裂缝的地质雷达图像特征，从图中可见高角度裂缝发育区（水平位置 3.5 m，深度为 4 m），由于这类裂缝的反射波在地面接收不到，反射波明显减小且同相轴扭曲；而低角度裂缝密集区很容易探测到，结果形成同相轴明显错断的强反射波（水平位置 4～7 m、深度为 9 m）。

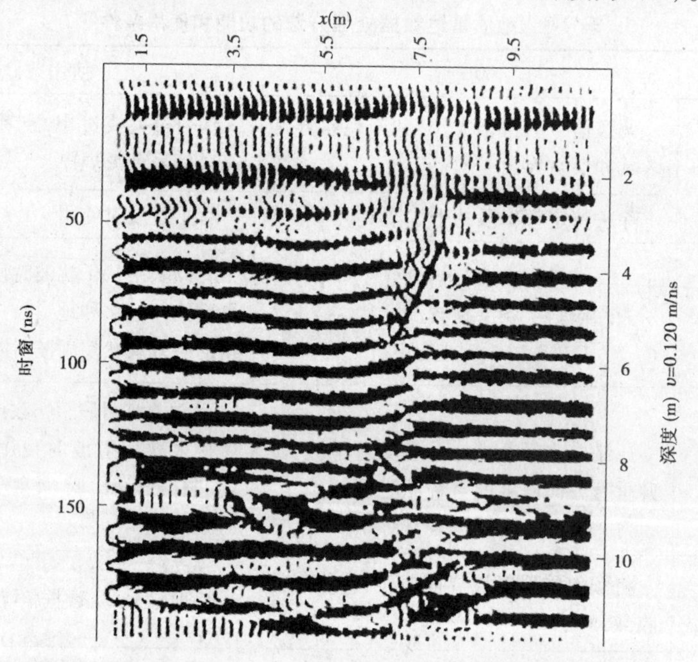

图 2-48　土裂缝的地质雷达图像特征

2.6.5.2　老口门的地质雷达图像特征

试验区的老口门是 1843 年大堤决口后用秸料堵塞而成的。秸料充填区成为大堤堤身的薄弱段，必须加以查明。本次试验探测的老口门秸料上方为 9 m 填土层，下方为砂层。图 2-49 为老口门的地质剖面与地质雷达图像。由图可见，秸料由于均一性差，反射波零乱，与上覆土层的反射波差异明显。老口门与下覆砂层差异不太明显，但在其界面处两种介质的反射波同相轴明显不连续，由间断点勾画出老口门边界。

2.6.5.3　洞穴探测

大堤洞穴多为田鼠、獾等动物的洞穴，洞径一般为 0.3～0.6 m，由于试验探测时没有已知动物洞穴，于是利用堤身中的涵洞进行试验。图 2-50 为涵洞处的地质雷达图像。涵洞由砖砌筑而成，上顶为 1 m 的圆形拱，洞身高 2 m。由图可见，水平位置 9 m、顶深 10 m 处有一明显的拱形反波同相轴，由于洞内淤积湿土，使涵洞及其下方反射波强度剧烈衰减。

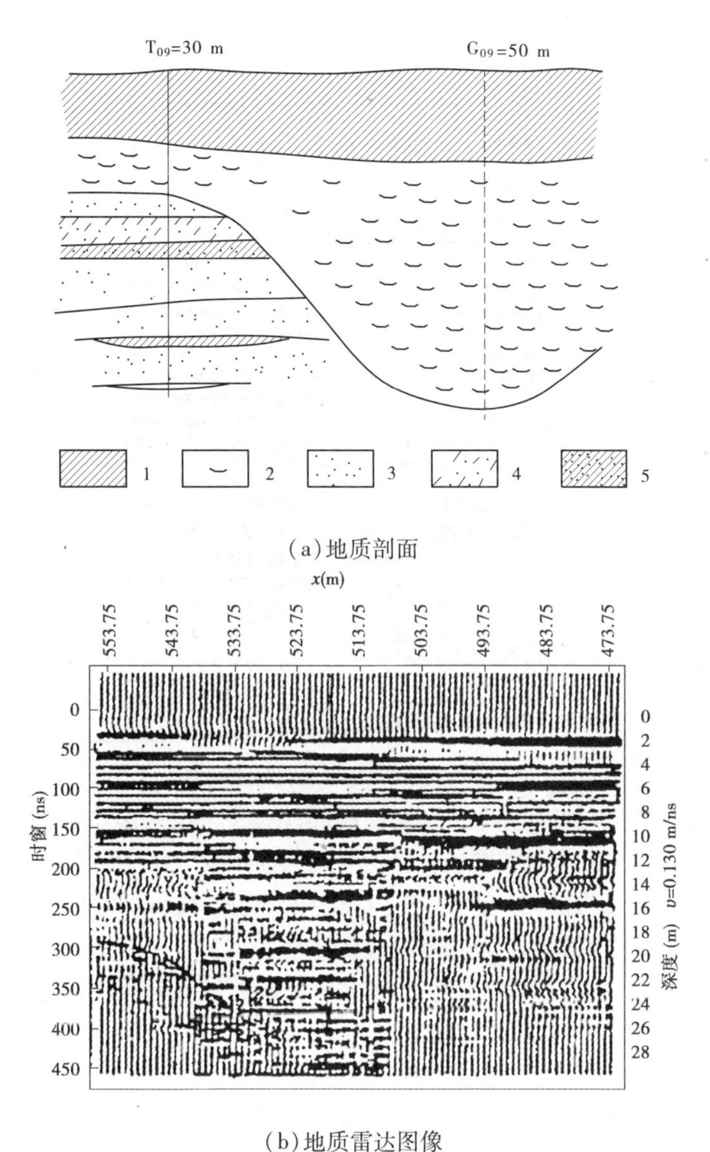

(a)地质剖面

(b)地质雷达图像

图2-49　老口门地质剖面与地质雷达图像

2.6.5.4　基于散射理论的堤防病害特征识别

对于堤防连续目标地质体来说,散射特征体现在观测范围内的多个局部散射效应的集合,而局部散射类型分为镜面反射、边缘散射、凸起散射、腔体散射等。针对检测目标中的病害或隐患发育特点,可将其具备的各种散射特征进行矢量叠加,从而简化其分析过程,得到病害部位较为完整的图像信息,进而准确推断堤防隐患的性质、位置、范围等。

从曲线波的形态、波长、振幅、相位等特征出发,并通过前后相邻波形特征的对比,可推断堤身介质的形态、性质和结构等信息。简要地说,堤防波形特征如下:

(1)当电磁波由空气进入堤防表面时,会在图像的上方产生一组水平状的振幅较强、信号均匀、同相轴连续的波形。

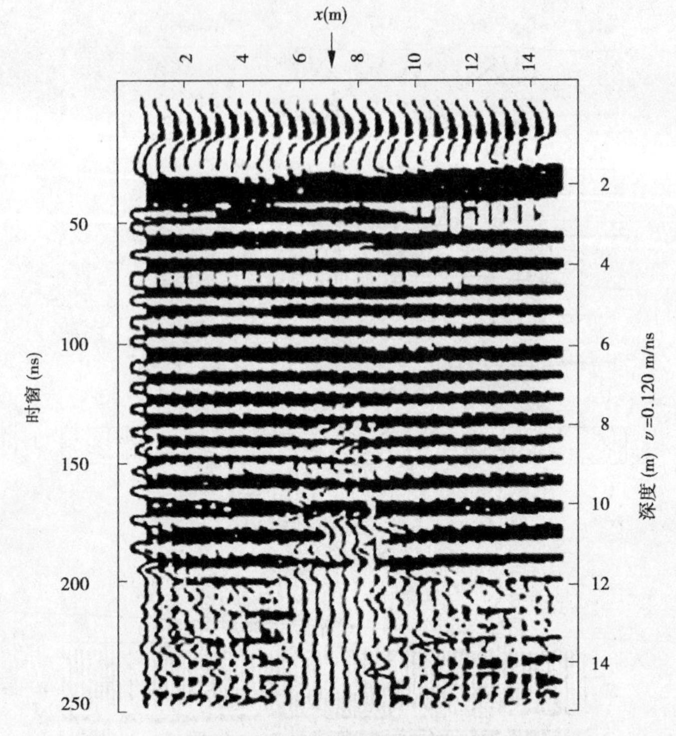

图 2-50　涵洞处的地质雷达图像

(2)当填土密实度较好时,散射信号较弱,振幅较小,没有多次波。如果填压欠密实或出现松散体,则强散射信号的同相轴会产生较大的形变,且不连续、无规则、较分散。

(3)当出现脱空或裂隙时,会在脱空表面产生一组与堤防表面信号极性相反、振幅较大的强散射信号,三振相特征明显且易形成多次波。

(4)当堤防内部出现渗水或含水带时,会导致散射信号增强,电磁波在进入含水带时会形成极性与表面散射信号相同的散射波。

图 2-51 为实际检测工作中采集到的堤防隐患数据进行处理后得到的图谱。

图 2-51(a)为采用记录窗口 50 ns、天线中心频率 400 MHz 的雷达对某滑坡堤段检测时取得的图谱,发现 2.00 m 深处散射效应明显,判断该深度以上部分土体失稳滑落,原因是堤坡在渗压力和高土荷重作用下遭受剪切破坏,建议在滑体上部削坡减重,并对滑体进行加固和抛填阻滑石料。

图 2-51(b)检测参数同上,测线约 2.00 m 处、深度 2.00 m 以下区域散射现象明显,判断该位置土体松散,临水面渗水后在此处发生渗透破坏,应对此处加强观测,必要时开挖回填并夯压密实,防止土粒流失发生险情。

图 2-51(c)为采用记录窗口 75 ns、天线中心频率 300 MHz 的雷达进行检测时取得的图谱,测线约 3.00 m 处的位置出现了一段强散射异常,判断该位置土体松散,或在一段时间内发育为空洞,建议进行灌浆处理或开挖填实。

图 2-51(d)检测参数同上,图像 1.50 m 以下波形杂乱,同相轴错动,经验证,该堤段堤身质量差,堤身碾压不实,洞穴、暗缝等隐患众多,建议对该堤段进行开挖并回填夯实。

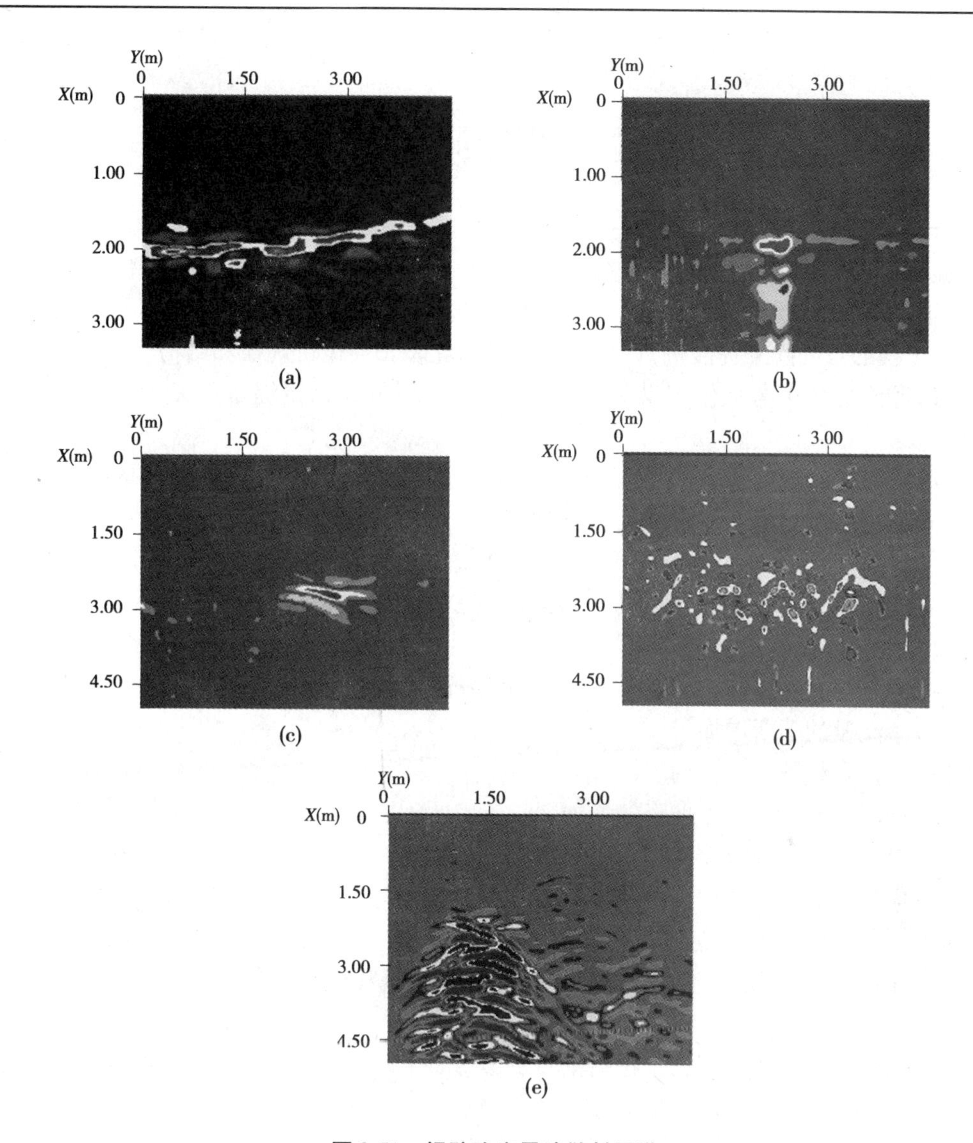

图2-51　堤防隐患雷达散射图谱

图2-51(e)检测参数同上，为在堤身跌窝堤段进行检测时采集到的图像，图像显示堤身内部3.00 m深处散射信号强烈，且异常区域扩散范围广，结合工程资料，推测该处埋设的水管发生断裂或漏水，建议及时对该处进行开挖修复，上堵下排、疏通管道、分层填实。

第3章　监测诊断技术

堤防工程虽然没有大坝枢纽建筑物集中反映出破坏事故的明显风险,但是“千里堤防,溃于蚁穴”大多也是有前兆的。为此,有必要对重要的堤防特别是一级堤防和重要城市堤防工程的重要险工堤段进行原型监测,揭示堤防长期运行规律和结构状态。

(1)监测堤防在高水位行洪运营状态,防止破坏事故如溃堤等的发生,以确保堤防安全。

(2)采集信息数据,验证原型堤防设计合理性和进一步改进方案的筹划依据。

(3)通过信息分析处理,检验堤防施工质量的可靠性。

3.1　堤防监测内容

能够进行监测并由此得出有关堤防安全评价的几个因素如下:

(1)渗流量的不断增加。

(2)固体颗粒被渗流移动。

(3)扬压力或渗透压力坡降的增加。

(4)堤防下游出现松软或潮湿区。

(5)堤身及基础变形加速。

堤防工程的安全监测信息包括:

(1)渗流监测信息。包括堤身渗流(浸润线)、堤基渗流及渗流量。

(2)堤防临河水位信息。

(3)堤身及基础变形信息。包括垂直变形(沉陷、塌陷)、水平变形(堤身滑动,包括沿软弱夹层滑动),以及可能的裂缝信息。

(4)堤身隐患探测信息。包括洞穴、裂缝、松弱夹层。

(5)穿堤建筑物对堤身影响的监测信息。

3.2　堤防监测方法

3.2.1　渗透压力监测

一般而言,在堤防工程及穿堤建筑物的不同分区都应有测压管和渗压计。在大河水位迅速上涨或泄降时,上游的测压管将能探出在高水位时形成的过大孔隙水压力或闸地板的扬压力,所有的测压管都能显示出分区的效果和校核设计值。在闸体两侧附近的测压管有助于确定裂缝的发展状况(Vaughan 等,1970)。在一定区域内的测压管水位的下陷(下降漏斗)表示了流速水头的损失,它意味着有通过堤身的渗漏。

3.2.2　渗透流量监测

对堤防工程及穿堤建筑物下游渗流逸出的监测,是针对出现有的严重问题或将来渗流恶化后会引起的问题来进行的。对于闸趾附近的小片潮湿区,可能只要求进行定期的外部观察。当渗流量大到可以进行量测时,则应尽量用容器和秒表来估测其流量,并注意土颗粒的含量。应对运行和维护人员进行培训,使他们会观察现场的情况,特别是高水位时的情况。对流出的所有渗流均应进行监测,以确定长期的发展趋势。对下游发生的涌沙现象应予以密切注意,用沙袋围住涌沙口,测量其水面的升高值,便能估计出相应的孔隙水压力。如果闸趾或闸肩逸出的渗流是严重的,要求采取补救措施,但闸还没有马上失事的危险,则必须随情况的发展设计出集渗系统。可以采取一些临时性渗流控制措施,如闸趾排水和压重戗体等,并装上量水堰来判断渗流的严重性和发展趋势,供设计补救措施之用。监测中记录的任何变化,即渗流量的变化、出沙量的变化等都必须十分重视。

3.2.3　渗漏状态监测

3.2.3.1　电阻与天然电位

作为整个渗流研究的一个部分,电阻与天然电位法已被成功地应用于土和岩体中的渗流区域划分(Cooper 和 Bieganousky,1978;Cooper, Koester 和 Tran - klin,1982;Koester 等,1984)。电阻测量作为渗流研究的一个组成部分,能帮助确定与深度和位置有关的可能高湿度区,将此量测结果与从前的钻孔和地质资料建立起相关关系之后,便可在渗流区布置新的钻孔。自然电场法即 V_{SP}法,是通过测量地下岩土层由于电动耦合、热效应耦合和化学反应在地表所产生的电场来判断堤防及涵闸土石结合部位的水文地质情况的。天然电位量测用来探测地表电场的负值直流电压的反常现象已经发现,尽管反常现象能指示渗流的区域(Cooper,Koeste 和 Tranklin,1982;Koeste 等,1984),但却确定不了其深度。应用自然电场法可监测闸基集中渗漏和涵闸土石结合部渗漏通道或绕渗破坏等险情。

这类监测的关键在于"及时",因而需要采取连续监测方式,即必须设置固定探测电极。由于监测目标的随机性,因而需要采取系统监测。由于干燥土壤在浸润之后的电阻率变化非常明显以及在浸润或渗漏过程中可能产生明显的渗滤电场,因而选用自然电位和电阻率为监测目标。

3.2.3.2　温度场测量

针对堤防和土坝内部渗漏发展初期的监测方法,已进行了很多研究工作。进行广泛研究的参数之一便是温度,当土体存在渗漏通道时,河道或库水温使其成为天然的示踪剂。渗漏将引起堤防或土坝的温度场出现局部不规则,如能对该不规则区域的温度偏差量进行现场量测,对渗漏通道便可以定位并定性判断渗漏速度。

堤防和坝体内的温度场分布测量可以成为工程运行状态评估的有效手段,特别是对渗漏通道的监测更具有特别重要的意义。最近发展起来的热脉冲分布式光纤温度测量系统可以进行实时堤防渗漏监测,分布式测量技术较常规点式检测技术具有极高的信息密度,从而有利于信息的有效评估。分布式光纤温度测量系统可以精确实施光纤沿程各要点的温度测量,而且光缆适宜在新建和已建工程中敷设。

彩色红外线温度场测量还可以通过彩色摄影、彩色红外线摄影以及航空与地面热红外线摄影等方法获取。其基本原理是,不同的材料(湿的、饱和的与干的)具有不同的吸热率,因此热辐射率也将不同(如因为水的比热高于土和混凝土的比热,则已知渗流区中的较热部分,可以推测为渗流出口)。该方法被用于大面积,而小面积上则可用手提式热红外仪来量测(Leach,1982)。热学监测的第二种方法(美国陆军工程兵团洛杉矶分区,1981)是在坝体中或其附近就地安装一排测温仪,测量每日的温度(低于表面的温度,但在年温度变化范围之内),建立温度的变化与渗流相关关系,作为对该地区进一步研究的基础。用现有的测压管系统或设计的补救性测压管可绘出垂向的等温线,连同温度的变化一起,与渗流建立相关关系(美国陆军工程兵团洛杉矶分区,1981;Leach,1982)。通过确定水库分层温度,所有已知渗源的温度以及渗流出口的温度,对这些资料加以解释和补充。

3.2.3.3 示踪测量

渗流也可通过对示踪元素(如染料或同位素的物理探测)来进行监测,这些元素事前从水库中或从靠近预计渗径的测压管中,加到渗流出口的上游。所选用的染料应具有良好的吸收率与衰减率,并应满足国家水质控制要求。由测压管、排水管及下游逸出点所取的样品,采用高精度的仪器(如测荧光素染料的荧光计)来进行量测。通过记录到达的时间和浓度,就能对渗源及渗径沿线地层的渗透性作出相关的分析判断。环境同位素也可通过取样获得;其样品可利用氧-18和氚的质谱分析仪与氖的低等计数系统进行量测。

3.2.3.4 渗流声波振动法

渗流时,紊流冲击套管或自套管旁边绕流,或材料变形,由此产生的噪声便是一种声发射(Koerner,Lord 和 McCabe,1977)。该技术是将一加速度计安放在延伸至钻孔底部的波导管上,然后记录所发生的振动,由此探测出地下的渗流(Koer-Mner,Lord 和 McCabe,1977;Leach,1982)。声发射活动增强,便意味着有渗流通过。声发射技术的研究始于对矿体岩石裂缝发展的预测,近年来,随着电子技术的发展,声发射技术正在趋于作为一种常用测试手段而应用日趋广泛,甚至已将声发射特性参数引入材料本构关系。在混凝土的检测中主要用于裂缝的发生发展及位置的确定;在岩体检测中,研究岩石的损伤机制和断裂特性、测定岩体地应力、检测矿井和硐室的安全以及预报岩爆的产生等。

河海大学的钱家欢等通过室内试验得出流土过程中与临界坡降、破坏坡降相应时的声发射信号突增,即流土破坏前有声发射信号前兆,因此可以用声发射技术检测土体的渗透变形。

美国的 R. M. Koemer 对土的声发射特性及监测做了一系列研究工作。通过无侧限压缩、压缩试验、三轴试验、模型试验、边坡稳定野外观测等,结合声发射信号的接收,得出含水量、不均匀系数、周围压力、塑性指数等参数对土体声发射的影响规律,并探讨了用声发射技术确定地下水位及渗流位置。

渗流声波振动法的主要缺点是背景噪声水平较高,随着测试技术的发展,这一缺点已能克服。目前,有关研究单位正在进行将此技术应用到地质灾害、堤防监测、深基坑开挖等安全预报方面的研究。

3.2.4　变形状态监测

变形状态监测方法有固定式测斜仪、静力水准测试、分布式光纤变形测试、GPS 测试、时域反射测试等。

目前,时域反射测试技术较为先进,时域反射法可以确定边坡移动的位置、大小和移动方向,还可以选择有线和无线通信方式实现远程数据传输。

时域反射法是监测岩土边坡和堤坝稳定的一种新型和廉价的方法。时域反射仪与雷达相似,它每 200 μs 向埋设于边坡内的测试电缆激发一次超速脉冲电压,在遇到电缆断裂或变形处,阻抗特性发生变化,脉冲即被反射,反射信号在电缆特性曲线上显示一个脉冲峰尖,边坡相对位移大小、变形速率及变形位置能立即精确地确定下来。

3.3　分布式光纤传感技术

分布式光纤传感技术是近年来发达国家竞相研发的一项尖端技术,它不但具有光纤的不带电、抗射频、抗电磁场干扰、防燃、防爆、抗腐蚀、耐高电压、耐电离辐射的特点,且具有大信号传输带宽、实时、动态和分布广的诸多优点,从而可弥补堤防点式监测盲区的数据空缺,提高堤防形变监测的精度,具有很高的先进性。目前,应用光纤测量技术实施温度和形变的分布测量理论上相对成熟,但相关仪器的设计和制造复杂,信号处理手段要求高。该项技术已在瑞士、美国、加拿大、日本获得应用,瑞士所研发的仪器性能高于其他国家。引进的瑞士 OMNISENS 公司所开发的 DiTeSt 分布式光纤传感技术指标比较适用于水利工程的监测,可以进行应变和温度的分布式测量,具有长期稳定性,应变分辨率为 2 με、温度分辨率为 0.1 ℃、测试距离达到 30 km、空间分辨率为 1.5 m,各种性能指标先进,可靠性高,系统性能居世界先进水平。DiTeSt 分布式光纤测量系统采用布里渊散射光时域光纤网监测技术(BOTDR),利用了光纤的背向布里渊散射频率对光纤所受应力、应变和温度十分敏感,而且有较好的线性关系的特性。由于背向布里渊散射光的灵敏性,因而它的测量精度很高,应变的测量精度可达 10^{-5} 数量级;与传统的监测技术相比,其特点主要有分布式、长距离、高精度、耐久性好等;与通常采用的光纤传感技术相比,其突出的优点在于它不需对光纤进行加工,传输与传感于一体,测试费用低,不需要像光栅检测技术那样需对光栅作特别保护,它只需对光纤沿线返回的布里渊散射光信号进行专门处理即可,可长距离分布式测量。受激布里渊散射是光纤材料的内在性质,它提供了光缆中应变和温度分布的重要信息,可以使用标准的或特殊的单模通信光缆作为传感器,通过使用专门设备可以测得光缆中某一点的受激布里渊散射信息,可以实现对沿光纤温度场和形变量的分布式测量。

堤坝的安全监测不仅有利于避免大的险情和灾害发生,对堤坝性态及微小变化的准确掌握也是预报和预防溃堤等堤防事故的前提条件。随着传感器和测试技术及仪器的发展,堤坝安全监测在全断面、实时性方面要求越来越高。自动化是堤坝安全监测的必然发展方向,它可对堤坝实施实时安全监控。美国、法国、意大利、瑞士等在 20 世纪 60 年代就开始了堤坝安全监控自动化系统的研究,已取得了很好的效果,我国于 1992 年 12 月在河北武仕水库安装调试成功了第一套安全监测系统,之后我国的自动化监测得到了飞速发展,自动化监测设备在我国的堤坝安全监测和管理中发挥着重要的作用。

监测数据的自动采集只是完成了堤坝安全监测工作的一部分,进一步利用电子计算机对监测数据进行分析处理,对堤坝的工作性态进行定性分析和定量分析来判断堤坝的运行状态才是堤坝安全监测的最终目标。对 DiTeSt - STA202 光纤传感分析仪进行二次开发和相应软件的编制,成为工程用户可直接使用的监测系统。用户对实时监测行为进行设置,对所得的数据作更为直观的处理并存储,为上一级的堤坝安全监控专家系统和管理部门提供必要的底层数据,为现场人员提供测试数据的报表和堤坝内部形变、渗流的变化趋势,确保堤坝的安全运行和对险情及时预警。

3.3.1　分布式光纤测量原理

3.3.1.1　布里渊散射

光具有波粒二相性,可以被看成是电磁波或者光子,即电磁能量量子。在光纤中传播的光波大部分是前向传播的,但由于光纤的非结晶材料在微观空间存在不均匀结构,有一小部分光会发生散射。光纤中的散射过程主要有三种,即瑞雷散射、拉曼散射和布里渊散射。它们的散射机制各不相同,其中布里渊散射是光波与声波在光纤中传播时相互作用而产生的光散射过程,在不同的条件下,布里渊散射又分别以自发散射和受激散射两种形式表现出来。

在注入光功率不高的情况下,光纤材料分子的布朗运动将产生声学噪声,当这种声学噪声在光纤中传播时,其压力差将引起光纤材料折射率的变化,从而对传输光产生自发散射作用,同时声波在材料中的传播将使压力差及折射率变化呈现周期性,导致散射光频率相对于传输光有一个多普勒频移,这种散射称为自发布里渊散射,是布里渊于 1922 在研究晶体的散射谱时发现的一种新的光散射现象,1932 得到试验验证,由此称为布里渊散射。自发布里渊散射可用量子物理学解释如下:一个泵浦光子转换成一个新的频率较低的斯托克斯光子并同时产生一个新的声子,同样地,一个泵浦光子吸收一个声子的能量转换成一个新的频率较高的反斯托克斯光子。

由于构成光纤的硅材料是一种电致伸缩材料,当大功率的泵浦光在光纤中传播时,其折射率会增加,产生电致伸缩效应,导致大部分传输光被转化为反向传输的散射光,产生受激布里渊散射。其具体过程是:当泵浦光在光纤中传播时,自发布里渊散射光沿泵浦光相反的方向传播,当泵浦光的强度增大时,自发布里渊散射的强度增加,当增大到一定程度时,反向传输的斯托克斯光和泵浦光将发生干涉作用,产生较强的干涉条纹,使光纤局部折射率大大增加,这样由于电致伸缩效应,就会产生一个声波,声波的产生激发出更多的布里渊散射光,激发出来的散射光又加强声波,如此相互作用,产生很强的散射,这就是受激布里渊散射。相对于光波而言,声波的能量可忽略,因此在不考虑声波的情况下,这种受激布里渊散射过程可以概括为频率较高的泵浦光的能量向频率低的斯托克斯光转移的过程,这样受激布里渊散射可以看成仅仅是在有泵浦光存在的情况下在电致伸缩材料中传播的斯托克斯光经历了一个光增益的过程。在受激布里渊散射中,虽然理论上反斯托克斯和斯托克斯光都存在,一般情况下只表现为斯托克斯光。

光纤中的布里渊散射相对泵浦光有一个频移，通常称此频移为布里渊频移。其中，背向布里渊散射的布里渊频移最大，并由下式给出

$$V_B = 2nv_a/r_0 \tag{3-1}$$

式中　V_B——布里渊频移，Hz；

n——光纤纤芯折射率（无量纲）；

v_a——光纤内声速，m/s；

r_0——泵浦光的波长，m。

当光纤的温度和应变发生变化时，光纤纤芯的折射率 n 和声速 v_a 会发生相应的变化，从而导致布里渊频移的改变。通过检测布里渊频移的变化量就可获知温度和应变的变化量，同时通过测定该散射光的回波时间就可确定散射点的位置。

对于普通的硅玻璃光纤，$n = 1.46$，$v_a = 5\ 945$ m/s，当泵浦光的波长 $r_0 = 1.55$ mm 时，布里渊频移 $V_B \gg 11.2$ GHz。

3.3.1.2　分布式光纤传感技术

基于布里渊散射光频域分析技术的分布式光纤传感技术最初由 Horiguchi 等提出。基于该技术的传感器典型结构如图 3-1 所示。处于光纤两端的可调谐激光器分别将一脉冲光（泵浦光）与一连续光（探测光，probe light）注入传感光纤，当泵浦光与探测光的频差与光纤中某区域的布里渊频移相等时，在该区域就会产生布里渊放大效应，也就是受激布里渊，两光束相互之间发生能量转移。由于布里渊频移与温度、应变的变化存在线性关系，因此对两激光器的频率进行连续调节的同时，通过检测从光纤一端耦合出来的连续光的功率，就可确定光纤各小段区域上能量转移达到最大时所对应的频率差，从而得到温度、应变信息，实现分布式测量。

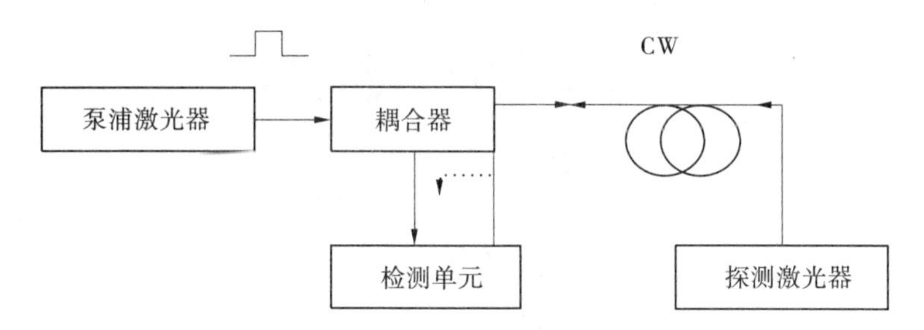

图 3-1　基于分布式光纤传感技术的传感器典型结构

在分布式光纤传感测试系统中，当泵浦光的频率高于探测光的频率时，泵浦光的能量向探测光转移，这种传感方式称为布里渊增益型；当泵浦光的频率低于探测光的频率时，探测光的能量向泵浦光转移，这种传感方式称为布里渊损耗型。在光纤温度或应变分布均匀的情况下，布里渊增益型传感方式中的泵浦脉冲光随着在光纤中的传播，其能量会不断地向探测光转移，在传感距离较长的情况下会出现泵浦耗尽，因此该传感方式难以实现超长距离传感，对于远距离方式，可以增加中间连接器；而对于布里渊损耗型，能量的转移使泵浦光的能量升高，不会出现泵浦耗尽情况，从而使得传感距离大大增加。

3.3.2 堤防渗漏光纤监测试验

3.3.2.1 基于光纤传感的渗漏探测原理

渗漏形成后,堤坝内渗漏场与温度场相互作用、相互影响并达到动平衡状态,形成温度场影响下的渗漏场及渗漏场影响下的温度场。一方面从物理过程分析,热能通过介质的接触进行热交换,渗漏体则因存在势能差会在土体的孔隙中流动,同时作为热能传播的介质挟带热能沿运动迹线交换和扩散;另一方面从理化过程分析,热能的变化导致坝体内土体温度的改变,从而影响土体和渗漏流体理化特性的改变。细砂土坝的热学特性较复杂,它包括热传导、对流热传输和热辐射三个基本热过程。堤坝内的温度主要受坝外空气和河道或水库中的水温影响,而空气的影响部分又只针对坝体表层,对于深度超过 10 m 时,其内部温度下降不到 1 ℃。因此,垂直方向的热传导可以忽略,所以室内的模拟堤坝在常温下进行不计热传导和热辐射的影响。

热的对流方式传输比纯热传导更有效,研究表明,在量级为 $10^{-7} \sim 10^{-6}$ m/s 非常低的 Darcy 速度下,总的热传输由对流部分控制,在这种情况下,坝内的温度分布主要受水流温度的影响。由于所研究的内容包括了渗漏通道、沙体和所处环境, 理论模型运用还是有前提和条件的, 这里对问题作如下假设和简化:①渗漏通道形成后,通道和土体是截然不同的两种导热介质;②在渗漏通道的横截面内,水流自身对流换热快速,流体不存在温度差异;③在渗漏发生一段时间后,渗流和温度场达到稳定状态;④沙体均匀且各向同性,初始温度场均匀,渗漏对温度场的影响范围和堤坝尺寸相比很小。基于以上假设,运用稳定热传导理论建立模型如图 3-2 所示。

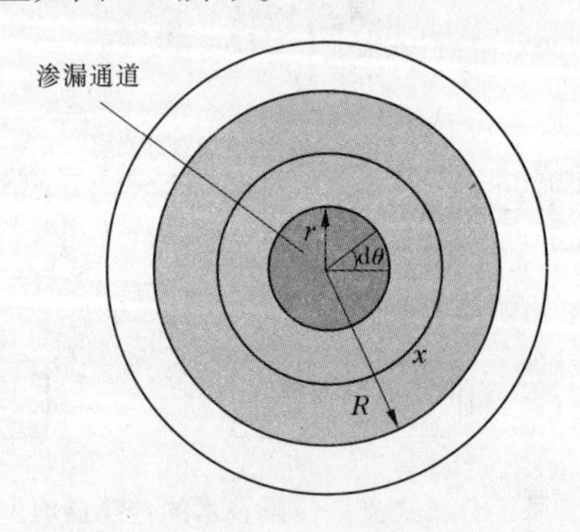

图 3-2 土体热传导模型微单元

根据稳定温度场的能量守恒定律,在单元体的闭合边界上,单位时间内热净流量为零,所以有下列等式成立,即

$$-\left(k\frac{\mathrm{d}T}{\mathrm{d}x}\right)2\pi x\Big|_{x=r}+\left(k\frac{\mathrm{d}T}{\mathrm{d}x}\right)2\pi x\Big|_{x=r+\mathrm{d}r}=0 \tag{3-2}$$

式中 k——热传导系数。

将式(3-2)中的第一项用 Taylor 公式在 $x=r$ 处展开,再略去高阶可得

$$\frac{\mathrm{d}}{\mathrm{d}x}\left(2\pi xk\frac{\mathrm{d}T}{\mathrm{d}x}\right)\Big|_{x=r}=0 \tag{3-3}$$

当 k 为常数时，有

$$\frac{\mathrm{d}}{\mathrm{d}x}\left(x\frac{\mathrm{d}T}{\mathrm{d}x}\right)=0 \tag{3-4}$$

把渗漏通道作为土体传热模型边界（见图 3-3），单位时间内通过面 1 水体积所释放出的热量 q 为

$$q=-\pi r_0^2\int_0^v c\rho\frac{\mathrm{d}T}{\mathrm{d}z}\mathrm{d}z=-\pi r_0^2 c\rho\frac{\mathrm{d}T}{\mathrm{d}z}v \tag{3-5}$$

式中　v——渗漏流速；

c——渗漏水的质量热容；

ρ——渗漏水的密度。

由渗漏通道形成的二类边界条件为

$$x=r_0,\ q=q_1/(2\pi r_0)=-\frac{1}{2}r_0 c\rho\frac{\mathrm{d}T}{\mathrm{d}z}v \tag{3-6}$$

由式(3-2)～式(3-5)可以求得在渗径上距渗漏通道中心点的位置与温度的一般解如下

$$T=C_1\ln x+C_2 \tag{3-7}$$

式中　C_1、C_2——待定系数。

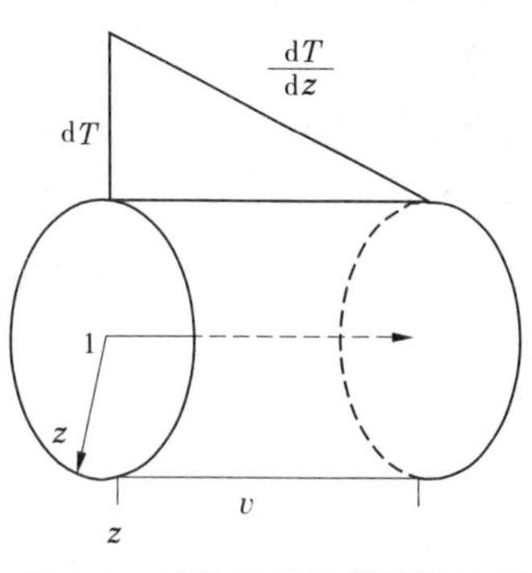

图 3-3　渗流通道横截面热流量

其定性的温度分布如图 3-4 所示。

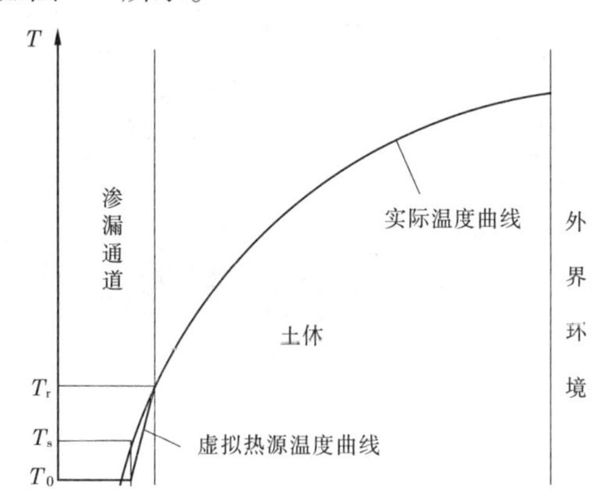

图 3-4　定性的温度分布

通过上面的分析可知，当已知总渗漏流量时，渗径的半径大小与流速有关，可以通过控制渗漏流速的大小，进而控制渗径的大小；通过光纤温度传感，可以得到由于渗径的不同而引起土体的不同范围温度的变化。

3.3.2.2　渗流与光纤应变量的关系

由于布里渊散射是由介质声学声子引起的非弹性散射，因此布里渊散射的频移和强度等特性参数主要取决于介质的声学、弹性力学和热弹性力学等特性。当光纤的温度和应变等发生变化时，就会引起这些介质特性改变。基于布里渊散射的分布式光纤传感技术就是利用了温度对布里渊散射谱的调制关系，通过检测布里渊散射光的强度和布里渊频移确定沿传感光纤上的温度分布。

渗漏形成后，堤坝内渗漏场与温度场相互作用、相互影响并达到动平衡状态，形成温度场影响下的渗漏场及渗漏场影响下的温度场。

理想热传导模型与传感光纤埋设位置关系见图 3-5。堤坝渗漏一旦发生，就将形成渗漏通道，渗漏通道的形成为水从土石堤坝表面渗透到内部提供了有利条件。由于水温和堤坝内部的土体温度存在差异，通过土体的热传导模型可知渗透水流经土体的区域内有水和土体之间的热量交换，将引起土体内温度的变化。渗漏流速越大，渗透力度越强，引起土体温度变化区域越广。将传感光纤按不同位置布设在渗漏通道周围，通过不同长度上的光纤所感应的温度变化可以得知渗透水所涉及的土体区域大小，从而间接估算出渗漏流速的大小。通过试验可以得出光纤温度传感与渗漏流量之间的对应关系。

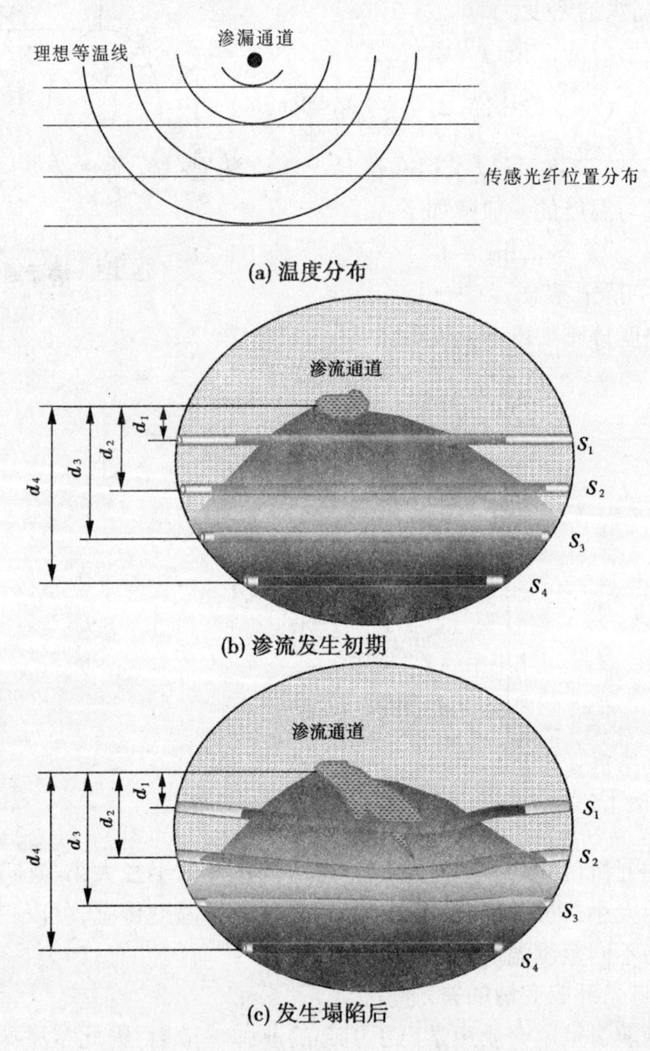

S_1、S_2、S_3、S_4—传感光纤布置位置；d_1、d_2、d_3、d_4—传感光纤距渗流通道的距离

图 3-5 理想热传导模型与传感光纤埋设位置关系

3.3.2.3 渗漏监测系统组成

基于分布式光纤传感光时域反射分析仪的堤坝监测系统由四部分组成，即堤坝原型、DiTeSt－STA202光纤传感分析仪、光缆、客户终端计算机。其中，光缆分为埋设在被监测部分的传感光缆和起传输作用的引导光缆。堤坝监测系统示意图如图3-6所示。

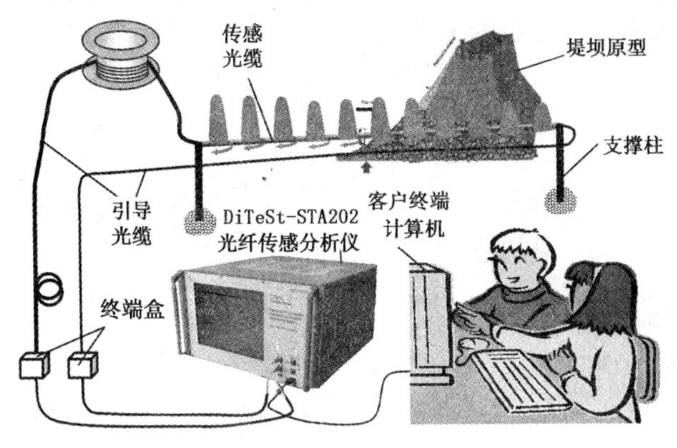

图3-6 堤坝监测系统示意图

堤坝监测的各部分分别有其特殊的功能，共同组成一个完整的监测体系，各部分具体功能如下：

(1)堤坝原型。堤坝包括各种修建在江河、湖泊和河道边的护岸工程，起着堵水、护岸和保护人民生命财产安全的重要作用。堤坝受水流冲刷和淘刷而产生形变、沉降及塌陷甚至崩岸等险情，是堤坝安全运行重点监测的对象，也是本系统需要探测和获取的原始信息源。

(2)DiTeSt－STA202光纤传感分析仪。该仪器通过内部自带的光源发射连续光和脉冲光，根据受激布里渊频移的大小来识别被测传感光缆段上应变变化信息，应变的值经过标定后可定量给出。

(3)光缆。光缆分为传感光缆和引导光缆。传感光缆集信息的采集和传输于一体，铺设在堤坝内部对形变信息进行监测。作为传感器使用的传感光缆要经过特殊的工艺处理(如只对应变敏感而不对温度敏感)，同时野外使用的光缆还需要作防腐、防鼠咬等处理，价格一般较昂贵。引导光缆则可以采用普通的通信光缆，因此其价格较传感专用的传感光缆低。

(4)客户终端计算机。作为工程用户可直接使用的监测系统，必须在原有的仪器基础上进行二次开发和相应软件的编制。用户对实时监测行为进行设置，对所得的数据作更为直观的处理并存储，为上一级的堤坝安全监控专家系统和管理部门提供必要的底层数据，为现场人员提供测试数据的报表和堤坝内部形变或渗漏的变化趋势，确保堤坝的安全运行和对险情及时预警。

监测系统通过光纤传感器(传感光缆)从堤坝处获取原始的应变或温度信息，经分析仪的软件系统得到基本的应变值数据，定期和不定期地扫描后形成被监测堤坝的数据库。用户对数据进一步处理后得到被监测堤坝处应变或渗漏的变化值和趋势图，远程用户或上一级管理者从局域网络或无线网络得到底层的监测数据和初步分析结论，以供对堤坝的日常维护管理和抢险的决策之用。

渗漏检测系统主要设计为两部分:渗漏模拟单元和传感检测单元。其中,渗漏模拟单元可以通过改变水头高度和渗漏流速以及渗漏通道在模型中的相对位置来模拟实际堤坝中的不同渗漏情况;传感检测单元则采用瑞士的 DiTeSt 分布式光纤测量系统对预埋在渗漏模型中的各段检测光纤进行数据采集,总体方案如图 3-7 所示。

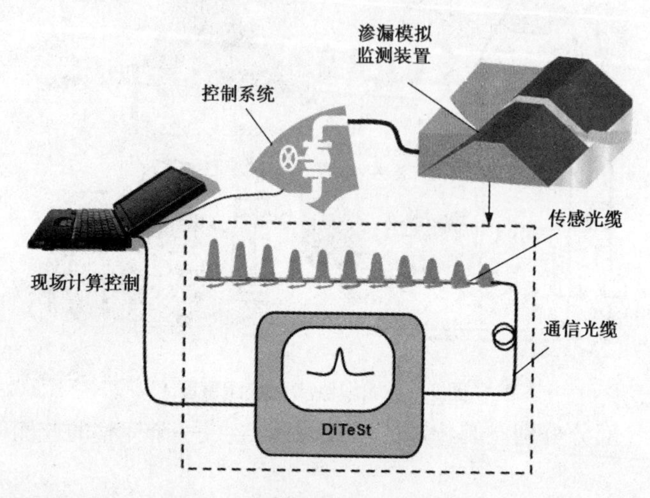

图 3-7　渗漏检测系统总体方案

3.3.2.4　渗漏模拟单元

渗漏模拟单元结构如图 3-8 所示,其中流量控制阀、渗漏输入管道、温湿度传感器、模型箱、挡沙条等属于渗漏模拟单元组成部分,光纤传感解调系统、光缆卷、传感光纤接头、传感光纤夹套、终端盒等属于传感检测单元。

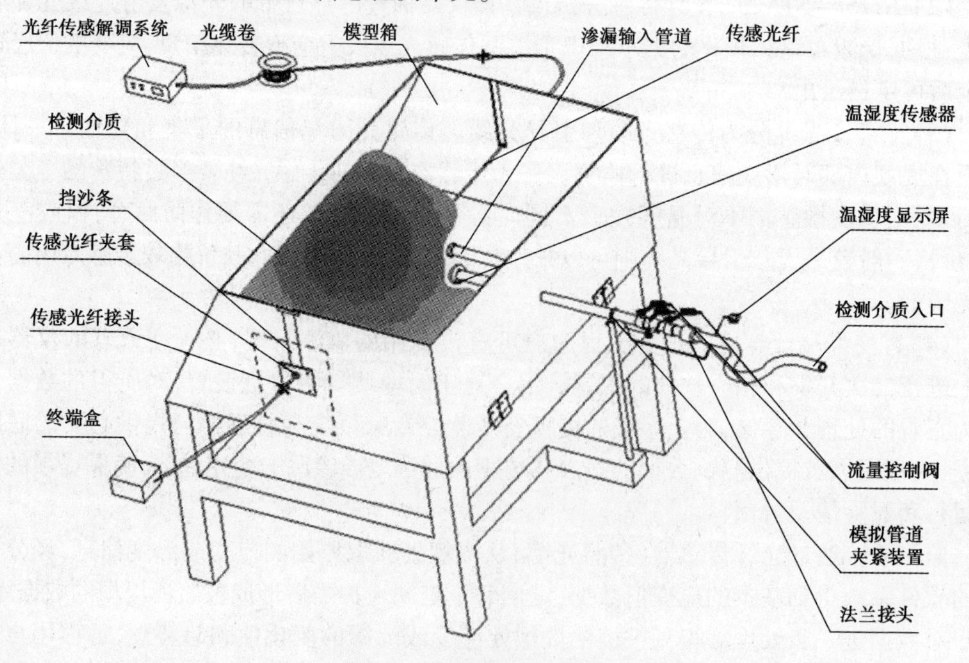

图 3-8　渗漏模拟单元结构

渗漏模拟单元主要由总输送管道、法兰接头、分输送管道、介质过滤网、模型箱、模型箱支架等组成。其中，法兰接头装置结构设计如图3-9所示，模拟通道结构设计如图3-10所示。

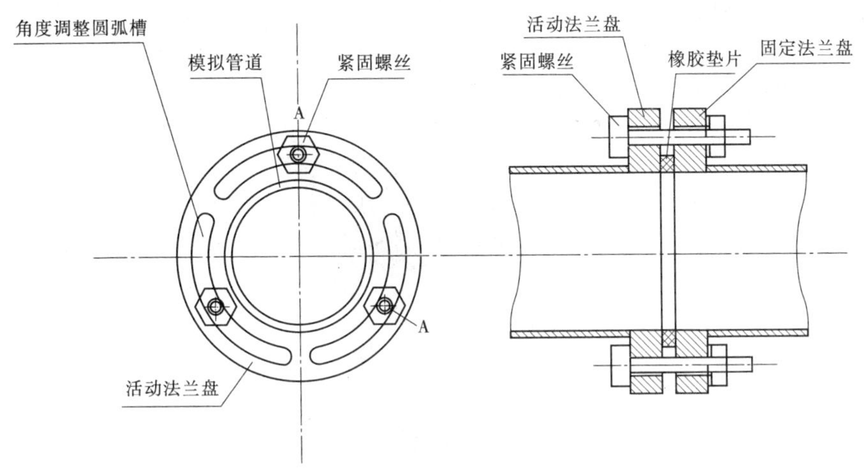

图3-9 法兰接头装置结构设计

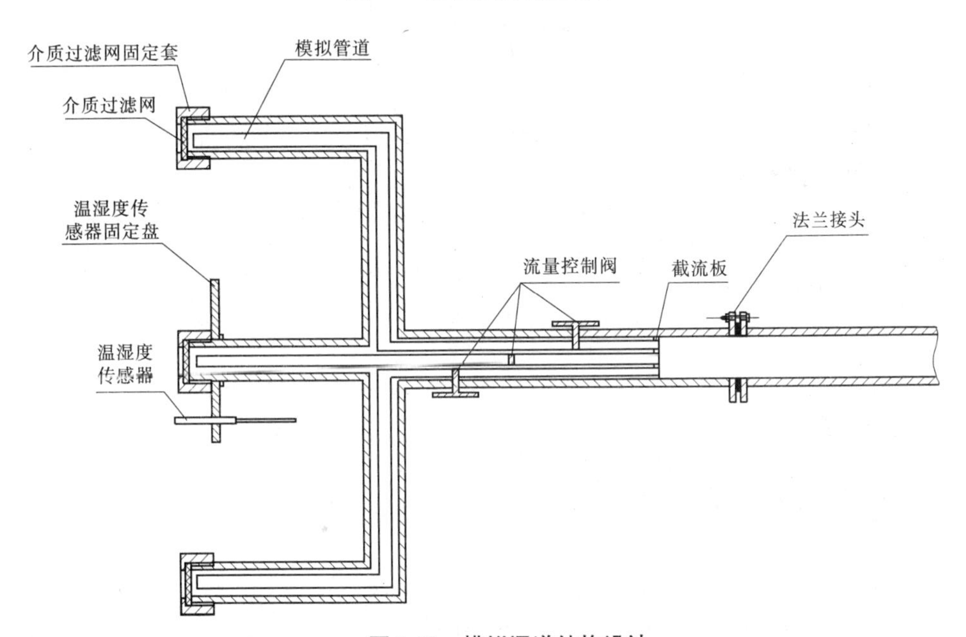

图3-10 模拟通道结构设计

安装时，将渗漏输入管道穿过箱体壁，调整渗漏输入管道管口与传感光缆的位置，然后固定模拟管道夹紧装置，将它固定在模型箱支架上。调整法兰接头，以调节模拟通道与传感光纤的位置，模拟不同位置的渗漏点。松开法兰接头上的螺丝，调整螺丝在活动法兰盘的圆弧槽位置可调整模拟通道管口与传感光缆的垂直方向360°相对；松开模拟通道夹紧装置，调整总输送管道与模型箱的相对位置，可调整模拟通道管口与传感光缆的水平位置。在模拟通道的管口处设有介质过滤网，防止沙土进入管道，堵塞管口。在做渗漏模拟试验时,调整好渗漏管道管口与传感光纤间的相对位置,将沙土装入模拟箱中,连接好各管道,打开控制阀,水进入模拟箱中的沙土中,产生渗透作用。

渗漏监测单元,在实际堤坝中以图 3-11 所示的传感光纤方案进行埋设,当某个地方发生渗漏时,由于水体温度和土体温度存在差异,二者之间会发生热量交换,渗漏通道周围土体内的温度渐渐地与水体温度相一致,通过读取光纤传感分析仪上发生渗漏前后测试的温度曲线可以识别温度发生异常变化的地段,并及时预警。

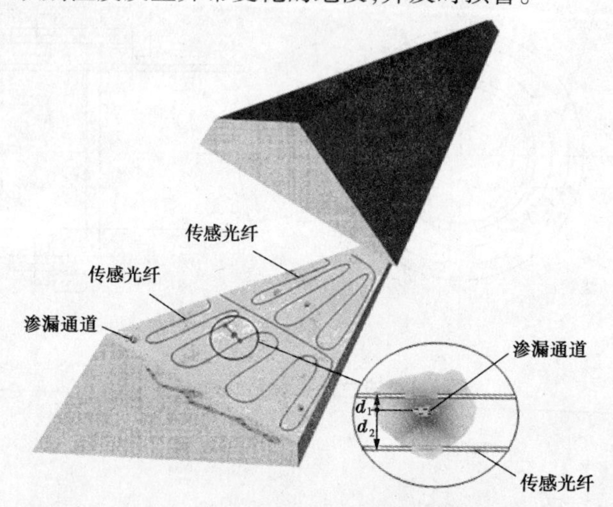

图 3-11　堤坝土体内光纤的埋设方案图

3.3.2.5　渗漏试验分析

试验中采用黄河堤坝的土体原样,在郑州黄河水利科学研究院北郊试验基地修建了试验平台,通过流量控制阀控制进水口的流量,模拟渗流发生的严重程度,并测试多种边界条件下的试验数据。

1)试验目的

(1)模拟堤坝渗漏,并采用分布式光纤传感技术探测由渗漏引起模型内土体的温度变化和可能发生严重渗漏时出现的土体塌陷。

(2)检验传感光纤布设方案的合理性。

(3)根据所测试的数据,研究渗漏流量与土体温度变化的关系。

2)试验仪器及器具件

试验仪器及器具件有瑞士 DiTeSt - STA202 光纤传感分析仪,光纤熔接机、ZAJQ 型智能控制阀、LWGY 系列涡轮流量传感器、PC 机、温度计、裸光纤、卷尺、水泵、电源线、水箱等。

3)试验方案

本试验采用一箱体结构填充黄河堤防建筑土样(相关参数见表 3-1)作为堤坝实体模型。在箱体一个方向上(长度方向)预先埋设一条用来模拟渗漏通道的管道,试验进行时,将渗漏管道拔掉。在箱体的首部采用注水的方式将水导入渗漏通道的进口处,其流量由流量控制系统控制。光纤在箱体内的埋设方式和位置如图 3-12 所示,具体的尺寸如图 3-13 所示。整个箱体尺寸为 2 m × 1. 2 m × 1 m,渗漏进水口和出水口布置在箱体的正中间,进水口距离箱体底部 0.8 m,出水口距离箱件底部 0.25 m,在距离箱体首尾 0.5 m 处分别埋设两条检测光纤,首端的光纤按每层距离 10 cm 布置,共布设 10 层,预埋渗漏管从箱体底部起的第八、九层中穿过;尾端光纤每层距离 10 cm,从箱体底部起的第三层和第四层的距离为 5 cm,第一层的光纤长度为 35.00 ~ 36.23 m,第二层的光纤长度为 36.23 ~ 37.65 m,第三层的光纤长度为 37.65 ~ 39.25 m,第四层的光纤长度为 39.25 ~ 41.00 m。

表 3-1　试验用土相关参数

岩土名称	最优含水量 ω_{op}(%)	最大干密度 ρ_{dmax} (g/cm³)	土粒比重 G_s	压缩系数 $\alpha_{v\,0.1\sim0.2}$ (MPa⁻¹)	压缩模量 $a_{s\,0.1\sim0.2}$ (MPa)	直剪		渗透系数 k(cm/s)
						黏聚力 c_q(kPa)	内摩擦角 φ_q(°)	
低液限粉土	17.80	1.62	2.68	0.107	18.40	23	31.60	7.3×10^{-4}

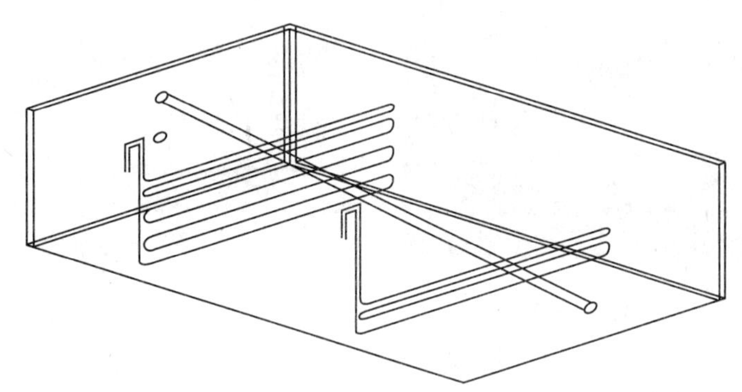

图 3-12　传感光纤布设示意图

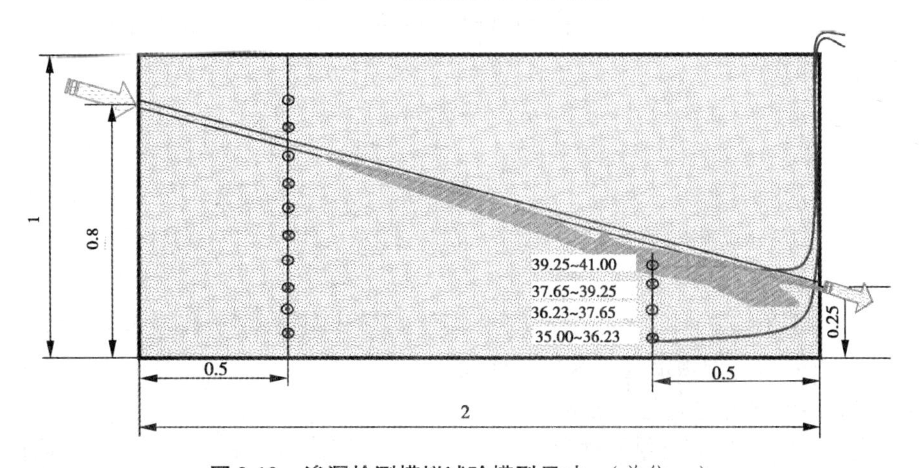

图 3-13　渗漏检测模拟试验模型尺寸　(单位:m)

本试验分三组流量进行光纤传感测试:第一组,将渗漏流量控制在 100 cm³/s,每隔 10 min 自动测试一次,共测试 4 套数据;第二组,将渗漏流量控制在 130 cm³/s,每隔 10 min 自动测试一次,共测试 3 套数据;第三组,将渗漏流量控制在 250 cm³/s,每隔 10 min

自动测试一次，共测试6套数据。

3.3.2.6　室外模拟渗漏试验步骤及试验结果分析

（1）试验前的准备工作。修筑一2 m×1.2 m×1 m的渗漏箱体模型，连接好试验用的水箱、水泵、流量控制阀、传感器等，如图3-14所示。

（2）传感检测光纤制作。采用裸光纤制作两条各120 m的传感检测光纤，每条传感光纤量取前30 m为起点，将从该点起的30 m用来检测渗漏用，依次在光纤上标0 m、3 m、6 m、9 m、30 m，在标志0 m处前的光纤用来做传输用，在标志30 m后的60 m用来做传感回路用。

（3）装样。试验所用土取自正在建设的黄河堤坝现场用土，取土场试验得到该粉质黏土的干密度为1.60 g/cm^3。在制样时，干密度与现场保持一致，将一定量的土填入模型箱体击实，在填完一层后压实、刮毛，然后填另外一层，如图3-15所示。

图3-14　渗漏试验模型

图3-15　土体分层压实

（4）土层分布。为能把光纤分层埋入土中，渗漏模型箱体模拟中的土从下往上每次分10 cm填压实，在填压了3层后，以每次5 cm高度填压，具体操作按渗漏模型箱体两侧的高度标记为基准，压实找平后的土层高度达到该要求的高度表明达到土层要求。

（5）光纤布设。在距离箱体首尾各50 cm的断面层从底层往上每隔10 cm一层铺设。当将要接近预留渗漏通道时，以每5 cm一层铺设，为了准确监测渗漏情况，共布设了两条传感光纤，如图3-16所示。在铺设的时候，先把该层的土压实，用木板在距离模型箱体首尾各0.5 m处的断面层压一条细沟，把光纤轻轻埋设进去，由于裸光纤很脆，在埋的过程中注意慎防光纤弄断，布置好后把细沟用土填上，轻轻压实，在填压完后，把留在土层外面的光纤两端轻轻来回拉动，不让光纤产生形变。

（6）渗漏通道管道埋设。在距离模型箱体前端底部0.8 m和模型箱体后端底部0.25 m处的正中央模型预留进出水口处埋设一条直径为4 cm的预留渗漏通道，该管道首端与进水口相接，末端穿过渗漏出水口。

（7）传感光纤与解调仪接口连接。把传感光纤引到室内的解调仪处，连接两端的FC接头，传感光纤段的FC接头接入解调仪的To Sensor端，回路用的FC接头接入From Sensor端，如图3-17所示。

（8）仪器软件中数据库定义。在解调仪的软件上Measurement界面定义好数据库路径和名字，该数据库定义好后表示此次测试所有的数据都保存在该数据库中。

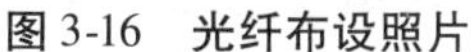

图3-16　光纤布设照片

图3-17　传感光纤与仪器连接照片

(9)传感器定义。在软件上 Configuration 界面定义传感器的名字、起始点、结束点,发射检测激光的脉冲宽度等参数,在 Sensor Manager 界面定义传感器的中心频率以及扫描的起始频率和结束频率,选择 Measurement Type 为 Temperature。

(10)传感器调试。在软件上 Measurement 界面选择 Manual 类型,输入 Measruement Name,在 Sensor Collection 中选择前面定义好了的传感器名字,点击 Start 命令进行传感器测试。测试完状态显示灯为绿色表示测试通过,为红色表示传感光纤定义存在问题或该传感光纤断裂。在此次测试中,靠近模型箱体前端多层埋设的光纤传感器测试检验时异常,可能出现了光纤折断的现象,则选择靠近模型箱体后端的光纤传感器作为此次测试的对象。

(11)制造水温和土体温差。试验中,土体温度为 15.5 ℃,为了模拟工程实际中土体和渗入水体的温差,用冰块将水冷却,冰水温度保持在 11 ℃左右。

(12)第一次试验。在流量控制系统的软件上开启流量控制阀,流量控制在 100 cm^3/s,此时拔去预埋渗漏管道,水经渗漏通道从出水口流出,打开光纤解调仪检测程序,设置每 10 min 自行检测一次,每次测试自动保存数据。

(13)第二次试验。待光纤检测数据稳定后,将渗漏流量控制在 130 cm^3/s,光纤检测设置每 10 min 自动检测一次,每次测试自动保存数据。

(14)第三次试验。检测数据稳定后将渗漏流量控制在 250 cm^3/s,光纤检测设置每 10 min 自行检测一次,每次测试自动保存数据。

(15)测试完毕,进行数据分析。

试验共进行 3 组,从测试中、测试后以及测试得到的温度曲线分析,本次渗漏试验不仅检测到了渗漏发生后渗漏通道周边介质温度的下降,而且从大的应变曲线识别到由于大的渗漏发生后导致的上层土体的塌陷,这与堤坝模型的外观和开挖后的实际情况吻合,见图 3-18 和图 3-19。在图 3-18 中,箱体的出水口,也即实际坝体的出水点附近的土体出现了较大范围的沉降和塌陷,进一步将模拟堤坝开挖后,发现坝体内部发生了严重渗漏,见图 3-19。土体的沉降导致各段光纤之间的距离发生改变,产生大的应变,开挖后的渗漏通道如图 3-20(a)所示,图 3-20(b)为开挖后露出的传感光纤图。渗漏发生的全过程温度变化曲线如图 3-21 所示,发生改变的关键温度曲线如图 3-22 所示,以下为详细的试验条件和测试数据分析。

图 3-21 反映了渗漏发生后光纤检测的土体温度变化与渗漏流量之间对应关系,曲线

图 3-18　出水点附近的土体塌陷

图 3-19　开挖后的严重渗漏

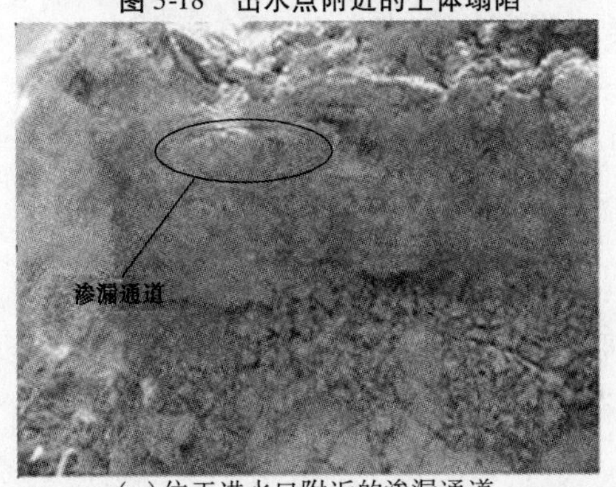

(a)位于进水口附近的渗漏通道

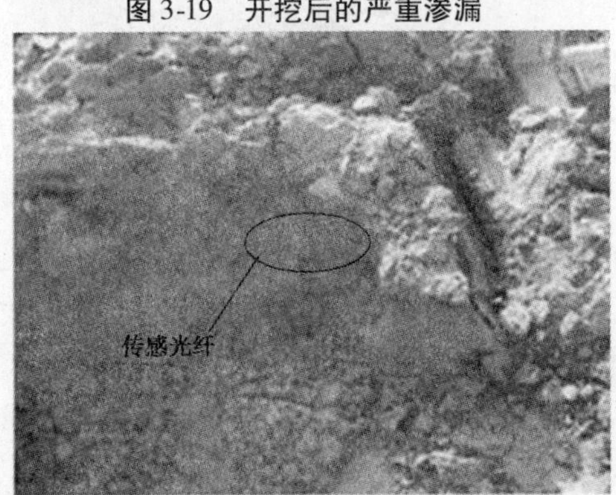

(b)开挖后出逸点附近的传感光纤

图 3-20　开挖后的渗漏通道塌陷现状

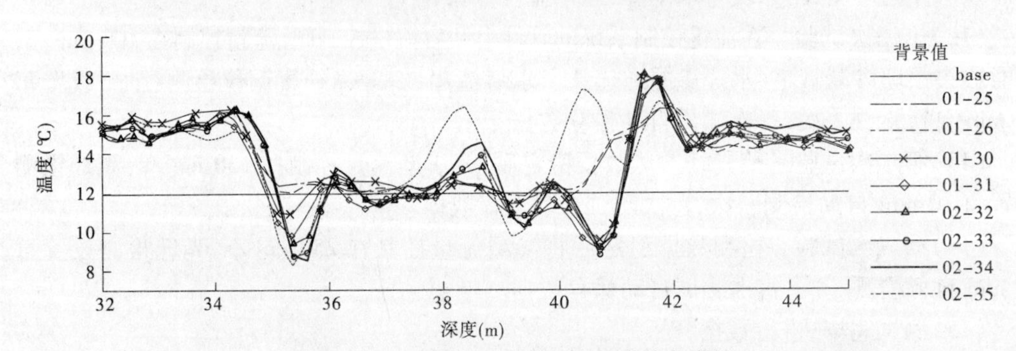

图 3-21　渗漏发生的全过程温度变化曲线

01－25、01－26 检测的是流量为 100 cm^3/s 时光纤所在位置的土体温度，各段光纤所检测的温度与渗漏前的土体温度大概一致，表明在渗漏过程中，由于水的渗透力度比较小，渗漏水未影响到该处土体的温度；增大渗漏流量后，曲线 01－30、01－31、02－32、02－33、02－34 检测到渗漏通道周围温度有明显下降，尤其是在光纤的 35.5 m 处（第一层光纤）以及 41 m 处（最上层）特别明显，下降到 10 ℃左右，其中在 35.5 m 处的各曲线的温度下降过程充分反映了不同渗漏流速对土体温度影响的变化过程；继续增大流速后，曲线 2－35 在 38 m 处（第三层光纤）和 40.5 m 处（第一层光纤）出现了两个大的波峰，此时，箱体内的土体出现了不同程度的塌陷。这里采用的裸光纤既可测温度，又可测形变，在试验过程中，试验的条件是完全受控的，土体内的温度不可能有如此剧烈的变化，可以判断出该处由于土体的塌陷引起光纤发生形变,其变化不但抵消了温度的影响,而且使曲线显著上升。

图 3-22 反映了渗漏整个过程中发生的三个过程:一是流量较小时,由于渗透力度比较小,没有引起渗漏通道周围的土体温度变化,可以从图 3-22 中的曲线 01 -25 看出;二是流量增加时,可从图中曲线 01 -31 温度传感起始段(34 ~35 m)看到,土体温度持续下降,一直降到与水温保持一致;三是流量增大到一定程度后,产生渗漏破坏,引起土体塌方,从图 3-22 中曲线 01 -35、02 -39 可以看出当温度变化到最低时,曲线由于反映了大的应变值,故在 38 m 和 40. 5 m 处附近突然上升。

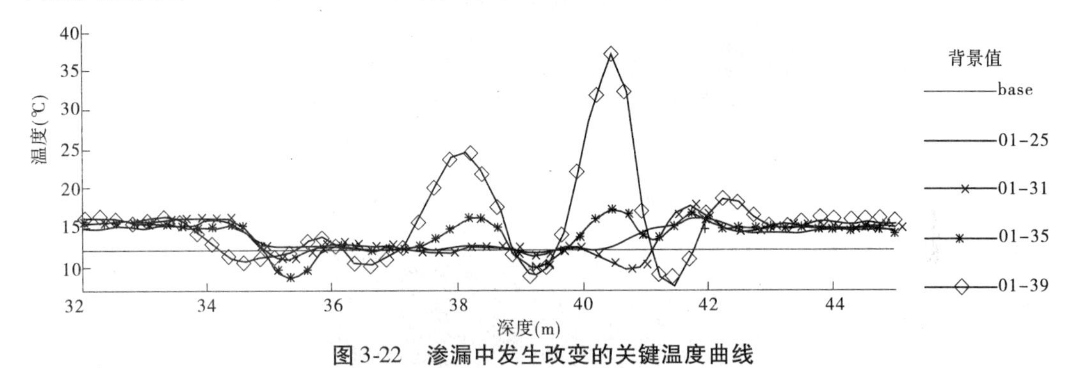

图 3-22　渗漏中发生改变的关键温度曲线

3.3.3　堤防形变光纤监测试验

3.3.3.1　形变监测系统的硬件系统

形变监测系统的硬件系统主要包括 DiTeSt - STA202 光纤传感分析仪和光纤传感器。DiTeSt - STA202 光纤传感分析仪通过内部自带的光源发射连续光和脉冲光,根据受激布里渊频移的大小来识别被测传感光缆段上应变变化信息。DiTeSt - STA202 光纤传感分析仪结构如图 3-23 所示。

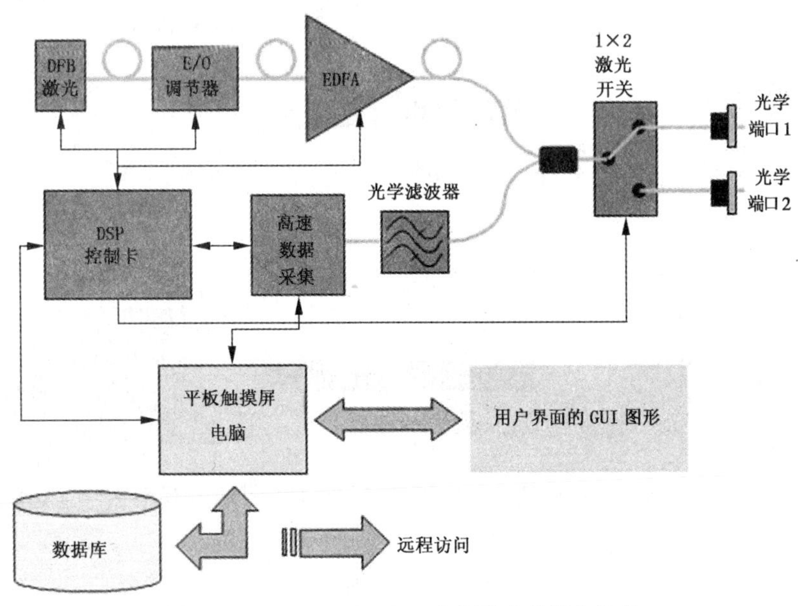

图 3-23　DiTeSt - STA202 光纤传感分析仪结构

光纤传感器采用瑞士进口的两种 SMARTape 光缆做传感器。一种光缆只能用来监测形变,如图 3-24 所示。在测试中,将接头接入分布式光纤传感分析仪便组成监测回路,如图 3-25 所示。另一种为既可监测温度变化又可监测形变变化的两用光缆,如图 3-26 所示,

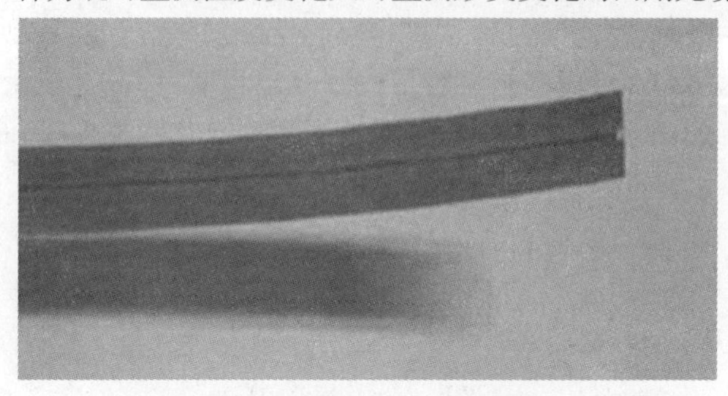

图 3-24　形变监测型 SMARTape 传感光缆的外观

(a) 光缆与分析仪的连接

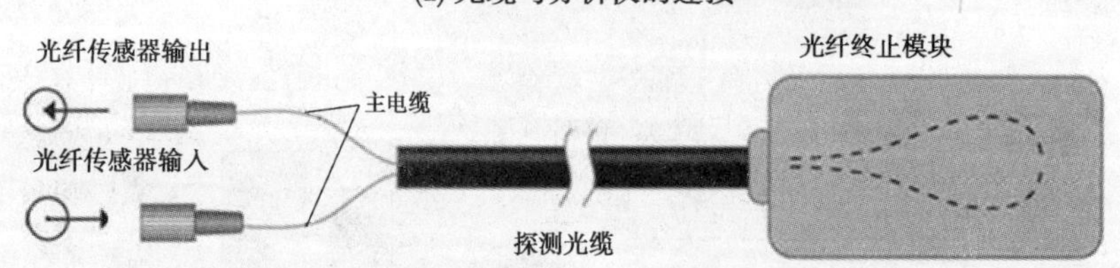

(b) 典型的连接方式之一：循环配置模式

(c) 典型的连接方式之二：单光纤带反射镜模式

图 3-25　光缆与分析仪的连接

这种光缆共有 4 根光纤，其中中间 2 根为不受拉伸的自由光纤，用来监测温度变化，另外 2 根的长度会因拉伸发生变化，为监测形变的工作光纤。

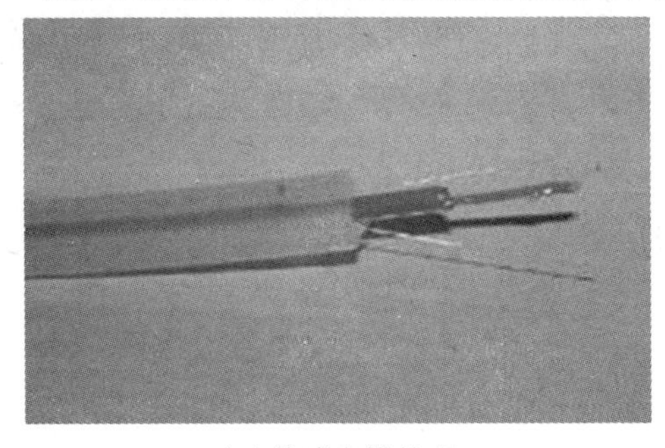

(a)传感光缆外观

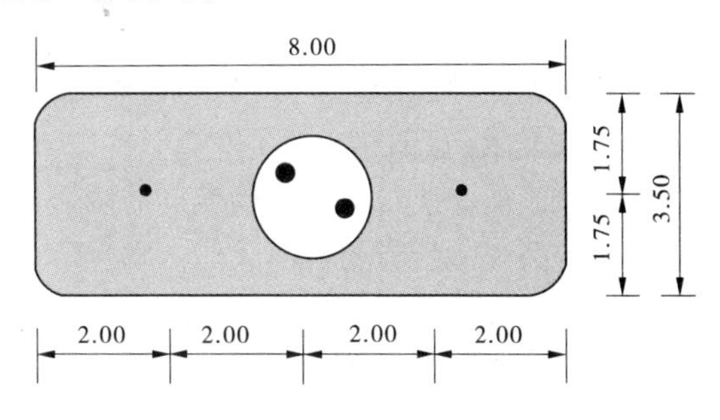

(b)传感光缆断面结构示意图　(单位:mm)

图 3-26　传感光缆

SMARTape 传感光缆的性能参数如表 3-2 所示。由于光缆的弯曲半径会影响光信号的传输，在铺设时必须保证长期工作状态下的光缆具有最小为 100 mm 的曲率半径。

表 3-2　瑞士 Omnisens 的 SMARTape 传感光缆的性能参数

典型尺寸	0.2 ~13 mm
最大长度	400 m
动态范围	-1.5% ~1.5%
口径测定	只在生产期间测定
可靠期	>20 年
温度补偿	不需补偿
传感器质量	4.2 kg/km
最小曲率半径	100 mm 长期操作使用
	50 mm 安装储备期间使用
最大伸长率	1.5%
最大流体静力学压力	3×10^7 Pa
温度范围	-55 ~ +300 ℃长期操作使用
	-5 ~ +50 ℃安装储备期间使用

3.3.3.2　形变监测系统布设及结构设计

以黄河新建丁坝为监测对象进行形变监测系统布设的结构设计，并对所设计的几种方法进行分析比较。

由于黄河堤坝一般为土石坝，结构松散，而光纤应变传感需要两个相对固定的连接，使之发生相对变形才能得到周边介质的形变，因而在利用分布式光纤/光缆对堤坝形变进行监测时，光纤/光缆的铺设是个必须解决的难题。以下介绍堤坝的形变监测系统的设计和光纤/光缆的铺设方案，以及铺设所需的零部件结构设计。

1)方案一:T 形布设方案及结构设计

丁坝的破坏都是从丁坝的坝头部位开始，在监测时，应将丁坝的坝头作为重点监测对象。方案主要采用硬质结构支撑光纤，并埋设在丁坝坝头(见图 3-27)。该结构由 T 形支撑架、圆筒连接件、安全保护盒等三部分组成。光缆粘贴在 T 形结构件上(见图 3-28)，光缆的两端接头接入监测仪。T形结构件连接固定圆筒。固定圆筒通过固定桩固定在坝体的T形支撑架(见图3-29)上,由长、短两段耐腐蚀钢板焊接而成,长钢板一端与短钢板焊接,另一端开3个光孔(见图3-30),便于与圆筒连接件连接,具体长短、宽度依具体情况而定。如丁坝在建设中统一标准,则该T形支撑架也可统一确定其尺寸。光纤粘贴固定在T形支撑架上(见图3-31)。各T形支撑架上的光纤在保护盒内熔接在一起形成光纤回路。为保证支撑架与土体结构变形的协调一致,要求支撑架材料的弹性模量与土体弹性模量基本保证一致或相差不大。

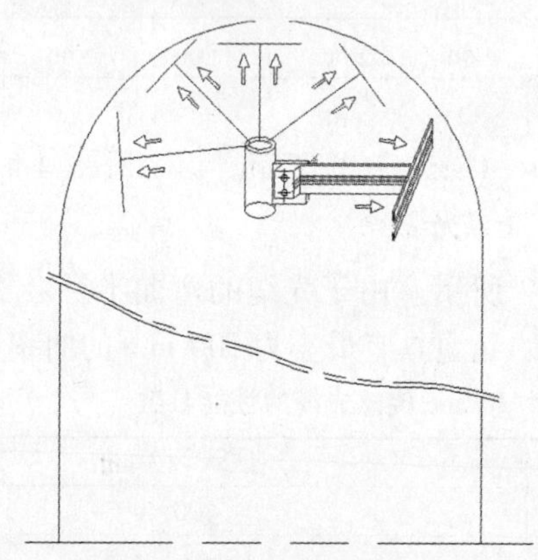

图3-27 T形铺设方案

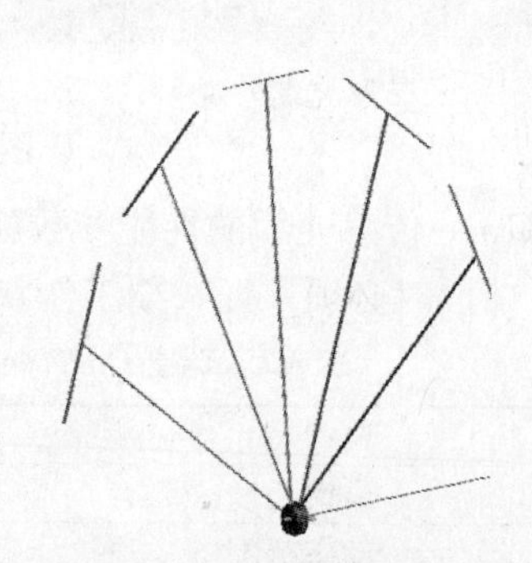

图3-28 粘贴光纤支撑结构

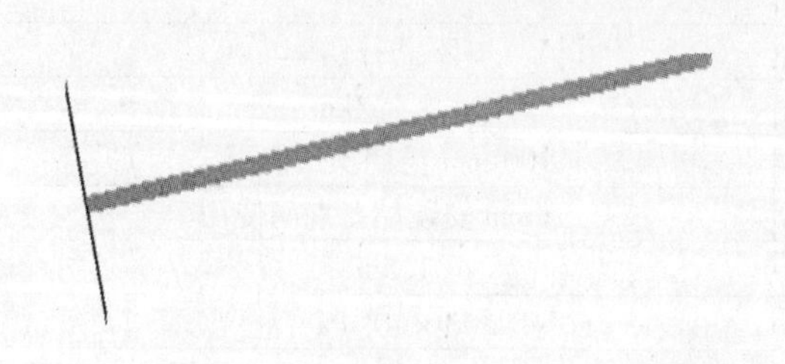

图3-29 T形支撑架

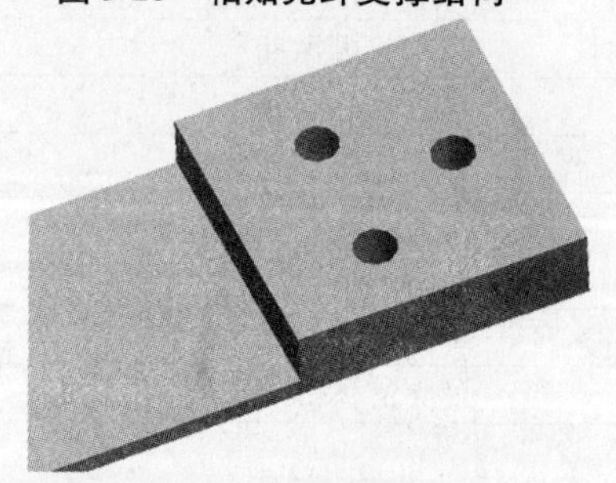

图3-30 T形支撑架端部结构

圆筒连接件(见图3-32)由6个类似于叶片的耐腐蚀薄钢板焊接在耐腐蚀圆筒上,6个叶片分上、下两层间隔均匀布置,叶片端部开3个螺纹孔,以便与T形架连接。

图3-31 光缆的连接示意图

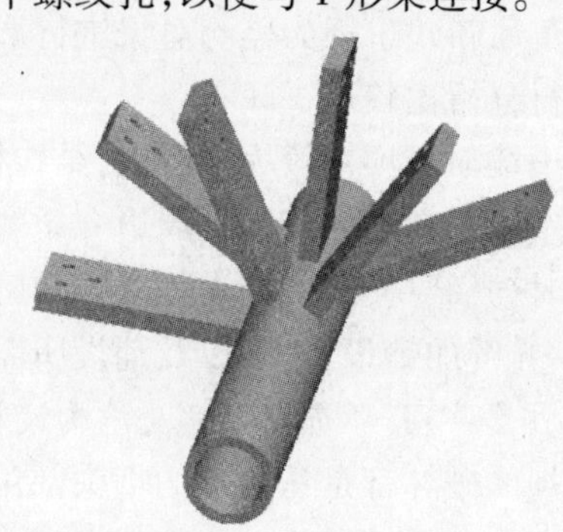

图3-32 圆筒连接件

安全保护盒分上、下2个,各开4个槽,其中3个对应于一层叶片,以便于叶片从安全保护盒内伸出,上、下两安全保护盒中间开有与圆筒外径一致的孔,以便于圆筒伸出(见图3-33)。

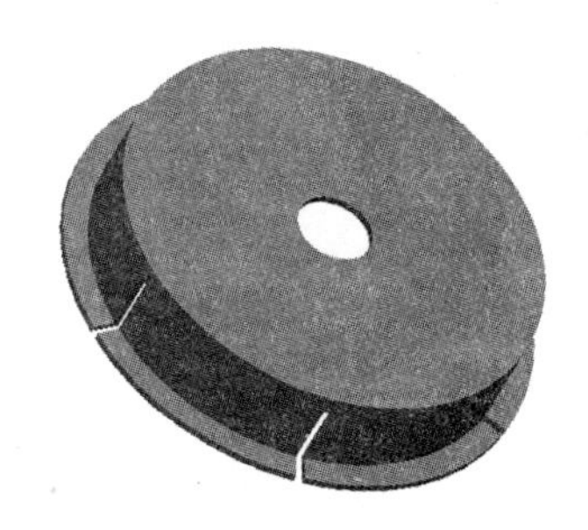

图3-33　安全保护盒

具体监测方案:在建设丁坝过程中,在一碾平的水平面内安装以上结构。在坝头近似圆心处垂直于地面钉上一根长度较长的桩,用来固定整个装置,桩的具体长度根据地质情况确定。在桩上先穿上安全保护盒下盖,再穿上圆筒连接件,各叶片放置在保护盒下盖的开口处并朝向坝头。将粘贴好光纤的T形支撑架用螺钉连接在圆筒连接件上,然后分别将两层T形支撑架相邻的光纤接头逐一熔接起来,两层之间也进行熔接,但各留出一端,用来发射和采集光信号,最后,盖上安全保护盒上盖,并从另两个缺口引出光纤熔接上FC接头后接入DiTeSt－STA202光纤传感分析仪。

2)方案二:近似多边形布设方案及结构设计

T形布设方案主要是以丁坝坝头作为形变监测的对象。为了对整个丁坝坝体的形变进行监测,可以直接采用等距离多边形布设方式。在丁坝坝头处,直接将光缆等距离地呈近似正多边形埋设在坝头某一水平面内并且较接近坝头外沿处,在每个多边形拐角处打桩,在桩上安装夹具,以夹紧光缆,防止光缆在受力时产生较大距离滑移。在丁坝坝身部分,采用相同的方式在相同距离处打桩并夹紧光缆(见图3-34)。该图是一黄河丁坝实例设计的具体布设方案。丁坝顶部宽度为15 m,迎水面坡度为1∶1.5,背水面坡度为1∶2,裹石厚度为1 m。由于丁坝两侧坡度不同,我们忽略其影响,把它近似看做半圆,那么所需布设光缆的平面宽度为18 m,光缆距离裹石内壁距离为0.5 m,每间隔2 m打一根耐腐蚀金属桩。采用这种布设方式既可监测丁坝坝头发生的形变,也可监测坝身的形变。显然采用这种布设方案,关键是设计好夹光缆的装置。

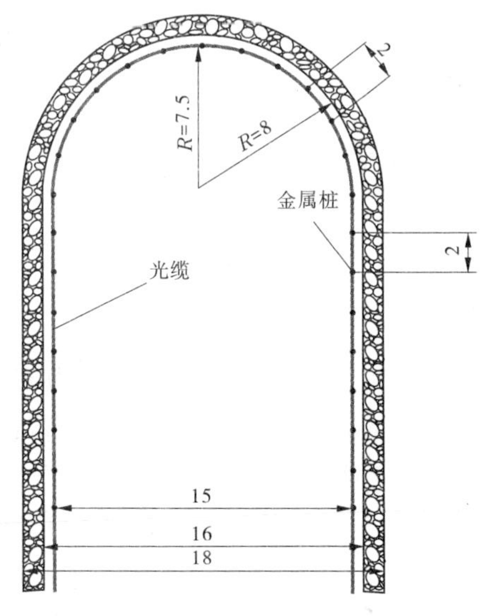

图3-34　近似多边形布设方案　(单位:m)

方案所采用的装夹装置结构如图 3-35 所示，装置由固定桩、扇面固定夹板、带槽光缆夹板、平夹板、扁平螺钉以及普通螺钉等组成。

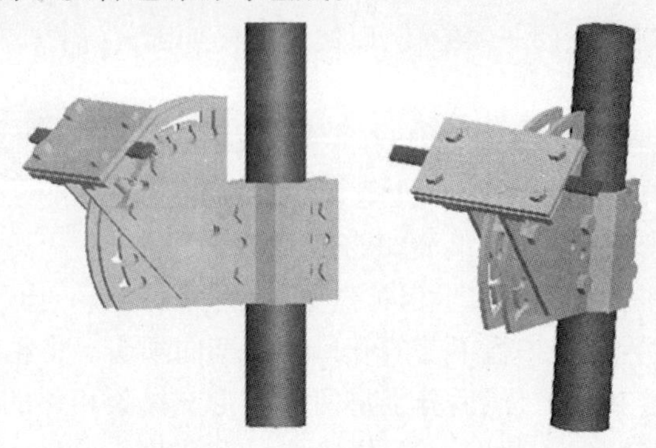

图 3-35　装夹装置结构

扇面固定夹板上开有夹角为 120°的圆弧槽。圆弧槽内侧每隔 15°开螺钉孔（共计 9 个），螺钉孔与圆弧槽之间开宽为 1/2 ~ 2/3 孔半径的槽连通（见图 3-36），设计这种结构是为了使光缆夹在不同角度倾斜，从而使条带式形变传感光缆（SMARTape）可以呈不同角度进行布设。圆弧槽的圆心部位开螺钉孔，带槽光缆夹板在对应的圆弧中心位置开螺钉孔，两零件用螺钉连接，螺钉与孔成间隙配合，便于带槽光缆夹板绕螺钉自由转动。两片扇面固定夹板通过螺钉连接固定装夹在固定桩上。

带槽光缆夹板如图 3-37 所示，其上开夹角为 30°的圆弧槽，圆弧槽内侧每隔 15°开螺钉孔，共计 3 个，光缆夹板上面开槽用以夹光缆。光缆夹板与扇面固定夹板除中心孔处用一螺钉间隙连接外，另外在圆弧槽内侧的螺钉孔用两个特殊的扁平螺钉（见图 3-38）连接。

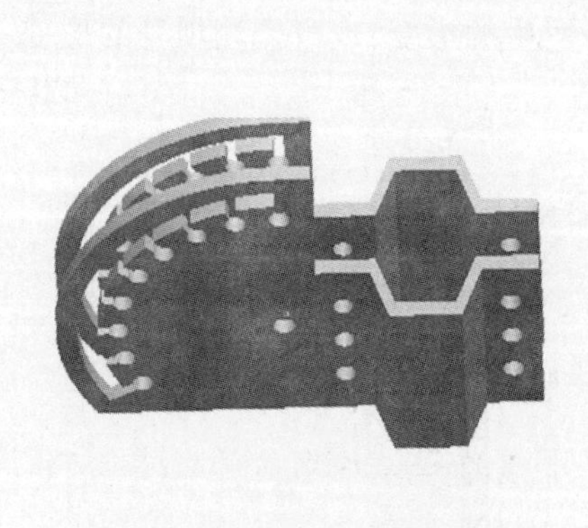

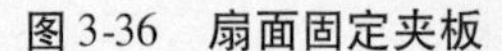

图 3-36　扇面固定夹板

图 3-37　带槽光缆夹板

该螺钉中间部位呈扁平结构，以方便通过连通小槽在圆弧槽和均布的螺钉孔之间滑动。这样，在不需要将螺母完全拆除的情况下就可以自由滑动螺钉，安装调节更方便。扁平螺钉的端部攻螺纹，拧紧螺母后就可以将扇形固定夹和光缆夹紧固。

具体监测方案：在建设丁坝过程中，在一碾平的水平面内安装多边形布设方案各种结构。在坝的边缘钉上一排固定桩，用来固定整个装置。桩的具体长度根据地质情况决定，在固定桩上安装好光缆固定夹，再用固定夹夹紧光缆，光缆的两端接头接入 DiTeSt -

STA202 光纤传感分析仪。

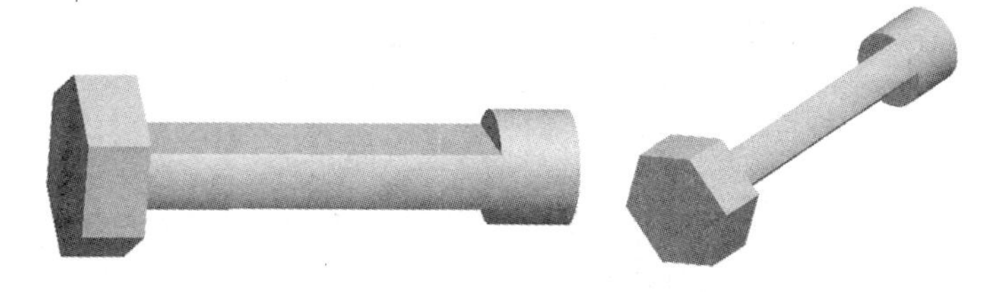

图 3-38　扁平螺钉

3）方案三：网格式布设方案及结构设计

以上两种监测方案中，传感器都布设在一个平面内。根石是丁坝等险工的基础，因此丁坝坝根处根石的走失是丁坝发生形变破坏的最根本原因。为此，可以将光缆进行空间布设。光缆可在水平和竖直两个方向进行布设。水平布设的光缆监测根石的走失；竖直布设的光缆埋设在丁坝内，监测丁坝体内的形变，如图 3-39 所示。

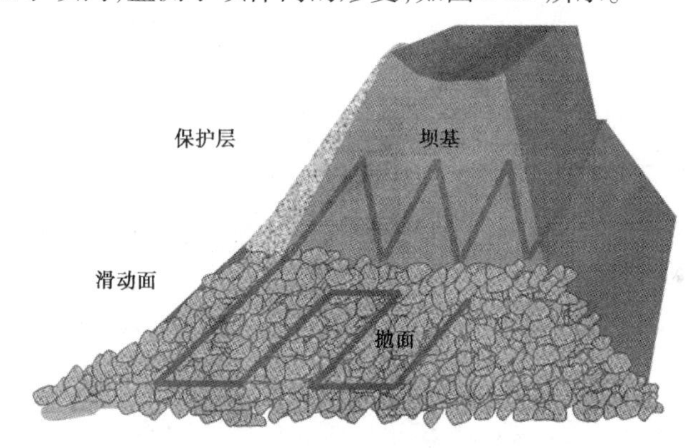

图 3-39　网格式布设示意图

传感器夹具设计：

水平布设的结构件如图 3-40 所示。结构件由长、短两块钢板和圆弧连接板经螺钉连接而成，长板和短板中间都开宽 8 mm、深 2 mm 的凹槽，用来装夹光缆。为保证光缆的最小曲率半径，两板之间用弯曲板连接，弯曲板上开半径大于 100 mm、宽 8 mm、深 2 mm 的凹槽用来装夹光缆，如图 3-41 和图 3-42 所示。

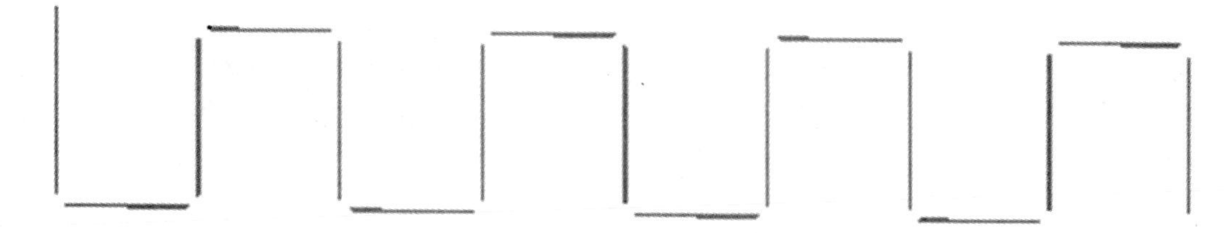

图 3-40　水平布设示意图

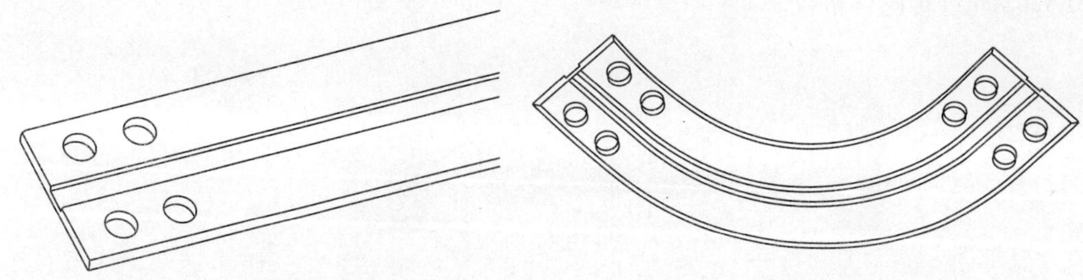

图 3-41　直板开槽示意图　　　　图 3-42　圆弧连接板示意图

光缆在垂直平面内布设时，所采用的结构如图 3-43 所示，该结构由夹子和两块装夹板组装而成。

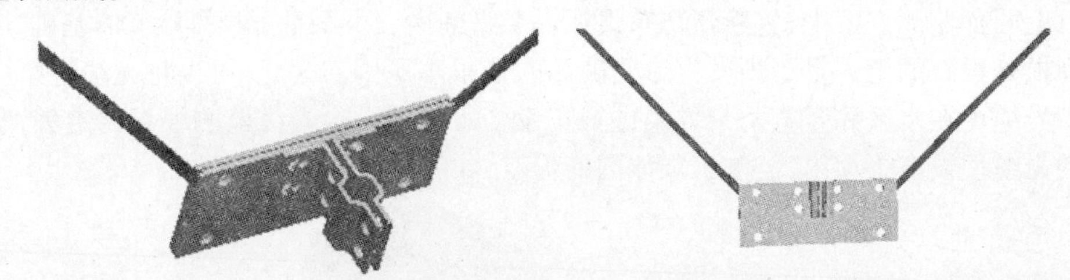

图 3-43　竖直布设示意图

光缆紧贴在装夹板的凹槽内，此凹槽用来保证最小曲率半径，并能让光缆在竖直面上成一定倾斜角度布设，如图 3-44 所示；另一块夹板无槽，如图 3-45 所示。两块板用螺钉紧固，这样就可以夹紧光缆。

夹子如图 3-46 所示，主要用于将结构固定装夹在竖直的固定桩上。

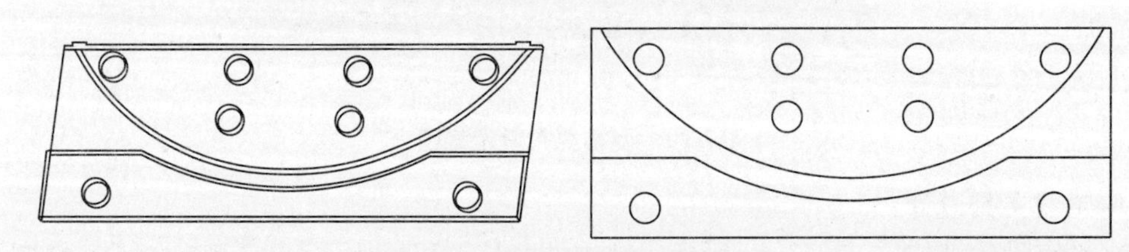

图 3-44　光缆夹有槽夹板示意图

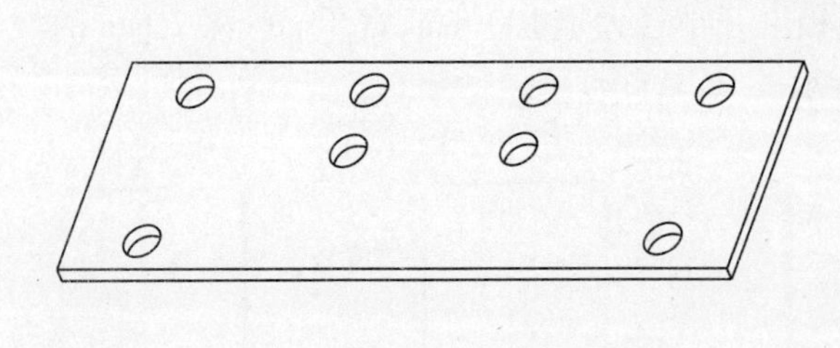

图 3-45　光缆夹无槽夹板示意图

图 3-46　夹子

水平方向布设转向竖直方向布设时，为保证光缆曲率半径（100 mm），采用圆弧过渡件（见图 3-47），将其用螺钉连接在过渡处的直板上。采用这个结构，可以保证光缆由水平面转向垂直平面布设时的弯曲半径。

施压装置的工作原理和结构设计：

由于光缆埋设于坝体内部，研究光缆的受力很难量化。为便于试验，建立能上下自由滑动的施压平台，在施压平台上可以加载砝码等重物，平台底部开不同倾角的凹槽，将传感光缆放进不同倾角的凹槽内，便可模拟不同方向的受力，施压平台与砝码的质量在垂直于光缆平面方向的分力即为光缆所承受的力，在平台上逐步加载砝码，每加一次，利用分布式光纤传感分析仪对光缆进行一次扫描，扫描后，光缆的应变和对应位置将自动保存。试验完成后，建立应变与受力图，求出光缆所受力与应变之间的对应关系。

加载装置如图3-48所示，由三部分组成：施压台（见图3-49）、立柱（见图3-50）和辅助装置。施压台包括施压板和托架。施压板用来承重，通过堆放砝码等重物对光缆施压；托架与施压板相连起支撑作用，其中施压板的厚度设计为20 mm，以减小结构自身形变对试验的影响；长和宽根据测试仪器DiTeSt的最小分辨率为0.5 m，分别设计为1 200 mm和220 mm。在施压板的下底面沿长度方向开有7个不同倾角的槽，与水平面的夹角分别为0°、15°、30°、45°、60°、75°和90°。当光缆被放置在具有不同倾角的凹槽时，可模拟对光缆进行不同方向施加压力的工况。托架厚为6 mm，长和宽分别为1 200 mm和300 mm。托架通过设置在4个角上的凸台与立柱相连，立柱的一侧开有凹槽，工作时托架的凸台可在立柱的凹槽中滑行，初始加载时施压板则由立柱上一定高度位置的4个挡块支撑，当加载到某要求的质量后，拨开位于立柱上的挡块，施压板和重物一起沿着立柱上的凹槽向下滑行，从而对两端被固定、中间段被置于施压板下斜槽内的光缆进行施压。用来夹持光缆的光缆夹是施压台的辅助装置。

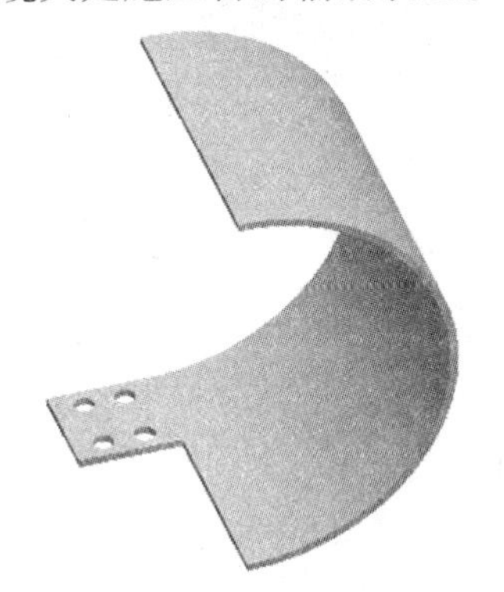

图3-47　圆弧过渡件

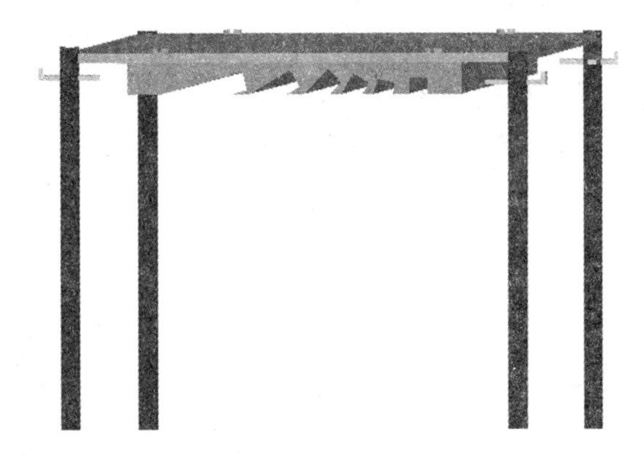

图3-48　加载装置

具体监测方案：在丁坝建设初期，安装好水平布设的结构，并安装圆弧过渡件。装夹好光缆后，埋设在丁坝坝头的坝根处，一半埋入坝体，以固定该水平装置；另一半裸露在外，其上在丁坝完工后，铺上根石，然后打固定桩，在桩上装夹好光缆夹，对光缆进行竖直方向的布设。光缆的两端接头接入DiTeSt－STA202光纤传感分析仪。随后开始丁坝的修筑。修筑时，注意保护光缆，以免在施工过程中被损坏。

4）方案四：悬臂式布设方案及结构设计

前面两种方案都能监测形变的发生，但对于丁坝具体形变量的大小很难标定。为解决该问题，人们发明了分布式光纤形变探测管，并在此基础上，提出了方案四，方案四光纤

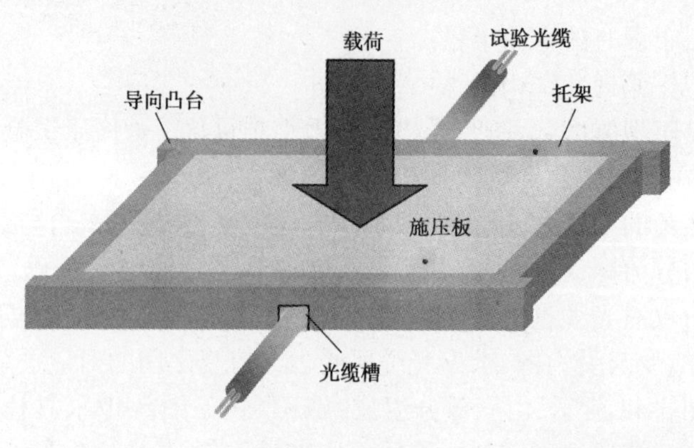

图 3-49 施压台

布设示意图见图 3-51，直接将裸光纤穿入如图 3-52 所示的筒体内部。整个监测装置埋设在丁坝坝头的坝根处，然后在上面铺建筑材料。筒体由一排分布式光纤形变探测管和横梁筒体组合而成。

图 3-50 立柱

分布式光纤形变探测管的结构设计和工作原理如下：光纤在发生弹性变形时，它所受拉力和伸长量满足虎克定律。在弹性系数已知的情况下，根据所受拉力可以求得光纤的伸长量，进而可以求出其应变，将光纤一端装夹一重物块，另一端固定后置于圆筒体中，两端连接分布式光纤传感分析仪，将筒体埋于坝体中，当松散土石坝发生沉降时，筒体发生

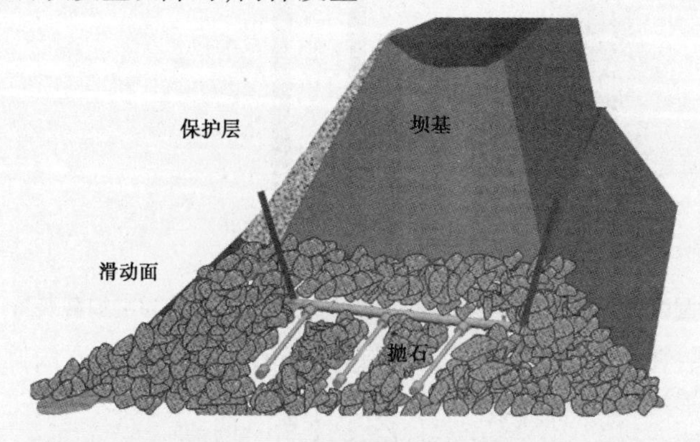

图 3-51 方案四光纤布设示意图

倾斜，重物块滑动使分布式光纤传感器发生拉伸，该沉降量与应变之间满足一定关系式，利用分布式光纤传感分析仪对光纤光缆进行扫描后，可得到光纤应变的大小和具体位置，据此可以推算土坝的沉降量。

光纤形变探测管由一根测斜管、两块挡板、两个质量块、四个光纤固定夹、光纤和左右两个端盖组装而成，如图 3-53 所示。两块挡板、两个质量块以及右端盖上均加工有上、下

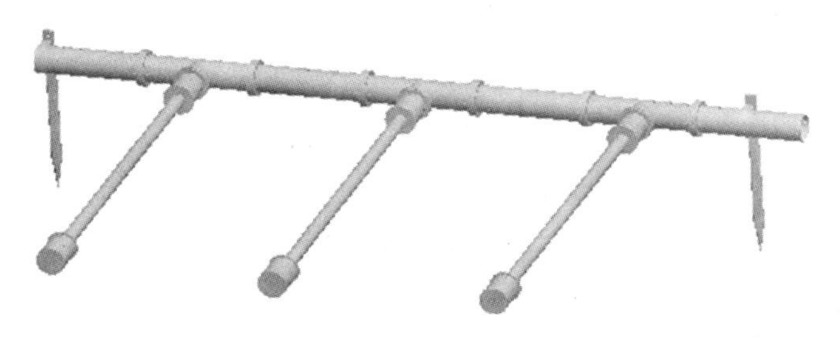

图3-52　铺设光纤的筒体结构示意

两个光纤通道孔。两块挡板用螺钉安装固定在测斜管内。左挡板的上光纤通道孔的左端、右挡板的下光纤通道孔的右端、左质量块的下光纤通道孔的左端以及右质量块的上光纤通道孔的右端均安装光纤固定夹，用以固定光纤。左、右两质量块均可在测斜管内移动，移动极限位置受它左、右两边的光纤固定夹限制。

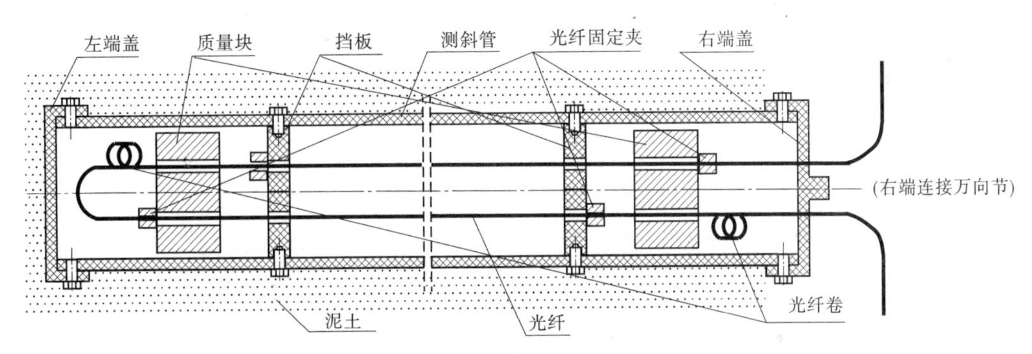

图3-53　光纤形变探测管结构

与分布式光纤传感分析仪的一个端口连接的光纤首先从右端盖的上孔穿入，依次通过右质量块和右挡板上孔、左挡板和左质量块的上孔、左挡板和左质量块的下孔、右挡板和右质量块的下孔，再从右端盖的下孔穿出，连接到分布式光纤传感分析仪的另一个端口，从而构成探测光纤通路。光纤在通过各光纤通道孔时，在安装有光纤夹的地方均用光纤夹固定。

上、下光纤均适当拉紧，但张力不宜过大，拉紧后，预留下多余的光纤在左质量块的左端和右质量块的右端均卷成光纤卷。为保护光纤，右端盖及左、右质量块和左、右挡板的孔内均设有橡胶保护套。

监测形变时，将探测管主体埋入土体中，其右端盖与一高度和探测管中心线等高的万向节连接。当土体发生形变时，探测管即可绕万向节的中心发生相应的摆动。

分布式光纤形变探测管的探测原理如图3-54所示。管腔体的自由端（左端）置入被检测土体介质中，管腔体的固定端（右端）与分布式光纤传感分析仪连接。当介质下沉时，管腔体自由端向下倾斜，自由端质量块在重力作用下滑向管端，致使下光纤通道内光纤被拉伸；当介质隆起时，管腔体自由端上翘，固定端质量块滑向管端，致使上光纤通道光纤被拉伸。光纤受拉伸时的形变信息通过光纤输入分布式光纤传感分析仪，分析仪自动记录形变的应变大小和具体位置。经过理论推导的公式计算后，便可得到土体介质的沉降量。

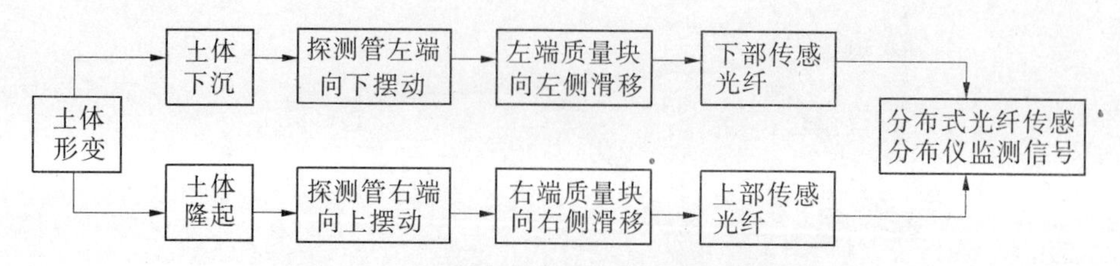

图 3-54　分布式光纤形变探测管的探测原理

探测管的实物如图 3-55 所示。

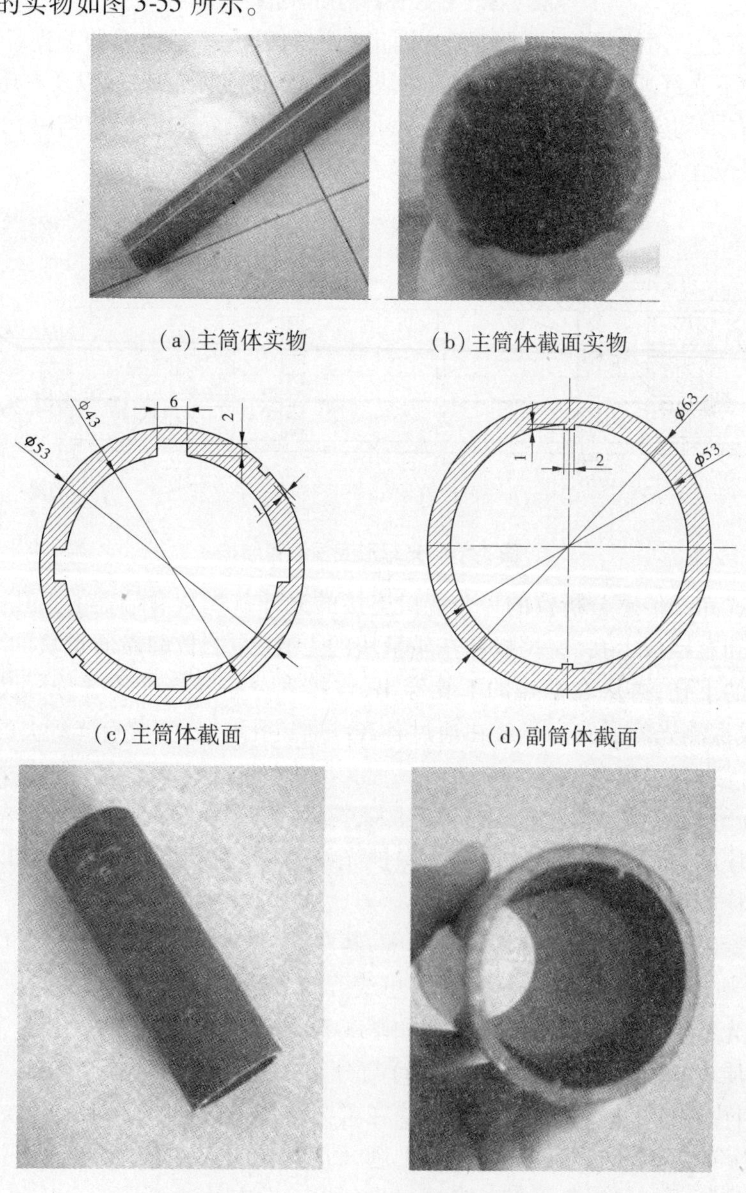

(a)主筒体实物　(b)主筒体截面实物

(c)主筒体截面　(d)副筒体截面

(e)副筒体实物　(f)副筒体截面实物

图 3-55　光纤探测管

(g)光纤探测管总体安装实物

续图 3-55

具体监测方案:在丁坝建设初期,安装好探测管中的结构。光纤形变探测管的右端通过法兰盘与连接筒体相连,分布式光纤形变探测管的右端与横梁筒体之间通过法兰盘、连接件、法兰盘依次连接,其中法兰盘 2 套可以自由周向转动,上、下两条光纤沿左、右两个方向穿过横梁筒体,相邻光纤形变探测管引出的光纤用光纤熔接仪熔接在一起,最后光纤的两端口熔接 FC 接头后与传递信号的光缆熔接后连接 DiTeSt－STA202 光纤传感分析仪。

综合考虑了探测管各方面的要求,确定探测管的主筒体和副筒体,购买商业用的测斜管作为主、副筒体,它们具有以下特点:

(1)在主筒体的外壁上有两条槽,且两条槽对称分布在主筒体的外壁上。其截面形状大小为高 1 mm、宽 2 mm,导槽光滑,同时相对应的副筒体内侧有一条相应主筒体外壁槽的凸台条。当使主筒体和副筒体连接时,用副筒体的内凸台对准主筒体的外壁凹槽,顺着主筒体的凹槽可以滑动,这样就可以确定主筒体和副筒体的 5 个自由度。同时,在主筒体和副筒体的一端在对应的位置上分别钻同一型号的螺孔,这用于在主筒体和副筒体的连接过程中的限制主筒体和副筒体的最后一个自由度,当副筒体顺着主筒体的凹槽滑动时,直到主筒体和副筒体相对应的螺孔在同一个位置,这样用螺钉使主筒体和副筒体连接在一起,限制了它们的最后一个自由度,从而使主筒体和副筒体完全被确定。

(2)主筒体的内壁有四条深度为 2 mm、宽度为 6 mm 的凹槽,分别分布在主筒体的内壁的四个对称位置,这四个凹槽对以后的法兰盘设计有很重要的作用。我们设计的法兰盘是一个在小圆环边上有凸起的圆环体,在安装法兰盘时,其中小圆环体的两个凸起的地方可以顺着主筒体内壁凹槽前后滑动,但不能旋转和上下移动,这样可以控制法兰盘的 5 个自由度,同时在法兰盘的小圆环壁上还有个螺孔,可以和主筒体上的螺孔配套,故确定了最后一个自由度。

四种监测方案理论上讲都是有效可行的,四种监测方案的优缺点对比如表 3-3 所示。

表 3-3　四种监测方案优缺点对比

方案编号	优点	缺点
方案一	(1)易于监测大坝水平方向的形变; (2)只需打一个固定桩,施工容易	(1)光缆在粘贴过程中,难以保证曲率半径; (2)监测不到丁坝坝头前方根石的走失
方案二	(1)可以调整光缆的倾斜角度,可达到最好的监测效果; (2)能监测大坝水平和竖直两个方向的形变; (3)易于施工	监测不到丁坝坝头前方根石的走失
方案三	(1)不仅可以监测大坝水平方向的形变,而且可以监测竖直方向的形变; (2)能监测到丁坝破坏的最初形式、根石的走失,能更好地预警堤坝的破坏	(1)需加工的结构件较多; (2)受结构本身重力影响较大; (3)结构的设计和加工需考虑到光缆的曲率半径
方案四	(1)使用裸光纤监测,不需要考虑较大的曲率半径; (2)裸光纤监测,更直接有效,更灵敏; (3)可有效判断坝基的变形方式(向上隆起或者下沉坍塌); (4)应用前景更广阔	(1)探测管的长度不能过长,否则如果弯曲过大,易导致探测管失效; (2)如探测管受力变形后弯曲,就不能确定具体形变位移; (3)由于使用的是裸光纤,易断,安装时需要细心

显然,方案三和方案四具有一定优势,在实际现场测试时,应采用方案三或方案四。

3.3.4　监测系统软件

3.3.4.1　模拟监测系统软件

软件采用 C ++ 和 Matlab 语言编写,为堤坝渗流监测预警系统的一部分。流量控制系统软件采用模块化语言编写,采用 Labview 编程语言进行编辑,每个功能的实现由一个模块完成,实现数据采集、处理、PID 计算、显示、控制等功能,软件系统的构成如图 3-56 所示。

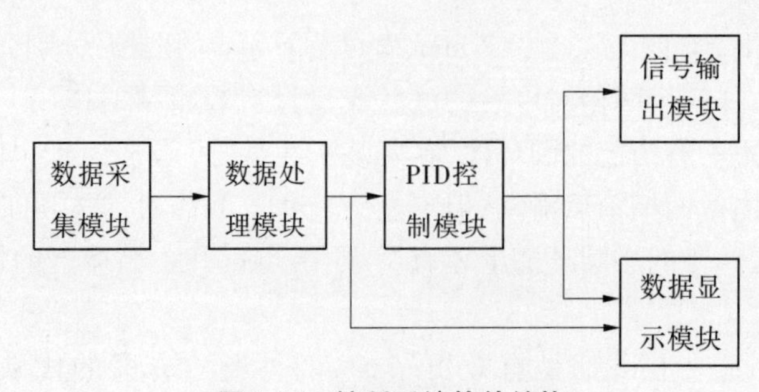

图 3-56　控制系统软件结构

在模拟控制系统中,PID 控制是控制器最常用的控制规律。模拟 PID 控制系统原理如图 3-57 所示,系统由模拟 PID 控制器和被控对象组成。

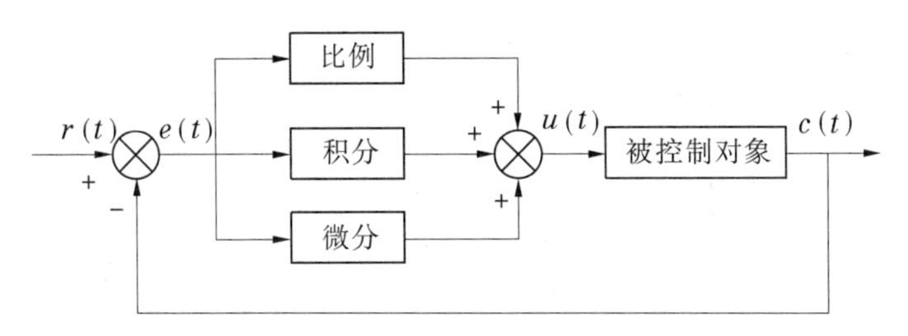

图 3-57　模拟 PID 控制系统原理

软件编程也就是将其比例、积分和微分三个环节编程,然后通过偏差求的三个环节的总和。微分和积分环节编程分别如图 3-58 和图 3-59 所示。把积分、微分两个环节的程序打包,用图表和图表表示这两个环节,以后就可以直接调用这个函数,其中 PID 比例、积分、微分三个环节的总体程序如图 3-60 所示。

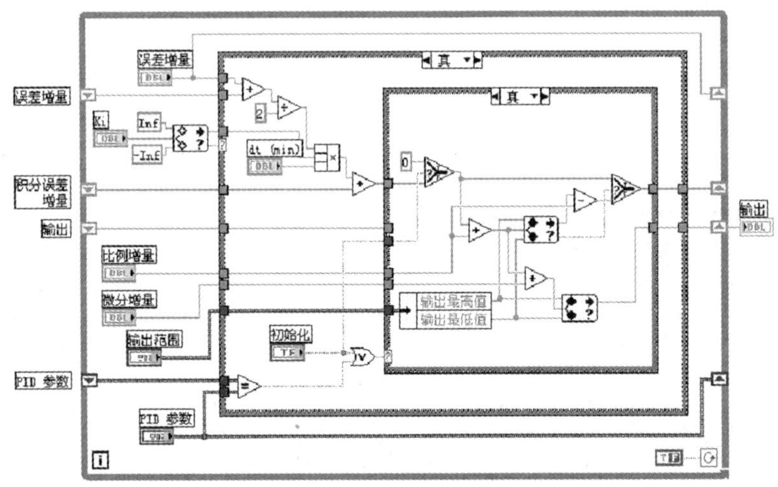

图 3-58　PID 控制系统的微分环节

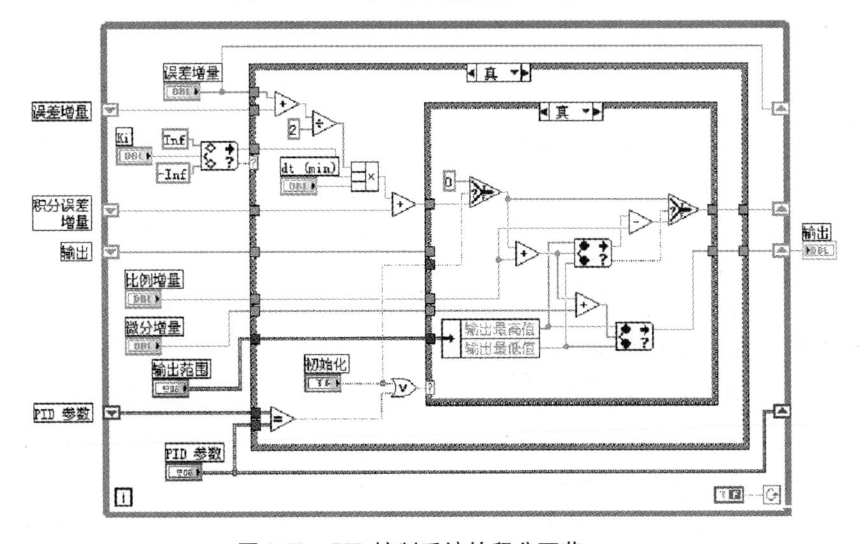

图 3-59　PID 控制系统的积分环节

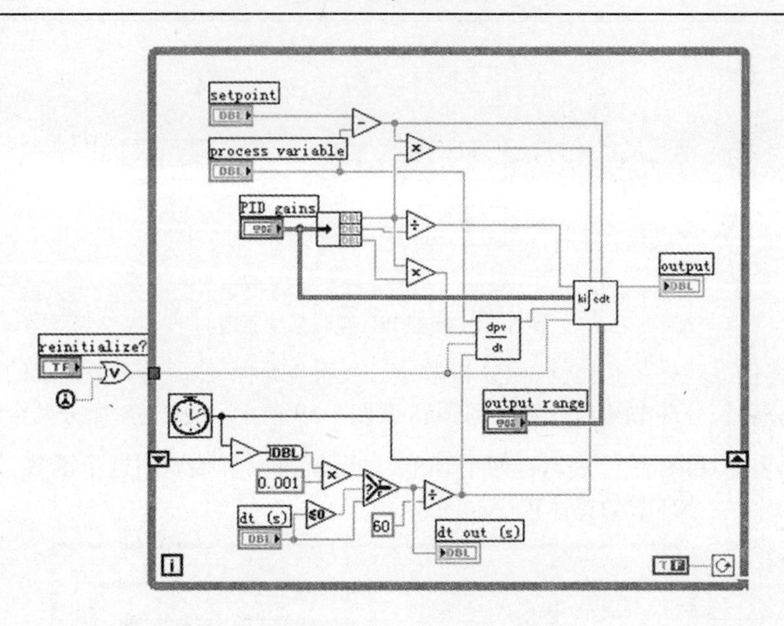

图 3-60　PID 控制系统的总体程序

数据采集程序的通道初始化设置如图 3-61 所示。

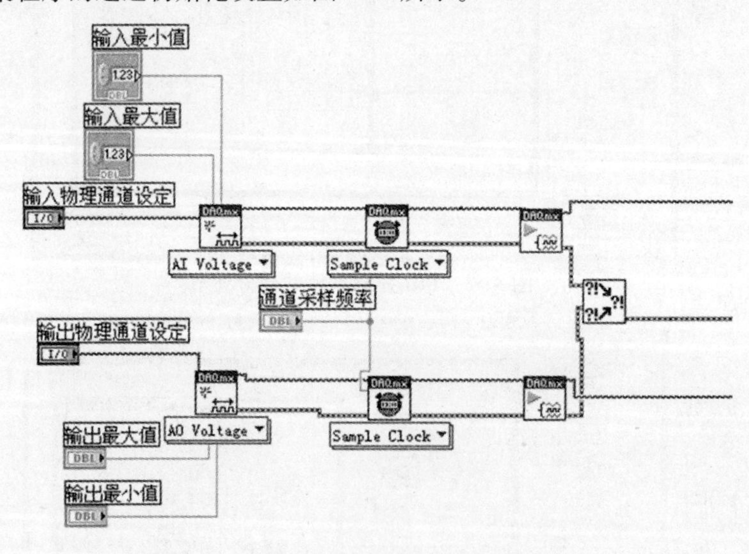

图 3-61　数据采集程序的通道初始化设置

包含数据采集与控制的 PID 控制程序如图 3-62 所示。

利用前面所编软件，结合控制阀与流量传感器，采用 PID 参数试凑法，得到比较好的 PID 三个参数为 $k_c = 0.5$、$k_i = 90$、$k_d = 0.0009$，控制曲线如图 3-63 所示。

3.3.4.2　实地监测系统软件设计

软件设计主要为客户端的程序，基于 DiTeSt 仪器而设计，为管理的基础工作站，监测系统软件结构如图 3-64 所示。

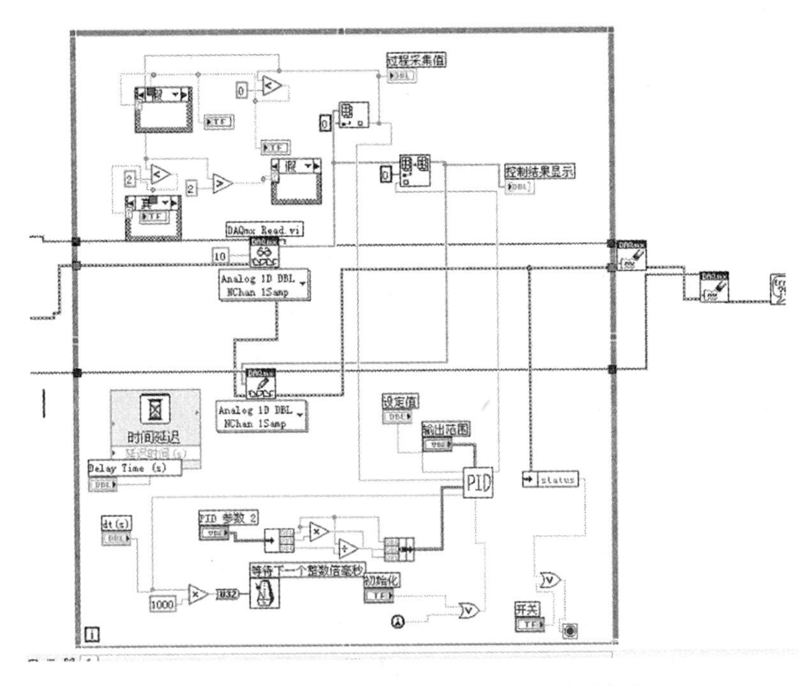

图 3-62 包含数据采集与控制的 PID 控制程序

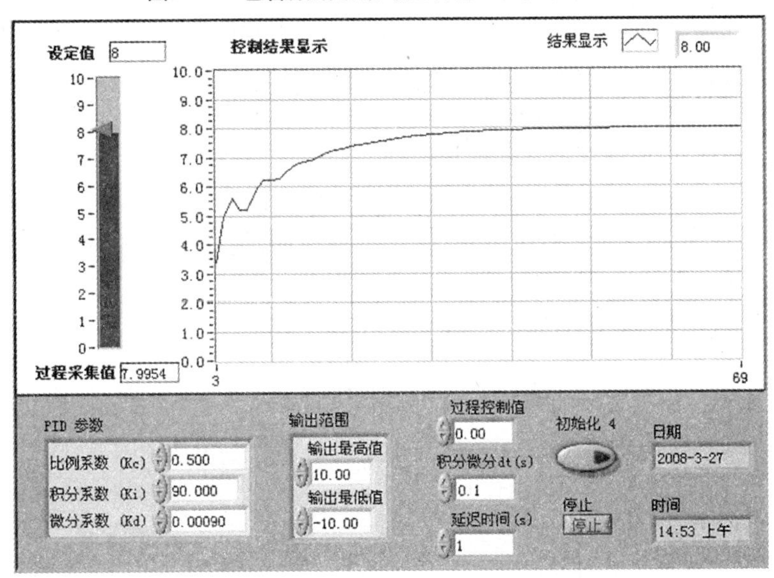

图 3-63 PID 参数调试曲线

软件由原始数据采集和数据处理两大程序包组成,并通过用户的主界面设置二者之间的转换。其中原始数据的采集主要由商业化的 DiTeSt 主机完成,首先可根据用户的指令设置数据采集的时间间隔和次数,然后返回到仪器的操作界面对具体的采集参数进行详细设置,以上操作可由仪器自带的软件执行;数据的处理部分则由二次开发的软件完成,包括当前数据计算、历史数据处理和数据传送处理三个部分。

当前数据计算主要处理实时采集得到的初始数据,对它进行应变值标定,再根据此标

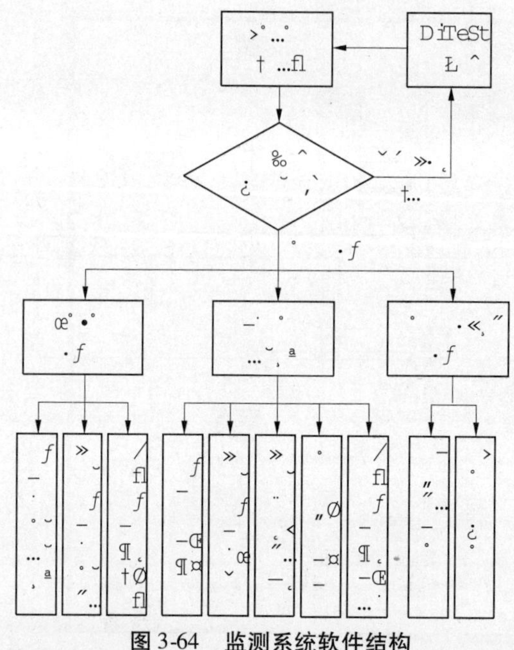

图 3-64　监测系统软件结构

定值绘制出工程上熟悉的坝体内当前的应变曲线、绘制体现专业知识的包含布里渊增益、传感光缆长度（坝体内部空间位置）和布里渊频率的三维图形，整理分类，归类报表，如果该次得到的数据经分析后发现有超过设定的应变阈值，则对发生危险应变的光缆段（位置）标记。

历史数据处理主要根据新采集的数据作应变改变的比较分析，以及对先前标记过的预警段查询，包括应变趋势计算、绘制应变趋势图和预警应变段查询三个子程序。

数据传送处理主要为上一级和远程共享用户服务，包括直观图表数据包和原数据库数据包。

3.3.4.3　堤防监测与预警系统

堤防监测与预警系统包括建立数据系统和数据处理系统两大模块。建立数据系统模块主要包括主界面、登录界面、输入密码界面和修改密码界面、建立坝名界面、显示坝名界面、确认坝名界面、退出系统界面。数据处理系统模块主要包括主界面、数据采集界面、数据查询界面、趋势预测界面、预测时间选择界面、预测等待界面、预测结果界面、分级预警界面、预警等待界面、预警结果界面、操作说明界面、退出系统界面。其基本功能见图 3-65。

1）建立数据系统模块

建立数据系统模块的功能主要是：运行程序时，显示登录主界面；在密码登录界面输入正确的密码，其中初始密码为 0，登录后可以对密码进行修改；在建立坝名和坝名文件的主界面中，可以建立测量数据的坝名和坝名文件，用来存储测量的数据；退出系统；弹出数据处理系统模块。

软件主界面和密码登陆输入界面（见图 3-66）：运行主程序，输入密码实现登录。便于工作人员的管理。

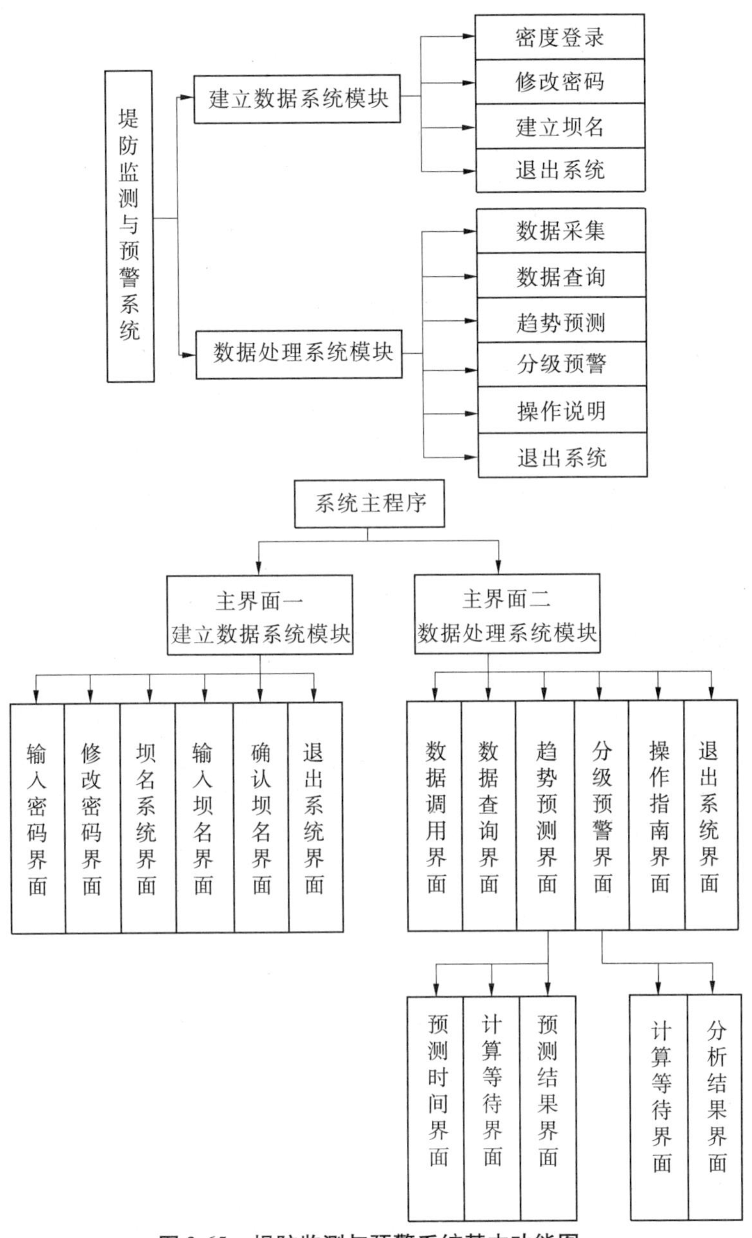

图3-65　堤防监测与预警系统基本功能图

密码输入界面（见图3-67）：输入正确密码，进入软件操作系统。

密码修改界面（见图3-68）：初始密码为0，登录后可以对密码进行修改，防止非工作人员登录。

建立坝名主界面（见图3-69）：实现是否建立坝名、退出系统等。

建立坝名界面（见图3-70）：用来建立新坝名和坝名文件。

坝名确认界面（见图3-71）：确认建立新坝名和坝名文件。点击确定，则建立新坝名和新坝名的文件，用来存放测量的数据；点击取消，则不建立新的坝名和新的坝名文件。

图 3-66 登录主界面

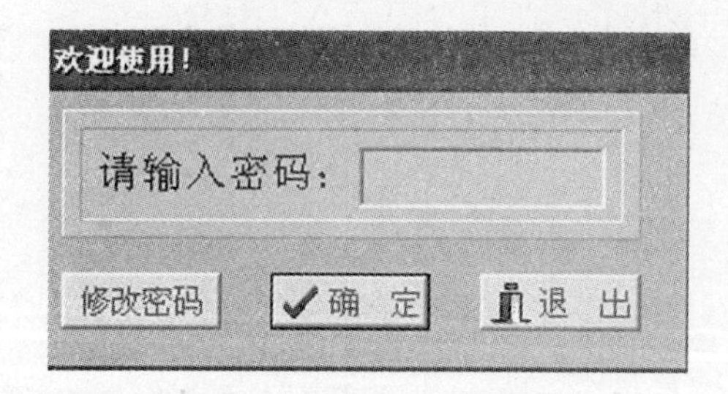

图 3-67 密码输入界面

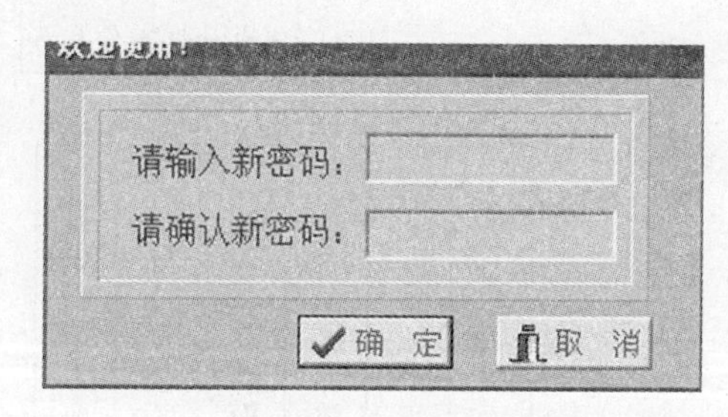

图 3-68 密码修改界面

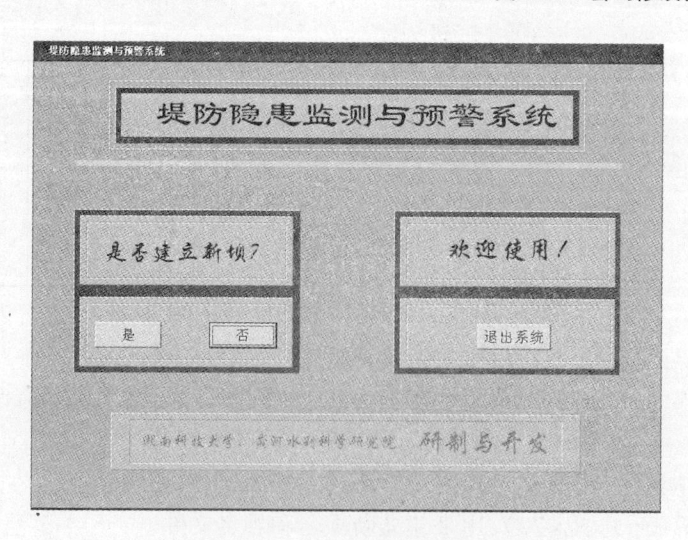

图 3-69 建立坝名主界面

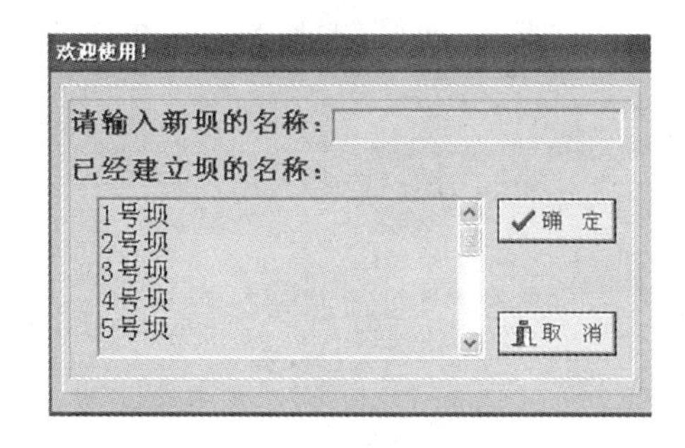

图 3-70　建立坝名界面

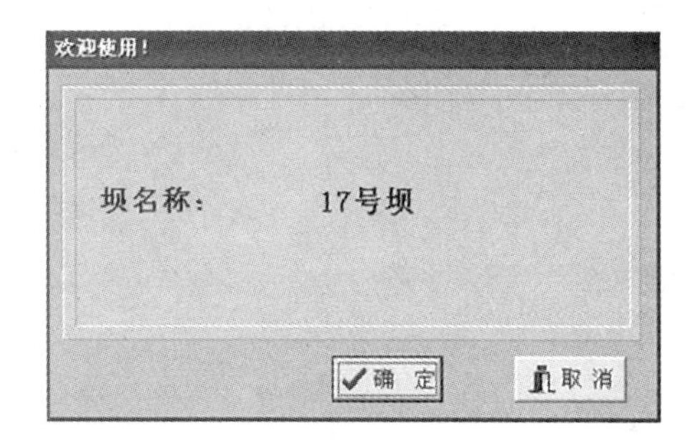

图 3-71　坝名确认界面

退出系统界面(见图 3-72)：退出建立数据系统模块。

图 3-72　退出系统界面

2）数据处理系统模块

数据处理系统模块的功能主要是：能够进行数据采集；对测量的历史数据能够进行查询，趋势预测，分级预警；同时有对软件使用的操作说明，退出系统功能。数据处理系统主界面如图 3-73 所示。

图 3-73　数据处理系统主界面

数据采集界面(见图 3-74):调用 DiTeSt－STA202 软件,进行测量,然后将测量的数据保存到建立好的坝名文件中。

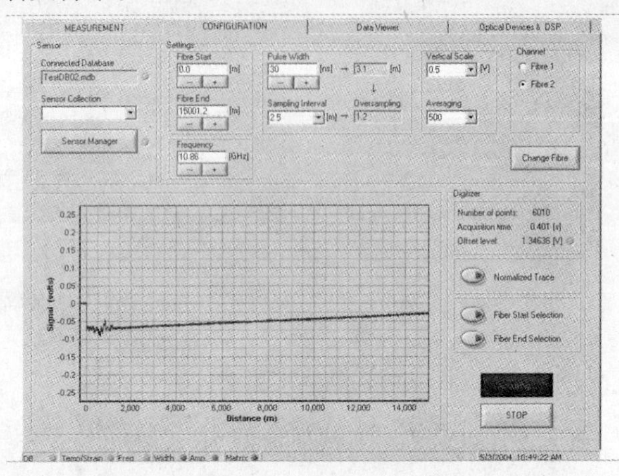

图 3-74　数据采集界面

数据查询界面(见图 3-75):对测量的历史数据进行查询,图形显示,坐标值显示,坝名显示。

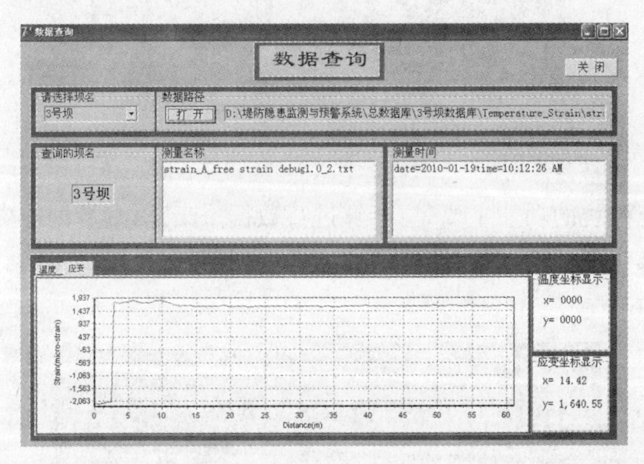

图 3-75　数据查询界面

趋势预测界面(见图 3-76):对测量的历史数据进行查询,结合时间序列预测方法,做一定时间内的预测,并且图形显示预测值(见图 3-77 ~ 图 3-79),可以保存预测值,以便后续的分析处理。

分级预警界面(见图 3-80):对测量的历史数据进行查询,采取合适的算法,对堤防的工作状况做出分级别的预警,显示可能的结果(见图 3-81 和图 3-82),便于采取相应的处理方法和措施。

操作说明界面(见图 3-83):对整个软件的操作流程进行了说明,对菜单的各个功能键进行了阐述,并列出了操作的注意事项。

退出系统界面(见图 3-84):退出数据处理整个模块。

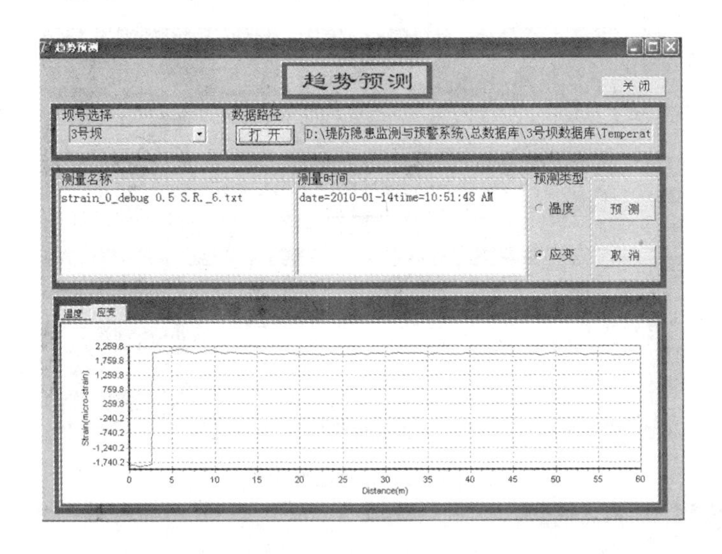

图 3-76　趋势预测界面

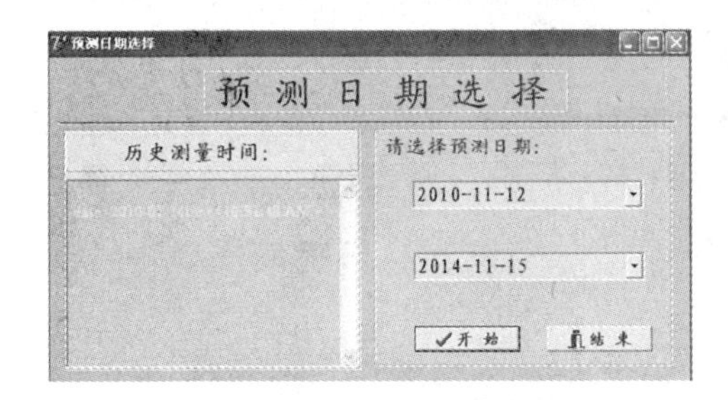

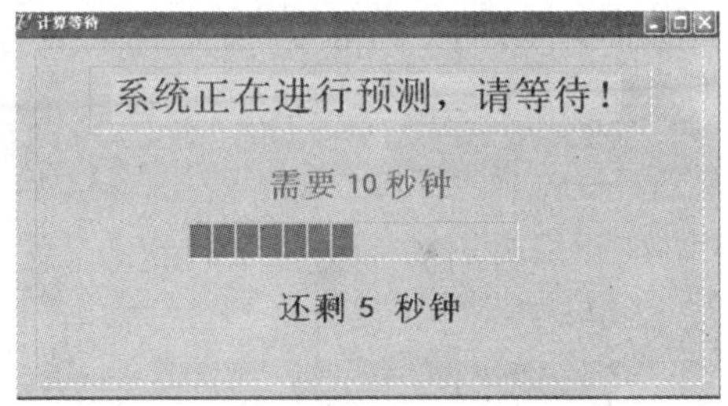

图 3-77　趋势时间选择界面　　　　图 3-78　计算等待界面一

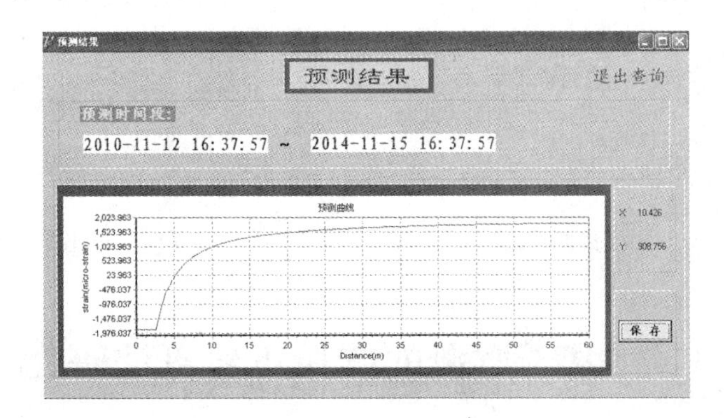

图 3-79　预测结果界面

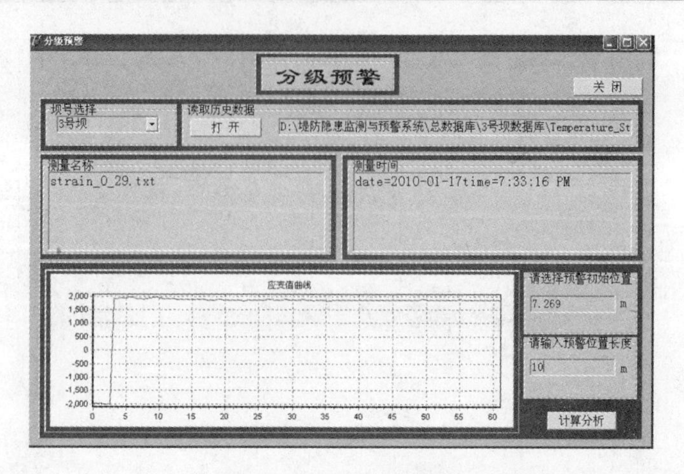

图 3-80　分级预警界面

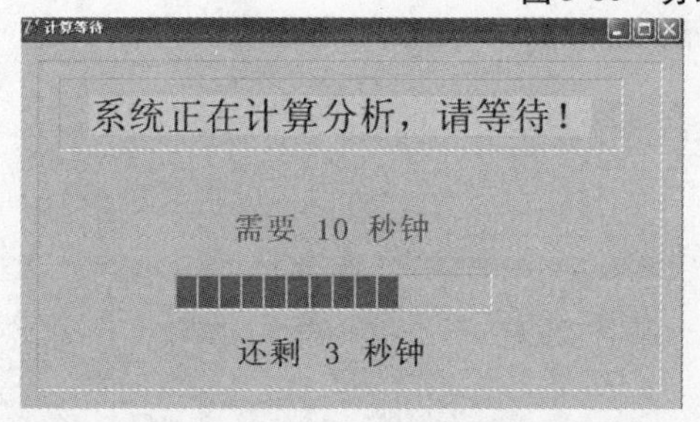

图 3-81　计算等待界面二

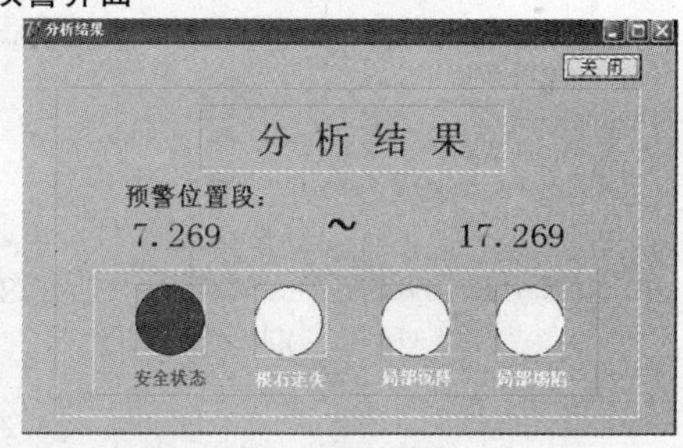

图 3-82　分析结果界面

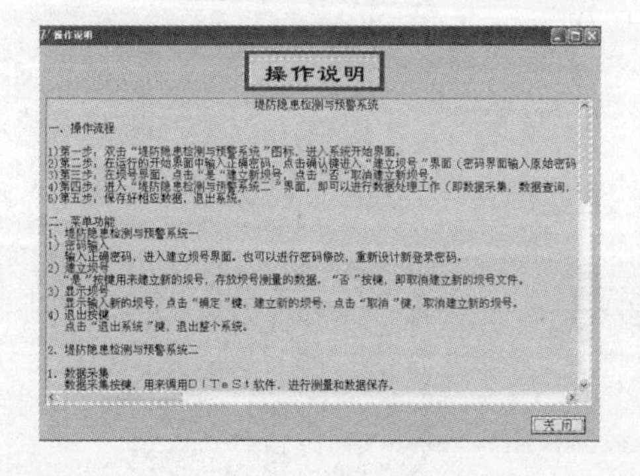

图 3-83　操作说明界面

图 3-84　退出系统界面

3.4　基于监测的图像重建算法研究

3.4.1　传统的电阻率层析成像方法概述

电阻率层析成像工作中，最为关键的内容是图像重建。地电断面的图像重建属位场反演，电位场满足叠加原理，对被积函数的差异分布不敏感。反演时一般针对成像目标的特殊性采取措施,比如先处理进场效应和浅部构造,把由浅入深的逐层反演与整体反演相结合;妥善处理强异常体的虚假伴随异常;构置合理的拟剖面与初始模型;实施约束反演等。

就初始模型建立而言,简单的做法是采用均匀模型加矫正因子的方法进行改正,但这种方法不适合对地下电性差异较大的情况。实际工作中,采用较多的方法是拟剖面和电阻率反投影法,影响其成像效果的因素在于,当地下存在局部比较突出的高阻体或低阻体时,因为电场分布的畸变和扭曲,会造成视电阻率曲线的主异常两侧出现虚假的反向异常,也就是伴随异常,这种现象在前文的正演分析中已经有所体现。随着探测装置系数的加大会呈现较大的干扰。因此,在初始模型的构造过程中,一般会对数据进行预处理,通过滤波削减振荡幅度,保证初始模型的光滑度,在迭代成像的过程中再参考原始数据。

就成像方法而言,目前可分为线性迭代反演和非线性迭代反演两大类,主要应用的方法有从电测深曲线的解释方法发展而来的佐迪法、借鉴医学上应用电位成像(APT)技术提出的等位线追踪法、类似地震波反投影技术(BPT)的电阻率反投影法、类比地震学中走时射线追踪技术而来的电流线追踪法以及共轭梯度法、积分法、模拟退火法和遗传算法等。近年来又有不少新的方法出现,包括反投影法(Back Projection Method)、等势线法(Equipotential Lines Method)、扰动法(Perturbation Method)、修正的牛顿－拉夫逊法(MNR－Modified Newton－Raphson Method,简称 MNR 法)等,其中 MNR 法被认为具有最小收敛误差及最少迭代次数,但是 MNR 方法易受测量模式的影响,且存在利用线性逼近非线性方程所引起的误差。这些成像方法在计算速度、精度等方面各有优缺点,可以根据实际情况灵活选用,也可联合运用,形成级联算法,保证反演效果。

以上各种方法都是面向检测的工作模式,所处理数据都是某一时刻的测量点集,所能引入的先验信息也是静态的、经验的信息,对反演成果的精度提高仍有诸多限制。

3.4.2　监测方法的工作特点

3.4.2.1　工作方式

总体来说,监测系统可以按照工作方式分为固定型、半固定型和移动型。

1)固定型

固定型的系统将电极、电缆、监测主机永久性地安装布设在监测堤段上。如果出于成本或安全的考虑,也可以将主机与电极、电缆分离,平时将主机单独保管,测试时再将主机和电缆连接。系统具有灵活、及时采集数据的能力,但是由于主要观测设备被固定在堤防表面,需要特别注意固定设备的保护,防止意外和人为破坏。在防汛抢险期间尤其要注意人员物料调集以及其他抢险工作对系统的威胁。

2)半固定型

半固定型的系统将电极埋设在固定位置,而电缆与主机并不固定在堤防上,只在测试的时候才与电极进行组装。这种系统比固定型的系统在防护成本上要低得多,而且相对不易发生损耗和破坏;其缺点是反应速度不如固定型设备,采集数据时耗时较多,需要大量人工。

3）移动型

移动型也就是本书研究的监测系统的工作模式，这种类型的系统只是在需要采集数据时才安装在堤防上，此时监测工作更加类似于一种巡检的工作方式。但是由于不能精确地保证观测装置每次都布设在同一位置，因此其数据的可比性和处理的精确度都要低于前两种系统，其反应速度也是最慢的；其优点是系统不易受损，硬件成本最低。在应用移动型系统时需要极为注意的一点是，要保证同一位置布设的系统极距相同，极距不同的观测成果不建议采用后面将要提到的成果时间序列处理方法进行处理。

3.4.2.2 布设方式

监测系统电极的布设原则与采用电阻率层析成像方法探测隐患的原则类似。最简单有效的布设方式是沿堤防走向，在堤防中线或者坝肩位置布设电极。如果经济条件和工程条件允许，可以根据需要在堤坡、堤脚处增加测线，也可以垂直堤身轴线布置测线。垂直堤身轴线的测线如果延伸到堤顶，在数据处理中应该进行地形矫正，如果对堤防深部隐患监测要求较高，也可以通过打孔，在孔中布设观测装置，进行孔中观测。

电极应布设在一条直线上，在堤防走向发生变化时，应该进行分段监测，遇障碍物时，电极应垂直于测线方向并对准量具刻度挪动，挪动距离不应大于电极距的5%；当只能沿测线方向挪动时，挪动距离不应大于电极距的1%，仪器、供电导线与大地之间应绝缘。

3.4.2.3 数据质量控制

在电阻率层析成像系统观测到的数据中，会存在大量的干扰数据，例如由于地下的电缆、金属线等干扰源带来的干扰。电极埋设中的位置偏离也会对数据的准确性造成影响，特别是由于定位不准造成的极距变化，会比电极偏离测线造成更大的误差。

如前所述，不同的装置具有不同的抗干扰能力，温纳装置抗干扰能力最强，因此在背景干扰较多的地区，可以考虑采用抗干扰能力强的装置。如果采用成果时间序列处理方法，可以在一定程度上消除不随时间变化干扰。采用固定式的监测装置，能够有效地避免由于电极移位造成的误差。对于堤防监测来讲，一个有利条件是堤防工程堤顶一般较为平坦、地形起伏不大，地形因素对观测结果影响较小。同时，土质堤防的接地条件一般较好，也可以避免由于接地电阻大而造成供电电流小，使得观测数据的信噪比下降，影响数据质量。

在测试中，可以重复测量验证数据的稳定性，如果同样条件下测试数据出现较大变化，说明信噪比过低，数据质量不可靠。激电效应也会给数据带来噪声。

监测系统工作过程中，建议定期进行相关性测量，通过数据的相关性评价有效性。以四极装置为例，相关性测量的方法是首先以正常方式测量得到测量值 R_1，然后交换供电电极和测量电极得到测量值 R_2，然后按照式(3-8)计算相关度 e。e 值的大小可以用来衡量数据的有效性。对于一个正常的测试系统，交换电极对测量结果没有影响，e 值应该为0，如果 e 值偏大，则说明系统存在问题，应查找并解决问题后再进行观测。

$$e = \frac{|R_1 - R_2|}{(R_1 + R_2)/2} \tag{3-8}$$

3.4.3　监测数据的成像方法

3.4.3.1　基本理论

基于监测的图像重建算法借用了时移电法的主要思想，其核心就是将历史信息作为天然的先验信息加入反演成像过程，成像的基础不再是孤立的、静止的某一时刻的观测点集，而是具有相同空间属性的时间序列集合。

传统的单一断面反演可以归结为如式(3-9)的方程，即

$$(\boldsymbol{J}_i^{\mathrm{T}}\boldsymbol{R}_{\mathrm{d}}J_i + \lambda_i\boldsymbol{W}^{\mathrm{T}}\boldsymbol{R}_{\mathrm{m}}\boldsymbol{W})\Delta r_i = \boldsymbol{J}_i^{\mathrm{T}}\boldsymbol{R}_{\mathrm{d}}\boldsymbol{g}_i - \lambda_i\boldsymbol{W}^{\mathrm{T}}\boldsymbol{R}_{\mathrm{m}}\boldsymbol{W}\boldsymbol{r}_{i-1} \tag{3-9}$$

式中　$\boldsymbol{g}_i$——实测视电阻率与计算得到的视电阻率的误差向量；

Δr_i——第 i 次迭代模型变化量；

$\boldsymbol{r}_{i-1}$——上次迭代模型参数向量，即模型电阻率值的对数值；

J——雅可比偏导数矩阵；

$\boldsymbol{W}$——1 阶粗糙滤波；

λ_i——第 i 次迭代的阻尼系数；

$\boldsymbol{R}_{\mathrm{d}}$、$\boldsymbol{R}_{\mathrm{m}}$——权重矩阵。

监测系统在不同时刻取得的监测数据组成了一个成果时间序列，与传统的针对单一的地电断面数据进行的电阻率反演成像不同，对于时间序列数据可以同时利用同一空间位置、不同时刻采集的 2 个或更多的地电断面数据进行联合反演。在联合反演的过程中，前一时刻数据会被当做参考，参与到后一时刻数据的反演过程中，即在反演过程中增加时间约束。大多数情况下，时间上相邻的两个断面数据仅在一个有限的区域内出现变化，而其他部分数据没有发生变化或变化有限。针对这种情况，可以对式(3-9)进行修改，以保证相邻两个时刻数据的电阻率模型的对数值差异最小，修改后的公式见式(3-10)。

$$(\boldsymbol{J}_i^{\mathrm{T}}\boldsymbol{R}_{\mathrm{d}}\boldsymbol{J}_i + \lambda_i\boldsymbol{W}^{\mathrm{T}}\boldsymbol{R}_{\mathrm{m}}\boldsymbol{W})\delta\boldsymbol{m}_i^k = \boldsymbol{J}_i^{\mathrm{T}}\boldsymbol{R}_{\mathrm{d}}\boldsymbol{g}_i - \lambda_i\boldsymbol{W}^{\mathrm{T}}\boldsymbol{R}_{\mathrm{m}}\boldsymbol{W}\boldsymbol{m}_{i-1}^k - \beta_i\lambda_i\boldsymbol{V}^{\mathrm{T}}\boldsymbol{R}_{\mathrm{t}}\boldsymbol{V}(\boldsymbol{m}_{i-1}^k - \boldsymbol{m}_{i-1}^0) \tag{3-10}$$

式中　$\boldsymbol{m}_{i-1}^k$、$\boldsymbol{m}_{i-1}^0$——第 k 个时刻的模型和初始时刻模型对应的参数向量。

式(3-10)右边增加的 $\beta_i\lambda_i\boldsymbol{V}^{\mathrm{T}}\boldsymbol{R}_{\mathrm{t}}\boldsymbol{V}(\boldsymbol{m}_{i-1}^k - \boldsymbol{m}_{i-1}^0)$ 部分包含了第 k 个时刻的模型和初始时刻模型的变化量，作为参考模型的初始时刻模型也保证反演效果。β 是相关权重，代表不同反演模型间的约束；$\boldsymbol{V}$ 是模型间的权重矩阵，决定了联合反演的模型间的差异。

简而言之，监测数据的成像方法就是在普通的电阻率层析成像的目标函数中，增加了与时间变化相关的量。就本书而言，基本的目标函数为目标相关成像函数，通过对其增加时间约束和采用不同的反演策略实现监测数据成像。

3.4.3.2　目标相关成像算法

目标相关成像算法的基本原理是，首先将高密度电法所测剖面划分为一系列小单元，假设其中某一单元为不均匀体，称为目标单元，利用正演公式计算出该不均匀体对应的理论电测曲线，将其理论曲线与实测的高密度曲线作相关分析，可得到该单元所对应的相关系数(相关度)，对剖面内所有单元作目标相关分析，即可得到一个相关度数据剖面。

由相关系数算法原理可知，当所设不均匀体与剖面内实际不均匀体重合时，该单元可以获得较高的相关度，如果二者完全一致，相关度最大为 1。如果不同的相关度用不同的

颜色来表示,即可得到所测剖面的相关度色谱图,该图可以直观地将异常体的位置和形态表现出来,即根据剖面内较大相关度所对应的单元,可圈定出不均匀体所对应的位置和形态。应用目标相关成像算法时需注意以下几点。

1)相关系数计算公式

设测区内高密度电法所测数据 ρ_s 为 N 个,其对应的平均值为 ρ_{sp}。设某一单元为目标单元,则利用正演公式计算所对应的 N 个理论数据 ρ_c,其对应的平均值为 ρ_{cp}。该单元所对应的相关系数为

$$r_{mn} = \frac{\sum_{i=1}^{N}(\rho_{si} - \rho_{sp})(\rho_{ci} - \rho_{cpi})}{\sqrt{\sum_{i=1}^{N}(\rho_{si} - \rho_{sp})^2 \sum_{i=1}^{N}(\rho_{ci} - \rho_{cpi})^2}} \tag{3-11}$$

对相关系数计算公式进行分析验证可知,相关系数 r 值的大小取决于理论曲线与实测曲线的相似程度,与曲线幅值大小无关。

2)单元模型

在使用目标相关算法解释高密度数据时,影响解释速度的关键是根据所选单元模型而进行的正演计算量,如果把不均匀体设为不规则形态,则需要应用边界单元法进行数值计算。要想获得理想精度,需要很大的计算量,解释速度会很慢,且多数情况下预先并不知道地下不均匀体的形态,因此无法选用其对应模型,事实上完全可以选用一个通用模型来解决这一问题。理论分析与研究表明,在常用的高密度测试装置与方法中,地下异常体无论是球体、长圆柱体还是其他什么形状,其异常反映曲线都是相似的,对目标相关算法而言,计算结果仅取决于理论曲线与实测曲线的相似程度,因此可以用球体异常来表示目标单元进行计算,选用球体是因为可以用解析公式计算出其理论异常曲线,增加成像速度。

3.4.3.3 时间约束与反演策略

基于监测的图像重建算法,其基本思路是通过时间约束,将前一时刻成果作为后一时刻成果的参考,即先验信息,提高反演成果的准确性和反演速度。具体来讲,时间约束可以分为以下3种类型。

1)最小变化约束

在初始模型和目标模型间施加阻尼最小二乘约束,保证目标模型的反演成果与初始模型间的差异最小化。

2)最小二乘光滑约束

在初始模型和目标模型间施加最小二乘光滑约束,保证目标模型的反演成果与初始模型间的变化最光滑。

3)鲁棒光滑约束

鲁棒光滑约束保证目标模型反演得到的电阻率值与初始模型的电阻率值变化的绝对值最小。

反演策略包括两种,即同时反演和依序反演。

同时反演的情况下,首先对初始模型进行一次反演迭代,完成后随之进行一次目标模型反演迭代,然后进行初始模型反演迭代,随之再进行一次目标模型反演迭代,如此往复,

直至反演完成。

依序反演的情况下，首先对初始模型进行多次迭代，得到一个较为满意的反演结果后，利用该结构作为目标模型反演的参考模型，这种策略在测试结果中电阻率存在较大反差的情况下反演结果较好。

参考模型的选取有两种方式：一是将最早时刻的模型作为参考模型，后面所有测试成果反演时都以它为参考；二是进行某一时刻成果反演时，以它前一时刻的成果作为参考。

反演中还需要考虑的一个参数是时间约束权重，该参数决定了目标模型与初始模型的相似程度，该参数越大，目标模型与初始模型将越尽可能相似，也就是将不同时刻的反演结果间的差异最小化。

3.4.3.4 反演结果的显示模式

为突出监测过程中电阻率变化的部分，可以将两个时刻的反演数据进行运算，直接显示电阻率的变化百分比或者两个成果的电阻率比值，这样可以使得电阻率变化部位和变化幅度一目了然。

3.4.3.5 数据处理实例

实例1：利用理论计算模型3（时刻1，初始模型）和模型1（时刻2，目标模型）的计算数据，模拟一场体电阻率变大过程，可代表含水松散体含水量下降过程。

参数组合a：施伦伯格装置，电极距1 m，最小变化约束，同时反演，时间约束权重3.0，联合反演结果见图3-85。

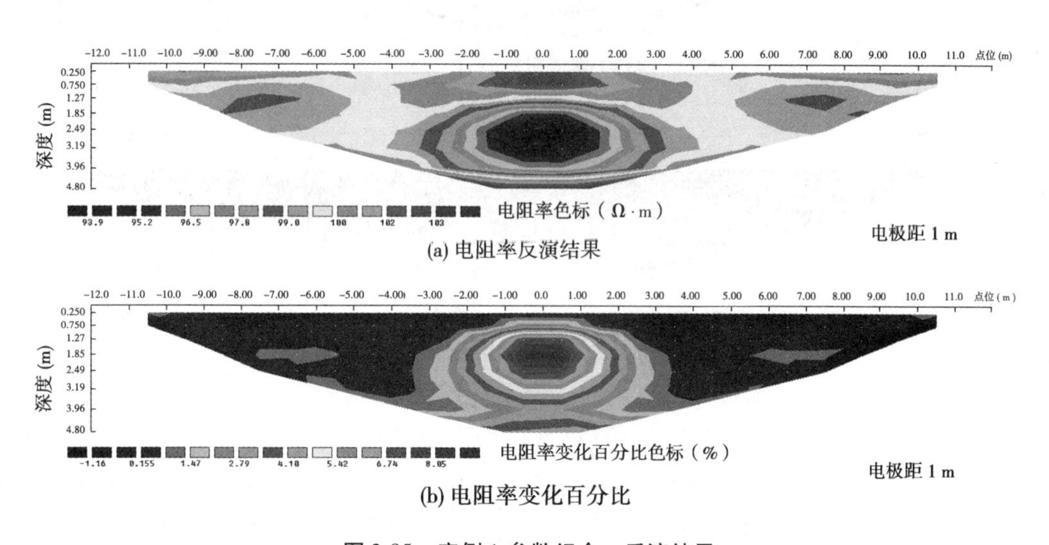

(a) 电阻率反演结果

(b) 电阻率变化百分比

图3-85 实例1参数组合a反演结果

参数组合b：施伦伯格装置，电极距1 m，最小二乘光滑约束，同时反演，时间约束权重3.0，联合反演结果见图3-86。

参数组合c：施伦伯格装置，电极距1 m，鲁棒光滑约束，同时反演，时间约束权重3.0，联合反演结果见图3-87。

参数组合d：施伦伯格装置，电极距1 m，鲁棒光滑约束，同时反演，时间约束权重0.5，联合反演结果见图3-88。

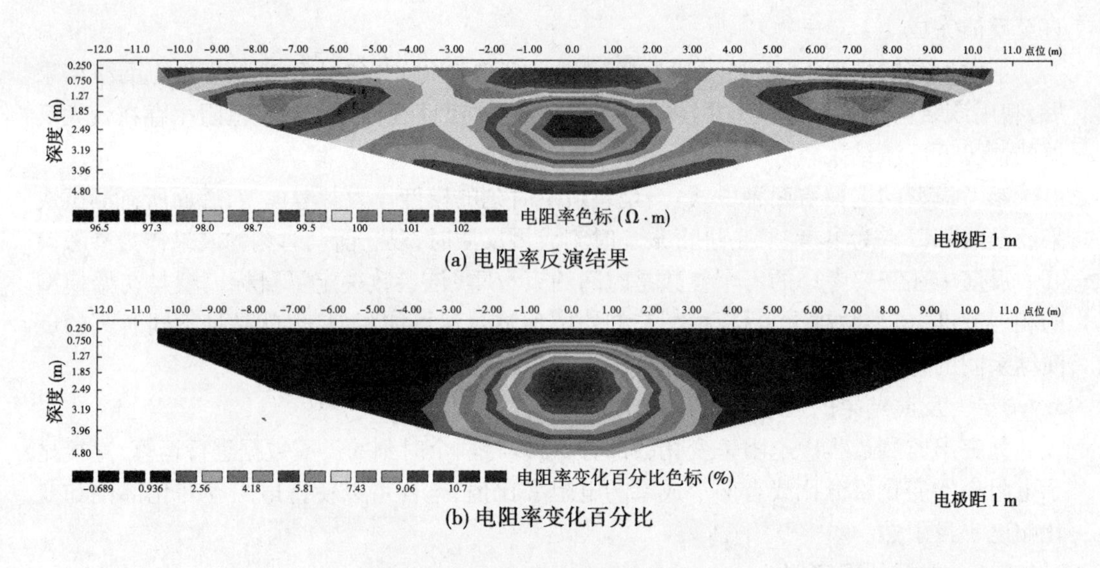

图 3-86　实例 1 参数组合 b 反演结果

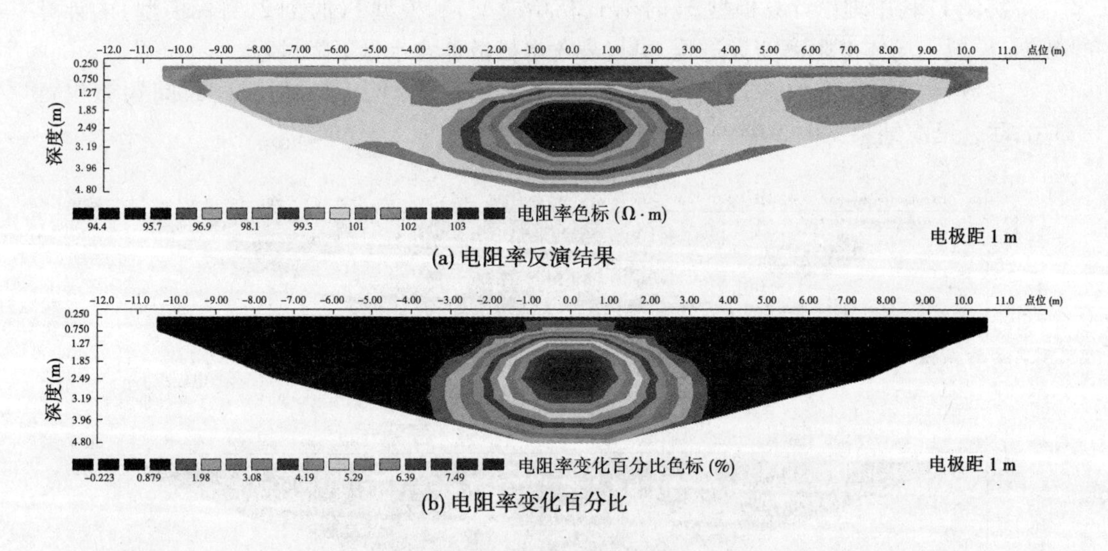

图 3-87　实例 1 参数组合 c 反演结果

实例 2:利用数值计算模型管状异常体模型数据,管状异常体电阻率为 10 000 Ω · m (时刻 1,初始模型)和 10 Ω · m(时刻 2,目标模型),为电阻率变小过程,可代表渗漏通道出现的过程。

参数组合 a:施伦伯格装置,电极距 1 m,最小变化约束,同时反演,时间约束权重 3. 0,联合反演结果见图 3-89。

参数组合 b:施伦伯格装置,电极距 1 m,最小二乘光滑约束,同时反演,时间约束权重 3. 0,联合反演结果见图 3-90。

参数组合 c:施伦伯格装置,电极距 1 m,鲁棒光滑约束,同时反演,时间约束权重 3. 0,联合反演结果见图 3-91。

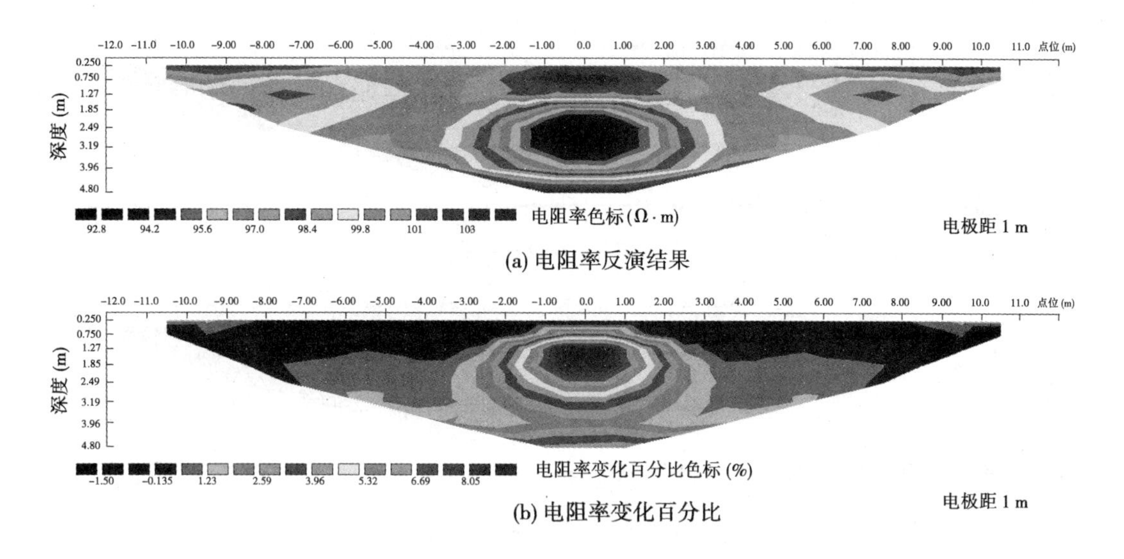

(a) 电阻率反演结果

(b) 电阻率变化百分比

图 3-88　实例 1 参数组合 d 反演结果

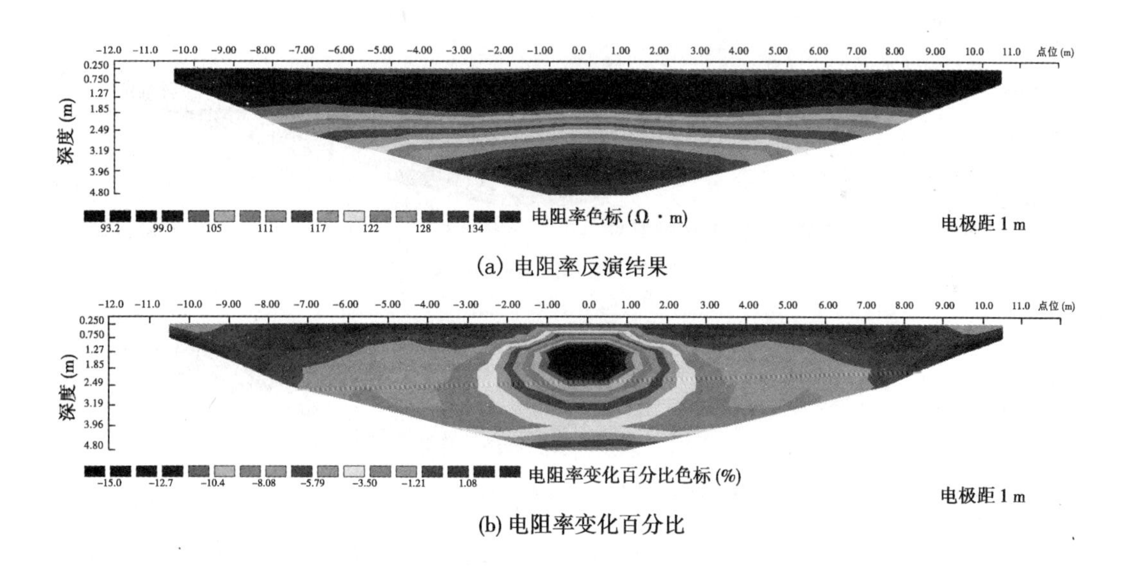

(a) 电阻率反演结果

(b) 电阻率变化百分比

图 3-89　实例 2 参数组合 a 反演结果

实例 3：利用数值计算模型板状异常体模型数据，板状异常体电阻率为 1 Ω · m（时刻 1，初始模型）和 10 000 Ω · m（时刻 2，目标模型），模拟异常体电阻率变大过程，可代表裂缝发育过程。

参数组合 a：施伦伯格装置，电极距 1 m，最小变化约束，同时反演，时间约束权重 3.0，联合反演结果见图 3-92。

参数组合 b：施伦伯格装置，电极距 1 m，最小二乘光滑约束，同时反演，时间约束权重 3.0，联合反演结果见图 3-93。

参数组合 c：施伦伯格装置，电极距 1 m，鲁棒光滑约束，同时反演，时间约束权重

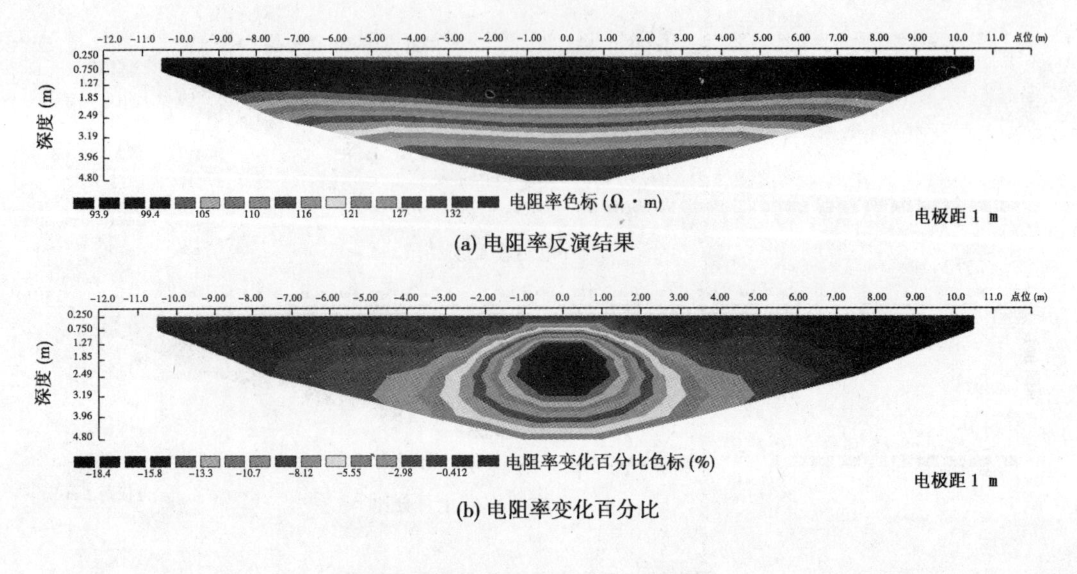

(a) 电阻率反演结果

(b) 电阻率变化百分比

图 3-90　实例 2 参数组合 b 反演结果

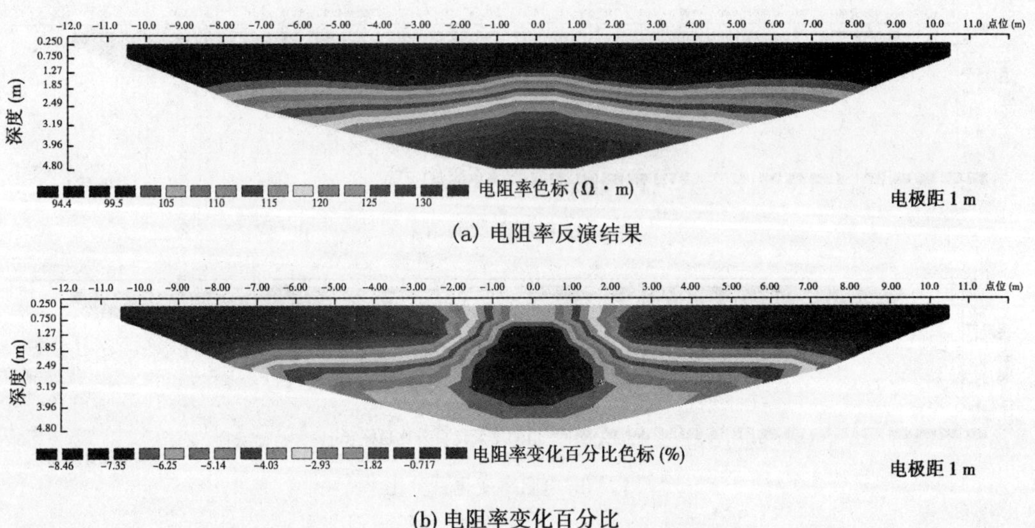

(a) 电阻率反演结果

(b) 电阻率变化百分比

图 3-91　实例 2 参数组合 c 反演结果

3.0，联合反演结果见图 3-94。

实例 4：利用模型试验中分别设置直径 30 mm、45 mm、70 mm 三组数据进行反演，模拟孔洞增大的过程。

反演采用最小变化约束，同时反演，时间约束权重 3.0，联合反演结果见图 3-95 ~ 图 3-97，其中电阻率变化百分比是以无隐患堤防作为基准计算的。

从上述数值模拟数据的反演成果可以看出，由于堤防边界影响，直接反演的成果存在深度越大、电阻率值越偏大的现象，这种现象会在一定程度上掩盖高阻异常体的异常，影

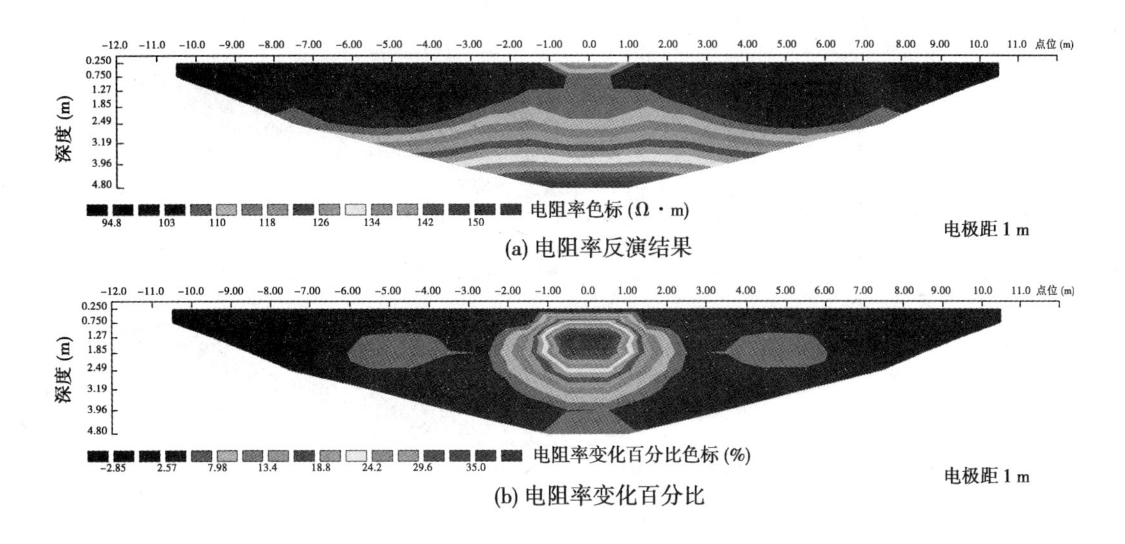

(a) 电阻率反演结果

(b) 电阻率变化百分比

图 3-92　实例 3 参数组合 a 反演结果

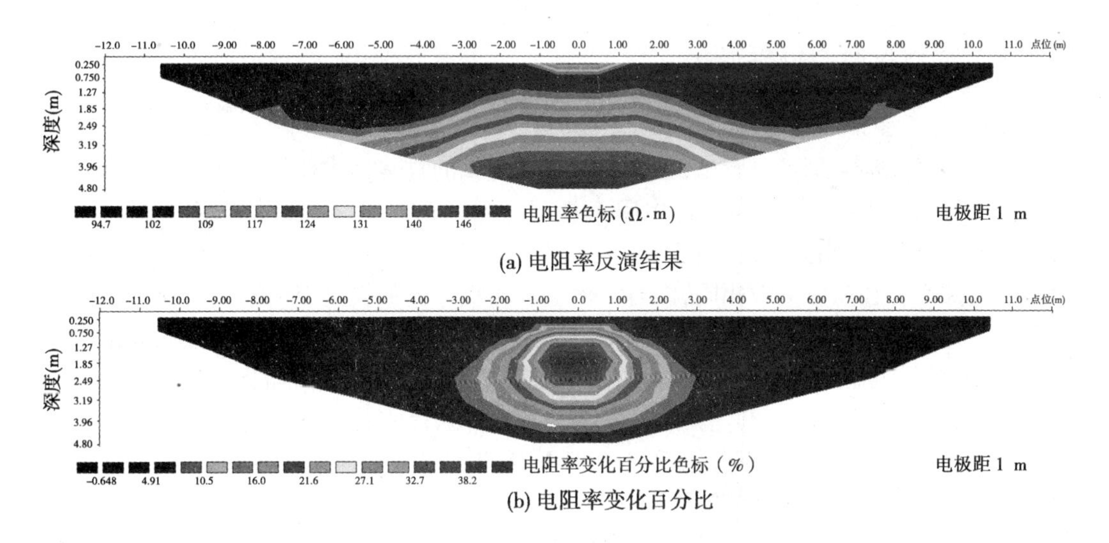

(a) 电阻率反演结果

(b) 电阻率变化百分比

图 3-93　实例 3 参数组合 b 反演结果

响分析效果，但在采用时间序列成果处理方法后，堤防边界这一不随时间变化的影响因素被有效地消除了，异常更加突出，而且在电阻率变化率百分比图上，相对异常幅度比直接反演的相对异常幅度更大。另外，整个图件的背景更加均匀，没有因为反演而生成的假异常，这些特点给资料解释和判读带来了方便，表明采用这种数据处理方法能够有效地突出异常、减少异常体的误判。

从模型试验数据反演结果看，偶极装置的分辨率最好，表现在反演结果中，异常体位置与真实隐患埋深位置对应较好，但也可以看出，由于电法反演不可避免的多解性，影响了对隐患体位置定量解释的准确性，隐患规模扩大后，反演结果中往往更多地表现为异常幅度增大，定量解释异常扩大的范围仍有困难。

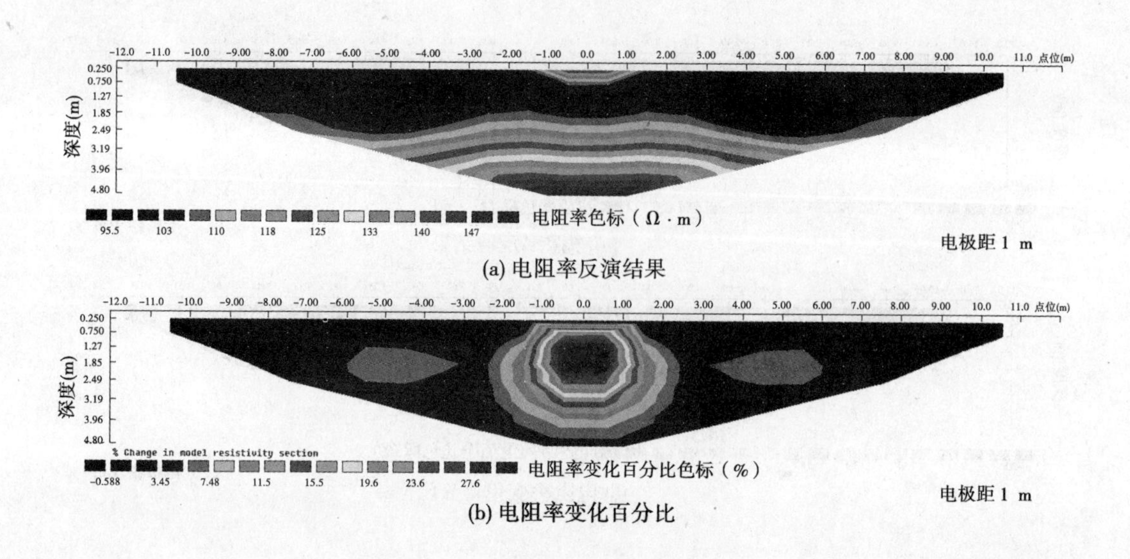

(a) 电阻率反演结果

(b) 电阻率变化百分比

图 3-94　实例 3 参数组合 c 反演结果

3.4.4　监测数据的解释方法

3.4.4.1　成果图件的选择

从上述的反演实例可以看出，当时刻 1 和时刻 2 的异常体电阻率值相对背景值的变化发生逆转时（例如时刻 1 异常体电阻率高于背景值而时刻 2 异常体电阻率低于背景值），由于联合反演过程中时间约束的作用，在时刻 2 的反演结果中，异常体的电阻率与背景值的关系往往与时刻 1 相同，而与实际情况相反。例如，在实例 1 中，时刻 2 的异常体为高阻体，本应显示为高阻异常，但由于要满足与时刻 1 的反演结果相似和光滑等条件，其反演结果也显示为低阻异常，出现了与实际情况相反的结果，而且如果相似系数选择过大，会造成反演结果与初始模型相似而与实际情况背离的情况。

但是，从电阻率变化率百分比看，三组反演结果都清楚地显示出异常体的变化情况，即电阻升高，这种趋势和真实情况是完全一致的。

从反演实例还可以看出，虽然电阻率变化率百分比的物理意义并不是监测断面上的真实电阻率，但是其异常形态和异常体的理论异常形态是接近的，可以根据百分比图判断异常的位置、性质。在实际工作中，所需要关心和确定的正是堤防隐患的位置信息与变化趋势，而并不是其真实的电阻率值，因此电阻率变化率百分比可以作为分析的主要图件。

3.4.4.2　图件的定量解释

从理论上讲，经过反演得到的结果代表了地电断面的真实分布情况，但是由于位场反演的固有缺陷，反演的结果和真实情况还是有所差距的。从反演结果图中可以看出，对于球状隐患，在反演结果中，电阻率最高点（或最低点，取决于隐患体电阻率与背景电阻率的关系）的坐标基本对应于球心的位置，球体半径与异常区域有一定的相关关系，但并不准确对应。异常区域的大小和异常体电阻率与背景电阻率的比值也有一定关系，但相对影响较小，根据理论计算，球体与背景的电阻率差异不需很大，视电阻率的相对异常已经

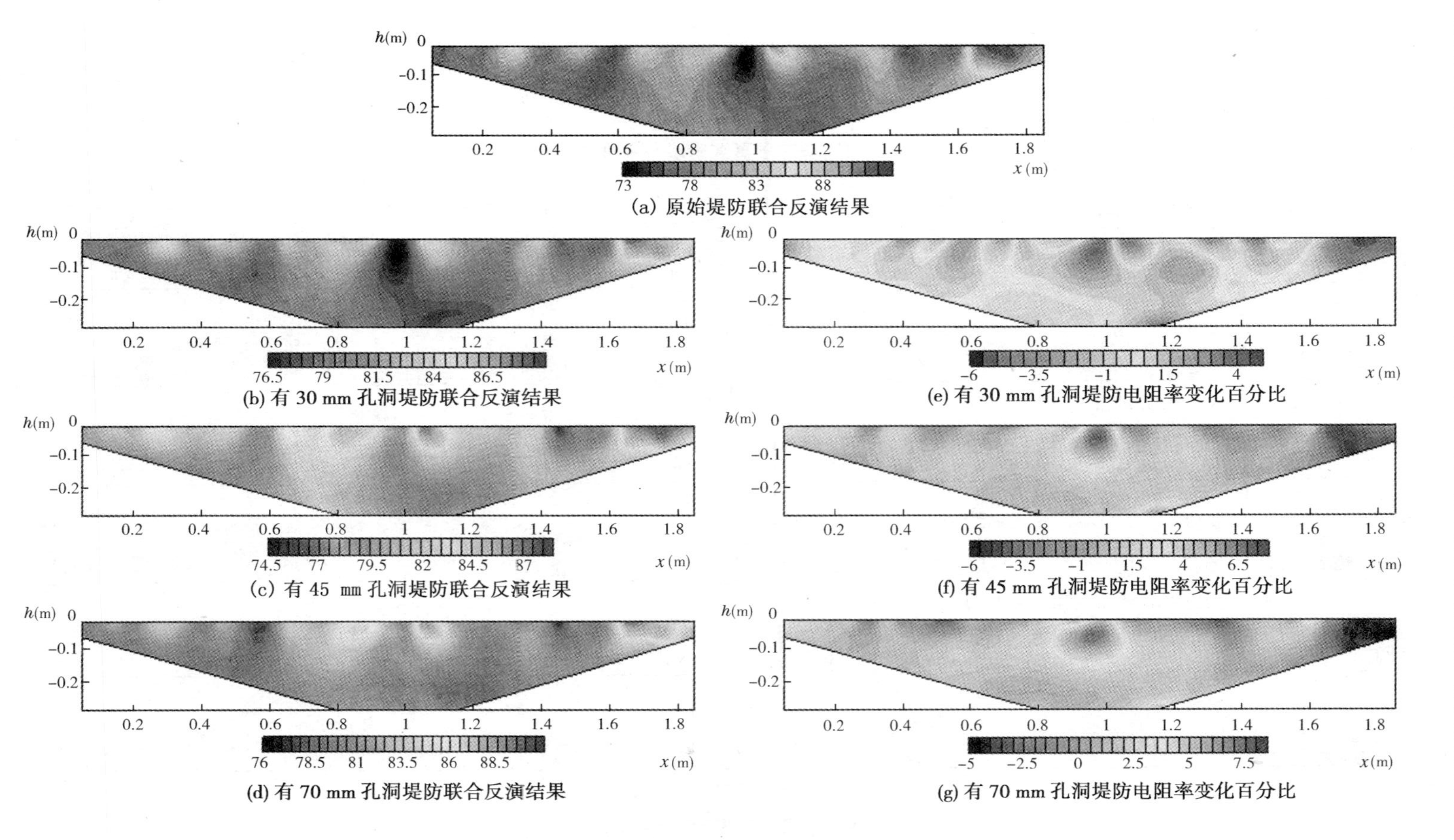

图 3-95　模型试验温纳装置测试数据联合反演结果

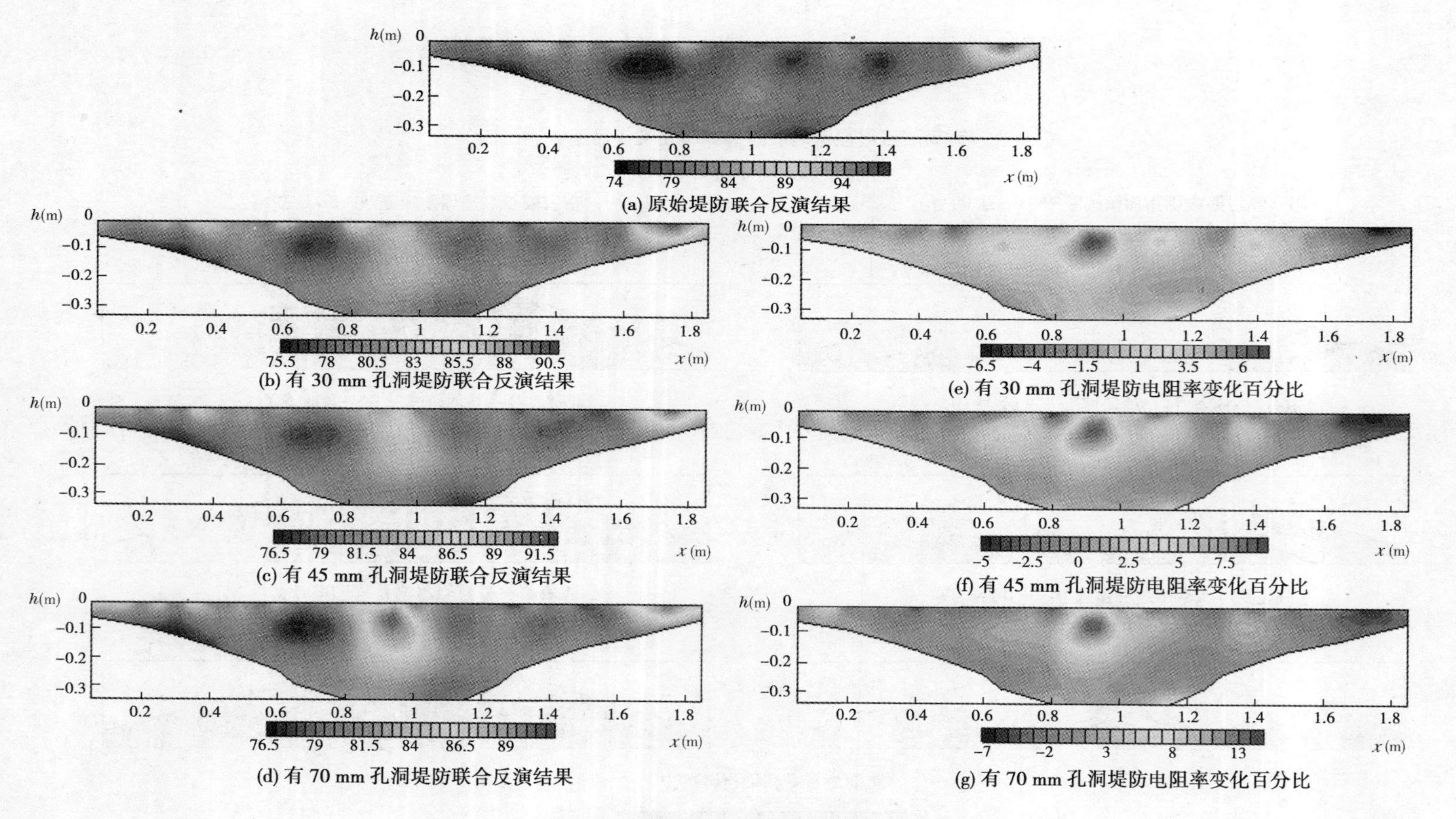

(a) 原始堤防联合反演结果

(b) 有 30 mm 孔洞堤防联合反演结果

(e) 有 30 mm 孔洞堤防电阻率变化百分比

(c) 有 45 mm 孔洞堤防联合反演结果

(f) 有 45 mm 孔洞堤防电阻率变化百分比

(d) 有 70 mm 孔洞堤防联合反演结果

(g) 有 70 mm 孔洞堤防电阻率变化百分比

图 3-96　模型试验施伦伯格装置测试数据联合反演结果

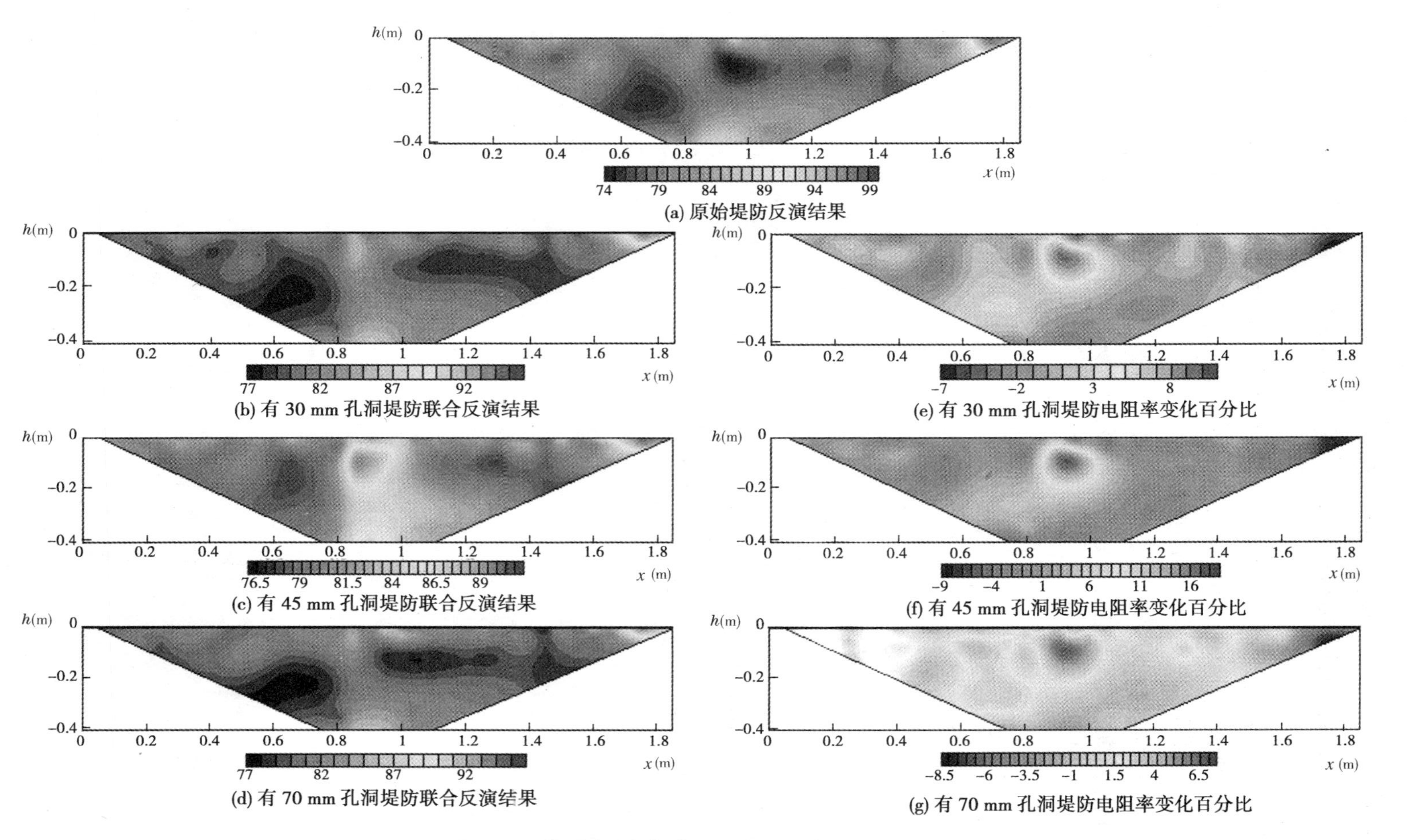

(a) 原始堤防反演结果

(b) 有 30 mm 孔洞堤防联合反演结果

(c) 有 45 mm 孔洞堤防联合反演结果

(d) 有 70 mm 孔洞堤防联合反演结果

(e) 有 30 mm 孔洞堤防电阻率变化百分比

(f) 有 45 mm 孔洞堤防电阻率变化百分比

(g) 有 70 mm 孔洞堤防电阻率变化百分比

图 3-97　模型试验偶极装置测试数据联合反演结果

接近饱和值,对反演结果的影响也就相应较小了。

管状异常的基本特征与球状异常类似,但是管状异常引起的异常幅度要大于球状异常。

板状异常体(包括裂缝等)情况较为特殊,由于电法装置的横向分辨率较差,造成其视电阻率异常形态与球状异常相似,反演后的结果也自然相似。一个直立的高为 h 的板状体,其反演结果与一个直径为 h 的球状体是相似的。

对于层状异常体和浸润线等水平分布尺度较大的异常体,反演成果的准确性都比较好,可以根据反演结果图上电阻率变化的位置判断一场体边界。

第 4 章　综合诊断与评价技术

4.1　堤防工程风险分析

4.1.1　风险分析研究现状

风险的概念最早于 19 世纪末在西方经济学领域中被提出,美国首先使用于军事工业方面(如核电站、航天器等),现已广泛应用于环境科学、自然科学、经济学等领域。在各个领域,“风险”一般定义为“潜在灾害发生的概率及其对社会后果的度量”。20 世纪 80 年代初,美国发表了许多关于大坝风险分析方面的文章,大坝风险分析技术迅速在美国、加拿大、荷兰、澳大利亚及西欧等国家发展,并逐步推广应用。1993 年,密西西比河中上游发生的 500 年一遇洪水灾害引起人们对过去防洪战略的反思,堤防工程的风险分析也开始引起人们的关注,国外有许多学者致力于这个方面的研究,在美国、荷兰、澳大利亚,堤防工程风险分析技术研究已经取得了丰富的成果。

美国陆军工程师团(USACE)的 Hagen (1982)最早提出大坝风险的概念,对大坝风险的研究比较深入,目前大坝风险分析应用 Identify Failure Mdoes 法,主要考虑静态荷载、洪水、地震等各种工况组合下失事概率的风险分析方法,用于指导大坝的管理和维修。

加拿大 BC Hydro 公司首次将概率的风险分析用于大坝安全管理,把风险分析方法引入大坝安全评估中,并制定了大坝安全准则和容许风险标准,这种先进的大坝安全管理方法可以增强对大坝薄弱部位的了解,能让业主了解大坝的安全程度,并用最经济有效的方法去维护大坝的安全,保障业主的投资和利益。

澳大利亚研究发展了一种多目标风险分析方法(Multi-Objective Risk Mehtod),这种方法可用于评价诸如大坝失事这类发生概率低但后果严重事件的风险,用这种方法对洪水风险和大坝漫顶风险进行了研究。此外,澳大利亚大坝委员会制定了《ANCOLD 风险评估指南》,并不断地进行修订,以此对大坝进行风险管理,分析威胁大坝安全的潜在事件。

荷兰三角洲委员会提出一种科学的方法——超负荷法,即以经济分析为基础,权衡防洪设施的建设费和洪水引起的潜在损失。安全标准的经济分析是以堤防建设成本和预期洪灾损失最小为目的的。

国外学者对大坝风险分析技术的研究起始于漫顶风险、溢洪道等单项风险,S. T. Cheng,B. C. Yen,E. F. Wood 等对大坝漫顶风险进行了分析,并进一步研究了风险标准;G. M. Salmno,DN. D. Hartofdr,F. E. Fhablushc 等对大坝失事的风险标准进行了研究,着重分析了公众可以接受的风险标准;Ryamnod A. Setwart,W. H. Tang,B. C. Yen,Martin W, F. Lemperiere等分析了大坝的综合风险,阐明了大坝风险分析的重要性,探讨了综合风险的工程应用。

与大坝的风险分析技术相比,堤防工程的风险分析发展相对较晚,国外许多学者对堤防风险的研究是从水文风险—结构风险—堤防工程系统风险逐步发展的。Myas L. W 和 Szidarovszky F 研究了堤防的漫顶风险;Alfredo H. s. ,Sedovsky,Crum 等基于可靠度理论研究了堤防工程的结构风险;E. F. Wood,TungY - K. ,Crum 等建立了可靠性模型来研究堤防结构失事风险;Ducksetin L 和 Bogardi I 等则研究了堤防漫顶、管涌渗漏、边坡失稳、风浪冲刷等各种常见失事方式的风险;Vander Meer 等在前人研究的基础上综合考虑了水力边界条件、堤顶高程的不确定性、堤防的维修成本、洪水造成的损失及其发生概率等因素对堤防工程进行了风险分析。

国内风险分析技术研究虽然滞后于国外,但自 1998 年长江流域发生特大洪水灾害之后,国家对堤防与大坝的安全评价和风险分析工作极为重视,也引起了众多学者的格外关注,大坝与堤防工程的风险分析研究得到了迅速发展:刘树坤、李坤刚详细介绍了国内外防洪减灾政策的发展趋势和洪水的风险管理方法;陈肇和、肖义、曹楚生基于大坝设计标准和风险分析,对大坝的水文风险和安全度进行定量评估;梅亚东、岑慧贤、王本德等详细探讨了大坝风险标准的制定方法,分析了大坝的主要失事后果及其计算方法。在 2000 年举行的国际大坝会议专题 76(风险分析在大坝安全决策和管理中的应用)中,不少专家就大坝风险分析的基本要素进行了讨论,魏一鸣、金菊良等对洪水灾害的风险管理进行了深入研究,麻荣永系统地总结了土石坝的风险分析方法及应用,大坝风险分析技术研究已经取得显著成效。

堤防工程的风险分析目前主要集中于水文风险、堤防结构风险、失事后果等单项研究:陈守煌、朱元甡、冯平等分析计算了防洪堤的水文风险;李国芳、王卓甫、朱勇华等对防洪堤的边坡失稳和渗透变形提出了堤防结构风险计算模型;吴兴征、丁留谦等基于可靠性理论,建立了堤防失事的极限状态方程,并开发了堤防安全评估分析系统。由此可以看出,堤防工程的风险分析在单项风险研究方面已经取得了一定成绩,但堤防系统所建立风险计算模型的准确性、各种工况下失事风险的组合以及堤防系统的综合风险等许多综合性问题还需要进一步探讨。

4.1.2 堤防失事模式

堤防失事破坏最常见的三种失事类型是漫溢、渗透破坏和失稳,它们是堤防失事破坏类型的最终表现形式。目前在堤防风险分析中,常假定的堤防失事模式为洪水漫溢、渗透破坏和岸坡失稳三种类型,这三种类型可以看做是堤防的三种基本失事模式。洪水漫溢实质上是堤防水文风险所对应的失事模式,而渗透破坏和岸坡失稳则是堤防结构风险所对应的失事模式。

4.1.3 单元堤段分项失事风险率计算模型

堤防系统是由不同的单元堤段组成的,是一个典型的平面应变问题,实际上可通过建立单元堤段典型断面的分项失事风险率计算模型来实现。

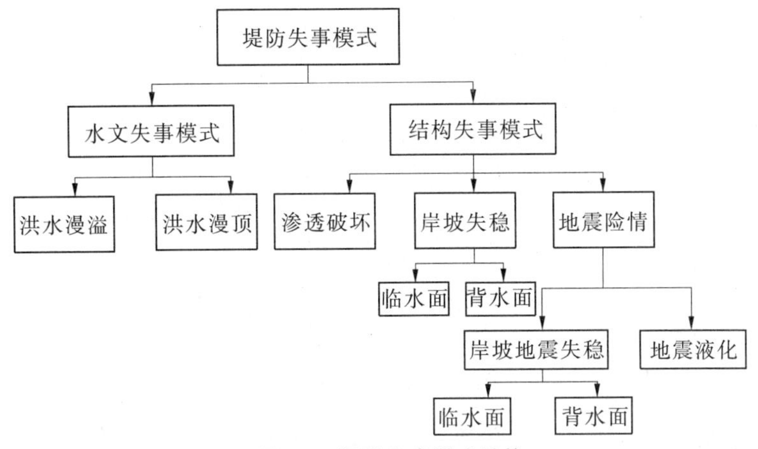

图 4-1　堤防失事模式结构

4.1.3.1　风险率计算模型构建基本理论

在结构可靠度分析中,结构的极限状态一般由功能函数加以描述。当有 n 个随机变量影响结构的可靠度时,结构的极限状态函数为

$$Z = G(X_1, X_2, \cdots, X_n) = 0 \tag{4-1}$$

式中　$X_i(i=1, 2, \cdots, n)$——结构上的作用效应、结构构件的性能等基本变量。

极限状态方程表征一个 n 维曲面,它把系统分为三种状态,即

$Z=G(X)>0$ 时,结构处于安全状态;

$Z=G(X)=0$ 时,结构处于极限状态;

$Z=G(X)<0$ 时,结构处于失效状态。

结构功能函数小于零($Z<0$)的概率称为该结构的失效概率 P_f。P_f 值原则上可通过多维积分式计算求得。

$$P_f = \int_{Z<0} \cdots \int f_X(x_1, x_2, \cdots, x_n)\,dx_1 dx_2 \cdots dx_n \tag{4-2}$$

但是当功能函数中有多个基本随机变量或函数为非线性时,上述计算就变得十分复杂,甚至难以求解。因此,人们往往并不用这种直接积分解法,而用比较简便的近似方法求解,而且往往先求得结构的可靠指标,然后求得相应的失效概率。

在大多数情况下,结构破坏功能函数仅与荷载效应 S 和结构抗力 R 两个随机变量相关,则结构承载能力功能函数对应的极限状态函数为

$$Z = g(R,S) = R - S = 0 \tag{4-3}$$

显然,当 $Z>0$ 时,结构处于安全状态;当 $Z<0$ 时,结构处于失效状态。

按式(4-2)给出失效概率的定义,可以得到结构失效概率为

$$P_f = P(Z < 0) = \iint_{Z<0} f_{R,S}(r,s)\,drds \tag{4-4}$$

式中　$f_{R,S}(r,s)$——S 和 R 的联合概率密度函数。

根据全概率公式,可知

$$f_{R,S}(r,s) = f_R(r|s) f_S(s) \tag{4-5}$$

式中　$f_R(r|s)$——R 的条件概率函数；

$f_S(s)$——S 的概率密度函数。

将式(4-5)代入式(4-4)可得

$$\begin{aligned} P_{\mathrm{f}} = P\{Z < 0\} &= \iint\limits_{Z<0} f_R(r|s) f_S(s)\,\mathrm{d}r\mathrm{d}s \\ &= \int_{-\infty}^{\infty}\left(\int_0^S f_R(r|s)\,\mathrm{d}r\right) f_S(s)\,\mathrm{d}s \\ &= \int_{-\infty}^{\infty} F_R(s) f_S(s)\,\mathrm{d}s \end{aligned} \tag{4-6}$$

式中　$F_R(s)$——R 相对于条件 S 的条件概率分布函数，$F_R(s) = \int_{-\infty}^{\infty} f_R(r|s)\ \mathrm{d}r$。

堤防各分项失事风险分析模型的表达式就可表述为

$$P_{\mathrm{f}} = P\{Z < 0\} = \int_{-\infty}^{\infty} F_R(h) f(h)\,\mathrm{d}h \tag{4-7}$$

式中　$f(h)$——堤防临水面(或上游)洪水位的概率密度函数，即年频率曲线函数；

$F_R(h)$——堤防在给定洪水位下各分项失事模式的条件概率分布函数。

4.1.3.2　单元堤段水文失事风险分析模型

堤防水文失事风险分为洪水漫溢风险和洪水漫顶风险。洪水漫溢是指洪水位已经超过堤顶，直接漫过堤顶造成堤防失事，如图 4-2 所示；而洪水漫顶是指洪水位并没有超过堤顶，而是在高洪水位下，由于风荷载等作用造成波浪爬高，越过堤顶而造成的一种破坏模式，如图 4-3 所示。

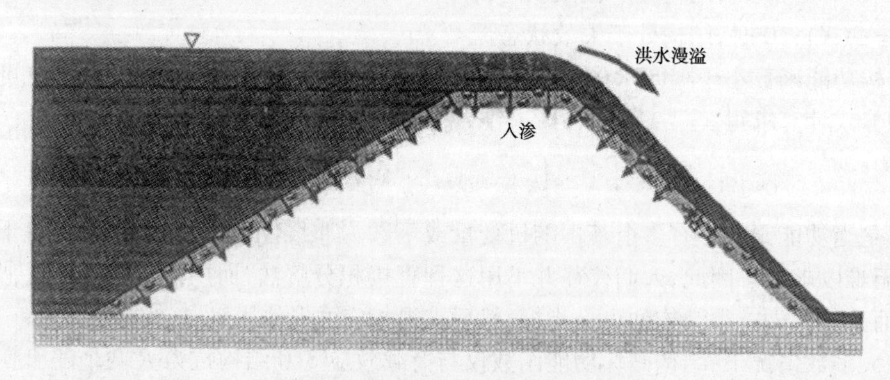

图 4-2　单元堤段洪水漫溢失事模式

考虑洪水漫顶事件对水文失事风险的贡献，引入一个贡献权重的洪水位的函数 $k(h)$ $(0 \leqslant k(h) \leqslant 1)$，由于洪水位越接近堤顶高程，洪水越顶对堤防造成的破坏就越大，这种关系也不是线性关系，假定其为指数函数，即 $k(h) = \mathrm{e}^{h-h_0}$，$0 < h \leqslant h_0$（其中 h 为防洪堤临水面洪水位，h_0 为堤顶高程）。

堤防单元堤段水文失事风险率计算模型可表示为

$$\begin{aligned} P_{水文} &= P_{漫溢} + P_{漫顶} \\ &= P\{Z_{漫溢} < 0\} + P\{Z_{漫顶} < 0\} \end{aligned} \tag{4-8}$$

式中　$P_{水文}$——堤防水文失事风险率；

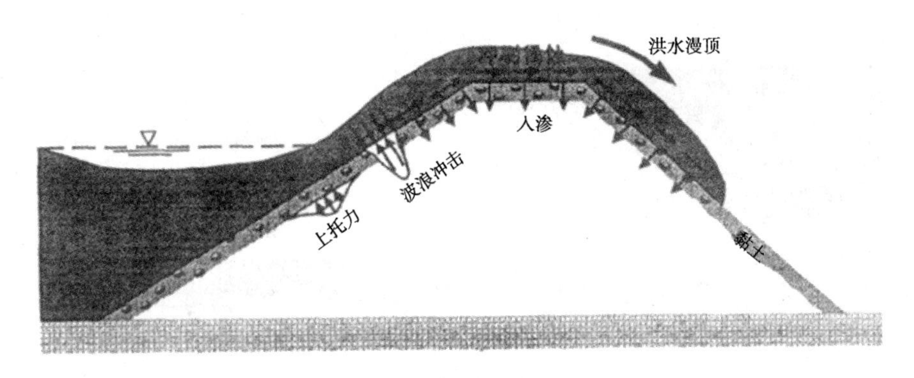

图 4-3　单元堤段洪水漫顶失事模式

$P_{漫溢}$——洪水漫溢风险率；

$P_{漫顶}$——洪水漫顶风险率；

$Z_{漫溢}$——洪水漫溢失事模式的功能函数，根据洪水漫溢的定义，可得 $Z_{漫溢}=h-h_0$，其中 h 为防洪堤临水面洪水位，h_0 为堤顶高程；

$Z_{漫顶}$——洪水漫顶失事破坏模式的功能函数。

堤防单元堤段水文失事风险率计算模型表示为

$$
\begin{aligned}
P_{水文} &= P\{h > h_0\} + P\{Z_{漫顶} < 0\} \\
&= \int_{h_0}^{+\infty} f(h)\mathrm{d}h + \int_{h_1}^{h_0} p'(h) \cdot f(h) \cdot k(h)\mathrm{d}h \\
&= 1 - F(h) + \int_{h_1}^{h_0} p'(h) \cdot f(h) \cdot k(h)\mathrm{d}h
\end{aligned} \tag{4-9}
$$

式中　h——防洪堤临水面洪水位；

h_0——堤顶高程；

h_1——计算起始水位；

$p'(h)$——洪水漫顶失事模式的条件概率分布函数，是洪水位的函数；

$f(h)$——洪水位概率密度函数，即为洪水位的年频率曲线；

$F(h)$——洪水位的概率分布函数；

$k(h)$——漫顶事件对水文失事风险的贡献权重函数，$k(h)=e^{h-h_0}$，$0<h\leqslant h_0$。

4.1.3.3　单元堤段渗透破坏风险率计算模型

堤防渗透破坏类型可分为堤身渗透破坏和堤基渗透破坏，实际工程中，堤基管涌破坏是堤防渗透破坏最主要的表现形式。管涌指在渗流作用下，无黏性土中的细小颗粒通过粗大颗粒的孔隙，发生移动或被水流带出的现象。堤防工程的管涌实际上包含了流土和管涌等渗透破坏现象。以堤基管涌破坏为典型模式，堤防单元堤段典型渗透破坏失事模式如图 4-4 所示。

堤防单元堤段渗透破坏风险率计算模型如下

$$
\begin{aligned}
P_{渗透} &= P\{Z_{渗透破坏} < 0\} \\
&= \int_{h_1}^{h_2} F_j(h) f(h)\mathrm{d}h
\end{aligned} \tag{4-10}
$$

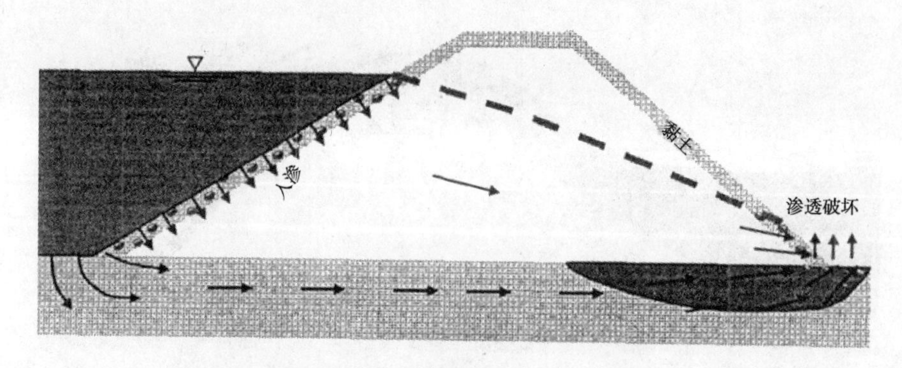

图 4-4　单元堤段典型渗透破坏模式

式中　$Z_{渗透破坏}$——单元堤段渗透破坏功能函数；

h_1——计算起始洪水位，其下限是河(江)底高程；

h_2——计算堤防失事风险时规定的最高洪水位值，其上限是堤顶高程 h_0；

$F_j(h)$——渗透破坏条件概率分布函数，是堤外洪水位 h 的函数。

建立堤防渗透破坏的功能函数为

$$Z = G(j_{\max}, j_c) = j_c - j_{\max} \tag{4-11}$$

渗透破坏失事条件分布概率函数 $F_j(h)$ 是堤防临水面洪水位 h 的关系函数，可通过建立堤防渗透破坏失事模式的功能函数，用可靠度计算方法模拟不同给定洪水位下的单元堤段渗透破坏失事条件概率，进而推求 $F_j(h)$。

渗透破坏失事条件概率分布函数 $F_j(h)$ 计算关键是对堤防背水面最大水力坡降 $j_{\max}$ 和堤防抗渗临界水力坡降 j_c 的统计特征的合理确定。显然，堤防背水面最大水力坡降 $j_{\max}$ 主要取决于堤防上下游水位差、堤防结构以及渗透系数，在给定洪水位条件下，对结构既定的堤防，其背水面最大水力坡降 $j_{\max}$ 就是渗透系数的函数，服从对数正态分布，而堤防抗渗临界水力坡降 j_c 取决于堤身堤基土的物理力学性质、施工质量以及受力状态等因素，相对复杂，但考虑到其本质性质与背水面水力坡降相同，故亦可假定它服从对数正态分布。

4.1.3.4　单元堤段岸坡失稳风险率计算模型

堤防岸坡滑动失稳风险率计算模型需考虑临水面岸坡滑动失稳模式和背水面岸坡滑动失稳模式，堤防典型岸坡失稳模式如图 4-5 所示。

堤防岸坡失稳风险率计算模型可表示为

$$\begin{aligned} P_{滑动} &= P_{背水面} + P_{临水面} \\ &= P\{Z_{背水面} < 0\} + P\{Z_{临水面} < 0\} \\ &= \int_{h_1}^{h_2} F_S^1(h) f(h) \mathrm{d}h + \int_{h_1}^{h_2} F_S^2(h) f(h) \mathrm{d}h \\ &= \int_{h_1}^{h_2} [F_S^1(h) + F_S^2(h)] f(h) \mathrm{d}h \end{aligned} \tag{4-12}$$

式中　$Z_{背水面}$——单元堤段背水面岸坡滑动失稳功能函数；

$Z_{临水面}$——单元堤段临水面岸坡滑动失稳功能函数；

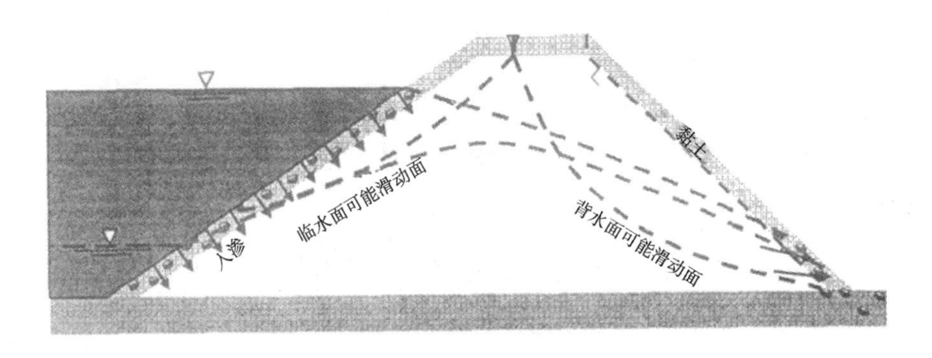

图 4-5　单元堤段典型岸坡失稳模式

$F_S^1(h)$——单元堤段背水面岸坡失稳条件概率分布函数，是堤外洪水位 h 的函数；

$F_S^2(h)$——单元堤段临水面岸坡失稳条件概率分布函数，是堤外洪水位 h 的函数。

岸坡失稳条件概率分布函数 $F_S^1(h)$ 和 $F_S^2(h)$ 均是堤防临水面（上游）洪水位 h 的函数，可通过分别建立起单元堤段背水面和临水面的岸坡失稳失事模式的功能函数，用可靠度计算方法模拟不同给定洪水位下的单元堤段背水面和临水面的岸坡失稳的条件概率，进而推求 $F_S^1(h)$ 和 $F_S^2(h)$。

4.1.4　单元堤段综合失事风险率

按照系统失效模式间的逻辑关系，可将系统分为串联体系和并联体系两种基本类型。串联体系是指系统中有一种或一个失效模式出现则整个系统就会失效的体系，并联体系是指系统中全部失效模式出现时系统才会失效的体系。系统失效概率取决于分项失事模式的失效概率以及失事模式间的关联程度。以 P_i 表示系统各单元失事模式的失效概率，P_f 代表系统失效概率，n 表示失效模式个数，系统失效概率解析解如表 4-1 所示。

表 4-1　系统失效概率解析解

系统类型	互不相容	相互独立	完全相关	下界限	上界限
串联体系	$P_f=\sum_{i=1}^{n}P_i$	$P_f=1-\prod_{i=1}^{n}(1-P_i)$	$P_f=\max(P_i)$	$P_f=\max(P_i)$	$P_f=\sum_{i=1}^{n}P_i$
并联体系	$P_f=0$	$P_f=\prod_{i=1}^{n}P_i$	$P_f=\min(P_i)$	0	$P_f=\min(P_i)$

在土木和水利工程中，互不相容事件几乎是不可能遇到的，因此表 4-1 中相互独立事件的系统失效概率可作为串联体系的上界限以及并联体系的下界限。对于拥有 n 个可能失效模式的串联体系，其失事概率 P_f 的一般界限范围可表示为

$$\max(P_i)\leqslant P_f\leqslant 1-\prod_{i=1}^{n}(1-P_i) \tag{4-13}$$

单元堤段可看做由各分项失事模式构成的串联体系，单元堤段综合失事风险率 P_f 的界限同样可用式(4-13)表示。考虑到单元堤段分项失事模式的失事风险率一般都很小，忽略式(4-13)中上界限中的二次及二次以上项，单元堤段综合失事风险率 P_f 的界限范围

可近似表示为

$$\max(P_i) \leqslant P_f \leqslant \sum_{i=1}^{n} P_i \tag{4-14}$$

针对一般界限法中存在的界限范围过宽的问题,Ditlevsen 导出了结构体系失效概率的窄界限范围公式为

$$P_1 + \max\left[\sum_{i=2}^{n}\left(P_1 - \sum_{j=1}^{i-1} P_{i,j}\right),0\right] \leqslant P_f \leqslant \sum_{i=1}^{n} P_i - \sum_{i=2}^{n} \max_{j\leqslant i} P_{i,j} \tag{4-15}$$

式中　$P_{i,j}$——失事模式 i 和 j 都发生的失效概率。

4.1.5　堤段综合失事风险率

设堤防系统由 n 个单元堤段组成,以 E_1、E_2、…、E_n 表示各单元堤段失事事件,则整个堤防系统综合失事风险率可表示为

$$P_f^T = P\{E_1 \cup E_2 \cup \cdots \cup E_n\} \tag{4-16}$$

$$P_f^T = \sum_{i=1}^{n} P(E_i) - \sum_{1\leqslant i\leqslant j\leqslant n} P(E_iE_j) + \sum_{1\leqslant i\leqslant j\leqslant k\leqslant n} P(E_iE_jE_k) + \cdots + (-1)^{n-1} P(E_1E_2\cdots E_n) \tag{4-17}$$

式中　$P(E_iE_j)$——单元堤段 i 和单元堤段 j 同时失事的概率;

$P(E_1E_2\cdots E_n)$——单元堤段 1、单元堤段 2、…、单元堤段 n 同时失事的概率。

由于堤防单元堤段失事的概率一般都较小,考虑两个单元堤段同时发生失事破坏的概率相对更小,因而三个或三个以上的单元堤段同时发生失事破坏的概率就会非常小,对堤防系统综合失事风险率 P_f^T 几乎没有贡献,也就失去了其研究意义。因此,堤防系统失事综合风险率式(4-17)可简化为

$$P_f^T = \sum_{i=1}^{n} P(E_i) - \sum_{1\leqslant i\leqslant j\leqslant n} P(E_iE_j) \tag{4-18}$$

由于单元堤段失事事件又包含单元堤段的分项失事模式,因而单元堤段失事事件应看做复合事件。由可靠指标的定义知,单元堤段失事风险率服从正态分布,因而可假定任意两个单元堤段 i 和单元堤段 j 的二维联合概率分布也服从正态分布,则堤防系统失事综合风险率可表示为

$$P_f^T = \sum_{i=1}^{n} P_{f_i}^d - \sum_{1\leqslant i\leqslant j\leqslant n} \Phi(-\beta_i, -\beta_j, \rho_{ij}) \tag{4-19}$$

式中　$P_{f_i}^d$——单元堤段 i 失事的综合风险率;

β_i——单元堤段 i 失事的综合可靠指标,$\beta_i = -\Phi^{-1}(P_{f_i}^d)$;

ρ_{ij}——单元堤段 i 和单元堤段 j 失事事件间的相关系数;

$\Phi(-\beta_i, -\beta_j, \rho_{ij})$——二维标准正态分布函数。

分项失事模式在各单元堤段间的相关性可借助于空间随机场理论的相关函数来描述。从应用角度讲,可假定堤防场地为均匀高斯场,它是空间随机特性统计描述一个非常有用的工具,Vrijling 和 Vrouwenvelder 给出的用两点间距离函数描述的两点间的相关系数计算公式就是基于高斯相关模型而建立的。高斯相关模型可以表示为

$$\rho(\Delta z) = \exp\left[-\left(\frac{\Delta z}{d}\right)^2\right] \tag{4-20}$$

式中　Δz——两个单元堤段中心的纵向距离,m;

d——波动范围,m,与相关距离 θ 有关的参数,其中 $\theta=\sqrt{\pi}$。

4.1.6　堤段综合失事风险评价

风险分析包含两部分内容:一是工程失事风险率的估算,二是失事后果(即风险损失)的度量。

堤防失事后果的度量主要是对洪灾经济损失的研究,工程实践中常采用面上综合洪灾损失指标计算模型。面上综合洪灾损失指标有三种表示形式,即人均损失值(元/人)、单位耕地面积损失值(亩[1]均损失(元/亩)、单位受淹面积洪灾损失值(万元/km²)。预估农村洪灾损失一般用亩均损失指标,预估城镇洪灾损失一般用人均损失指标,也可以都用单位面积洪灾损失指标预估洪灾损失。面上综合洪灾损失指标计算公式可表示为

$$D_p = (1+K)D_d + C_p = (1+K)\beta_i A + C_p \tag{4-21}$$

或

$$D_p = (1+K)n_i N + C_p \tag{4-22}$$

式中　D_p——一次洪灾总经济损失,元;

D_d——一次洪灾造成的总直接经济损失,元;

C_p——抗洪、抢险、救灾、转移、安置、救济等费用,可调查统计求得,元;

K——综合洪灾间接损失系数(%);

β_i——亩均损失值或单位面积损失值,元/亩;

A——淹没耕地面积或淹没面积,亩;

n_i——人均损失值,元/人;

N——受淹人口数。

失事后果—水位函数定义了可能失事后果与洪水特征之间的关系,可能损失是基于历史洪灾损失信息、问卷调查以及模型试验等得到的,这也是世界各国普遍应用的传统洪灾损失估计方法。堤防系统失事后果严重程度与淹没范围、淹没水深、淹没历时、流速以及各类承灾体易损性等密切相关,而淹没范围、淹没水深、淹没历时、流速又与堤防失事的洪水特征密切相关,因此堤防系统失事后果是堤防系统洪水位的非线性函数。

采用式(4-21)和式(4-22)可近似估算堤防系统某一级洪水位下失事引发的洪灾经济后果,为了得到堤防系统失事后果与洪水位的关系函数,可引入洪灾损失系数(洪灾损失系数是面上综合洪灾损失值与其可能最大损失值的比例系数,与淹没深度有关)来考虑不同淹没深度下洪灾经济损失。根据洪灾记录、问卷调查、模型试验甚至一维和二维非恒定流计算确定水位与淹没深度函数关系,进而可推求洪灾损失系数与水位的关系函数。基于式(4-21)和式(4-22)计算堤防系统失事后果的可能最大值 D_p,利用所推求的洪灾损失系数与水位关系函数,根据式(4-23)可得到堤防系统失事后果 D 与水位的关系曲线。这一过程如图 4-6 所示。

---

[1] 1 亩 = 1/15 hm²。

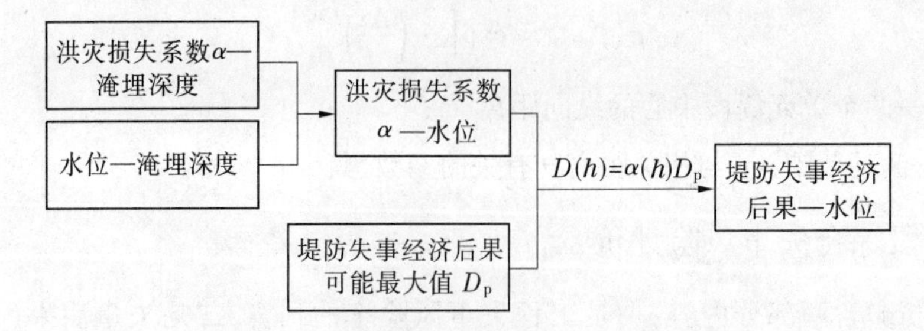

图 4-6　堤防失事经济后果与水位关系计算流程

根据工程界对风险的普遍定义,可知堤防综合失事风险可表示为

$$R = P_f^T D \tag{4-23}$$

式中　R——堤防综合失事风险;

P_f^T——堤防系统失事综合风险率;

D——堤防失事经济后果。

根据前述分析,P_f^T、D 和 R 的单位可以表示为 1/年、元和元/年。

对堤防工程来讲,堤防系统失事综合风险率以及失事后果经济损失都直接受洪水位的影响,因此用堤防系统失事综合风险率 P_f^T—洪水位 H 的关系曲线和堤防失事经济后果 D—洪水位 H 的关系曲线来表征堤防安全性更具有实际意义,进而获得堤防失事经济后果 D—失事综合风险率 P_f^T 关系曲线,可为堤防工程汛期运行管理提供更多的支持。同时,根据式(4-23)可分别求出不同计算上限洪水位下堤防失事综合风险 R,形成堤防系统失事风险 R—洪水位 H 的关系曲线。依据堤防系统失事综合风险率 P_f^T—洪水位 H、堤防失事经济后果 D—失事综合风险率 P_f^T 和堤防综合失事风险 R—洪水位 H 这三条曲线可从风险分析角度对堤防的安全性作出评价,给堤防运行管理特别是汛期运行管理提供建议,具有非常重要的意义。

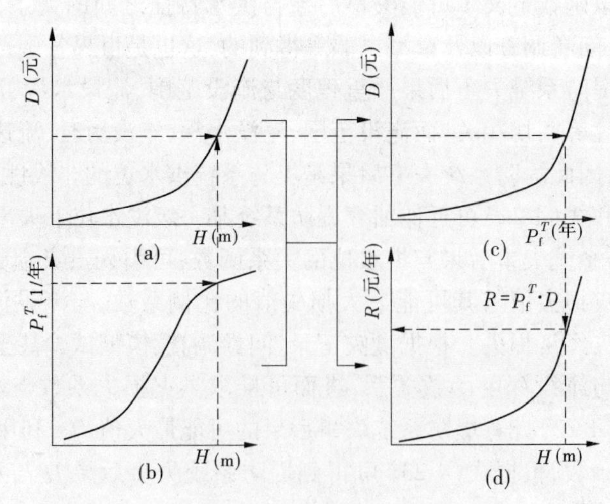

图 4-7　$D \sim P_f^T$ 曲线与 $R \sim H$ 曲线转化

4.2　堤防工程安全评价

“堤防工程安全性”这一术语是一个内涵较广泛的综合概念,它是指堤防工程通过常规的安全维护和管理,不发生漫溢和溃决等重大事故,从而保证保护区一定标准的安全性。据此,完整的堤防工程安全评价应主要包括堤防工程分项安全评价和综合安全评价两个层次。堤防工程安全评价流程示意图见图 4-8。

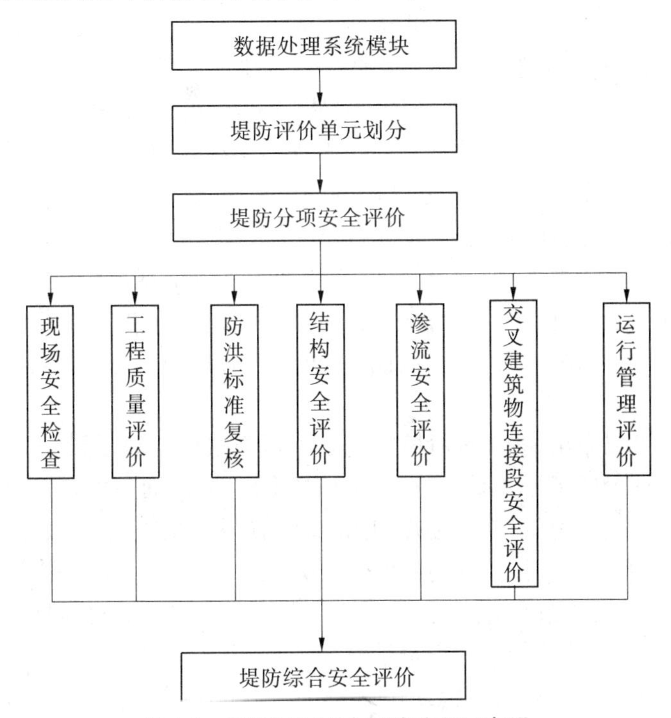

图 4-8　堤防工程安全评价流程示意图

4.2.1　安全评价研究现状

我国水利工程安全评价的研究工作始于大坝安全性综合评价研究。20 世纪 70 年代以来,结合数十座大坝的安全分析和监控等科研项目,在数学监控模型、参数和边界条件反分析、拟定变形监控指标和大坝安全综合评价专家系统等方面取得了一大批成果,建立了完整的大坝安全监控和评价的理论体系。目前,大坝的安全分析和评价已从单因素发展到多因素,从单项分析发展到多项综合分析和综合安全评价。

与大坝安全评价相比,国内外对于堤防等其他水利工程的安全评价研究尚处于起步阶段,目前还没有形成一个适用的理论和方法。有关资料表明,堤防工程的技术分析、风险评估和安全评价已成为今后堤防工程科学管理的发展方向。不同国家针对自己的国情和堤防工程的特点,研究的侧重点不同。例如,日本堤防的防洪标准不算高,但质量很高,能基本保证不出险情或者是在洪水漫顶情况下也不会溃堤,因而对堤防工程失事风险考虑得不多,但围绕堤防破坏机制进行的科学试验较为深入,在堤防工程安全性调查方法、内容和渗透安全性评价等方面积累的经验也可供我们借鉴。荷兰的堤防大多数为海堤,堤防系数由封闭的堤防圈构成,同一堤防圈内设防标准相同,防洪水位一致,注重波浪对堤防的破坏作用,荷兰在堤防设计中采用可靠性设计方法,设有相应的风险标准,其经验和思路可供我国参考和借鉴。

国内对堤防工程安全评价的研究起步较晚。自1998年特大洪水后,堤防工程安全评价的重要性已经引起重视,堤防的安全评价已经作为堤防加固设计和立项审批的重要依据之一。《堤防工程设计规范》(GB 50286—98)就明确规定:堤防的安全鉴定是对所研究堤段的防洪能力的综合检验和评价,是堤防加固设计前工作的重要组成部分。

现阶段,国内已有众多学者致力于堤防安全评价方面的研究。黄河水利科学研究院、河海大学系统地研究了黄河堤防安全的主要影响因素、堤防的破坏机制,构建了黄河堤防工程安全综合评价的体系结构,建立了堤防工程安全综合评价模型,提出了评价方法,初步建立了堤防工程安全评价和预警系统的理论框架;李青云、张建民结合长江堤防分析研究了堤防工程的安全评价问题,并用模糊数学与层次分析法相结合建立了堤防工程综合评价模型;周小文、包伟力以堤防自动化监测数据为评价依据,对渗透安全采用确定性评价模型和概率评价模型进行了评价;李庆安、赵玉青采用人工神经网络的 *BP* 模型开展堤防安全度评价;汪自力、顾冲时等针对目前堤防工程的管理现状,对堤防工程的安全评估进行了细致分析。

从有关资料可以看出,我国现阶段的堤防工程安全评价缺乏科学、规范、统一的堤防工程安全性调查评价的指标体系、调查方法和技术标准,因而在堤防加固设计之前都还没有进行过专门的安全评价工作,只是在加固设计的过程中进行堤防工程的安全论证和复核,一般是参照土坝的办法核算堤防断面是否满足设计要求或者根据堤防的运行状况、险情、历代加高加固的历史过程等进行安全性分析论证,必要时再对堤身抗滑稳定性和堤基渗透稳定性进行复核,计算相应的安全系数。

由于国情不同,我国不宜直接套用其他国家的安全标准,在堤防工程安全评价研究方面也不能直接套用国外的方法,有必要在借鉴国内外一些现行方法的基础上,根据特定堤防工程的特点,探讨堤防工程安全评价的理论问题,建立适合我国国情的堤防工程安全评价导则,为堤防的安全运行、日常管理、除险加固提供强有力的保障。

4.2.2 堤防评价单元划分方法

堤防评价单元的划分是堤防工程安全评价的基本步骤,评价单元划分应综合考虑洪水特性、河道特性、堤身和堤基结构特征、护坡条件、地质条件、出险历史等因素的影响。由于评价单元划分的目的是获得具有代表性的单元堤段,为后续堤防安全评价工作的顺利开展提供依据,因此评价单元如何选取尤为关键。查阅相关的文献资料,目前有关堤防评价单元选取的研究还未见报道,现有的评价单元选取方法归纳起来主要有两种:

(1)随机抽样法是指按照随机等分或随机选取等原则作为堤防评价单元的划分方法。如张庆彬提出选择堤防断面基本特征相同的堤段,每1 km作为一个评价单元,按堤防总长度的20%进行评价,相似堤段可以直接引用评价结果,堤防薄弱堤段可考虑适当缩短;徐如海采用模糊－灰色关联理论评价南宁某堤防工程岸坡的稳定性时,采用随机方式抽取 6 个断面进行分析计算。

随机抽样法选取典型断面的优点是当所抽取的评价单元数量足够多时,能较真实反映堤防工程总体的特征,具有代表性。

(2)结合工程地质勘察资料和出险历史选取用于堤防工程安全评价的评价单元也是一种比较常用的方法。如邢万波在对南京市板桥河左岸堤防工程进行安全和风险分析时,结合工程地质勘察报告和出险历史,选择加固前后的 1995 年破圩断面作为断面样本,认为代表了板桥河堤防的总体工程地质特征。

该方法的优点是所选取的评价单元具有典型性,但是否能真正代表堤防工程总体的特征是值得探讨的一个问题。

上述两种评价单元选取方法各有千秋,但如何使用于堤防工程安全评价的评价单元划分更加科学合理,在本节将展开深入分析。

4.2.2.1　评价单元划分方法研究

评价单元是指为评价堤防安全类别而划分的堤防单元堤段,为提高评价合理性和可操作性,评价单元应选取具有典型性和代表性的单元堤段。

4.2.2.2　单元堤段总体确定

堤防单元堤段的总体为 Ω,单元堤段 $Y_i(Y_i \in \Omega, i=1,2,\cdots,n)$,则 Ω 取值的基本原则是:①险工段堤防,划分为险工堤段;②平工段堤防,堤防断面特征(堤防结构和土质,护坡条件)基本相近的堤段,划分为一种单元堤段;③如堤防断面基本特征相同堤段,自然边界条件(滩区宽度、洪水流量等)发生显著变化,则进一步划分为单元堤段。

4.2.2.3　单元堤段影响指标及分类

从考虑堤防工程安全的角度出发,结合堤防工程的实际情况,突出关键因素的影响。单元堤段的影响因素总体上可分为内部因素和外部因素,其中堤防结构特征和土质特性、断面形式及大小、堤身隐患、防护条件是内部因素,而洪水特性及河势变化则是最重要的外部因素。

假定单元堤段 Y_i 的多指标影响体系中,定量指标 X_i 为 m 个,定性指标 Z_i 为 n 个,则可构成单元堤段 $Y_i(Y_i \in \Omega)$ 的数据矩阵。

$$\begin{bmatrix} Y_1 & X_{11} & \cdots & X_{1i} & \cdots & X_{1m} & Z_{11} & \cdots & Z_{1i} & \cdots & Z_{1n} \\ Y_2 & X_{21} & \cdots & X_{2i} & \cdots & X_{2m} & Z_{21} & \cdots & Z_{2i} & \cdots & Z_{2n} \\ \vdots & \vdots & & \vdots & & \vdots & \vdots & & \vdots & & \vdots \\ Y_i & X_{i1} & \cdots & X_{ii} & \cdots & X_{im} & Z_{i1} & \cdots & Z_{ii} & \cdots & Z_{in} \\ \vdots & \vdots & & \vdots & & \vdots & \vdots & & \vdots & & \vdots \\ Y_n & X_{n1} & \cdots & X_{ni} & \cdots & X_{nm} & Z_{n1} & \cdots & Z_{ni} & \cdots & Z_{nn} \end{bmatrix}$$

定量指标 X_i 和定性指标 Z_i 相互独立,由于定量指标 X_i 可以用具体数值度量,而定性指标 Z_i 很难用精确的数学值表示,因此需研究采用不同的方法对各指标值进行区间分类。

定量指标 X_i 采用基于离差平方和的系统聚类分析法。系统聚类分析法是研究如何将对象按照多个方面的特征进行综合分类的一个统计方法,其基本思想是:首先定义能度量变量间相似程度的统计量,在此基础上求出各样品间相似程度的度量值;然后按相似程度,把变量逐一归类,关系密切的聚类到一个小的分类单位,关系疏远的聚合到一个大的分类单位,直到所有的变量都聚合完毕,形成一个由小到大的分类系统。

根据定量指标值间的离散程度差异,假定单元堤段 Y_i 分成 k 类,$G_1,G_2,\cdots,G_k$,设类 G_1 和 G_2 合并成新类 G_{12},G_1、G_2 和 G_{12} 的重心分别为 $\bar{x}_1$、$\bar{x}_2$、$\bar{x}_{12}$,则 G_1、G_2 和 G_{12} 的离差平方和法分别是

$$W_1 = \sum_{i \in G_1} (x_i - \bar{x}_1)'(x_i - \bar{x}_1) \tag{4-24}$$

$$W_2 = \sum_{i \in G_2} (x_i - \bar{x}_2)'(x_i - \bar{x}_2) \tag{4-25}$$

$$W_{12} = \sum_{i \in G_{12}} (x_i - \bar{x}_{12})'(x_i - \bar{x}_{12}) \tag{4-26}$$

W_1、W_2、W_{12} 分别反映了 G_1、G_2、G_{12} 类内单元堤段 Y_i 定量指标值的离散程度。如果 W_1 和 W_2 这两类相距较近,则合并后所增加的离差平方和法 $W_{12} - W_2 - W_1$ 应较小。

定性指标 Z_i 由于具有模糊性和非定量化的特点,故可采用专家打分法的思想确定定性指标的分类及区间范围,这里不再赘述。

4.2.2.4 单元堤段影响指标的分类组合优化

假定定量指标 X_i 将单元堤段 Y_i 分成 k_i 个分类,定性指标 Z_i 将单元堤段 Y_i 分成 k_j 个分类,则单元堤段 Y_i 的影响指标分类组合达到 $C_{m+n}^1 C_{k_i+k_j}^1 = (m+n) \times (k_i + k_j)$ 个,如何优化影响指标的分类组合十分关键,其基本思想见图 4-9。

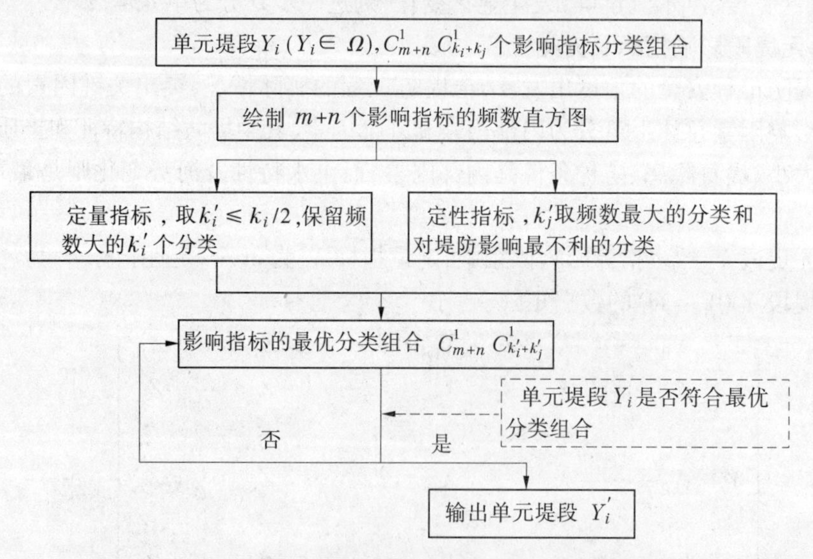

图 4-9 单元堤段影响指标的分类组合优化流程

单元堤段影响指标的分类组合优化通过编制 C 语言程序实现,其中定性指标取频数最大的分类和对堤防影响最不利的分类,主要是考虑堤防工程的实际情况,如影响堤防安全的历史险情,根据专家打分法可划分为四个类别,即重大险情、较大险情、一般险情和无险情。一般情况下,堤防发生一般险情或无险情的概率相对较高,即这两种类别的频数相对较大,而堤防发生重大险情的危害性最大,对堤防的影响最不利,故发生重大险情的堤

段也应视为重点评价对象。

4.2.2.5　单元堤段获取

符合影响指标最优分类组合的单元堤段 Y_i',其定量指标通过取其分类区间平均值,最终得到堤段评价单元 Y_i''。

4.2.2.6　应用实例

1)工程概况

黄河菏泽段位于黄河山东段的最上游,流经东明县、牡丹区、鄄城县、郓城县等4县区,河道全长185 km。其中东明县高村以上66 km为游荡性河段,两岸堤距5~23 km,纵比降1/6 000,主河槽宽1.2~3.3 km,河道宽、浅、乱,主槽摆动频繁。高村以下119 km为游荡性向窄河段转变的过渡性河段,两岸堤距4~9 km,纵比降1/8 000,主河槽宽0.6~1.3 km。河道总的特点是上宽下窄,纵比降上陡下缓,排洪能力上大下小。河床一般高出两岸地面4~6 m,设计防洪水位高于两岸地面8~11 m,由于黄河菏泽段泥沙淤积严重,形成槽高、滩低、堤根洼、堤外更洼的二级悬河危险局面。

本节选例的堤段为右岸郓城堤段(见图4-10),桩号285+000~313+075,总长约28.075 km,堤顶高程55.35~58.45 m,临河地区高程47.50~49.50 m,临、背河高差一般为2.0~4.0 m。堤身材料主要为砂壤土、壤土、黏土,堤基为砂壤土、黏土、壤土。堤身土的干密度平均约为1.49 g/cm^3。2002~2008年调水调沙期间,郓城县杨集上延工程共有17道坝出险128次,其中重大险情8次,一般险情多为坦石坍塌,重大险情多为墩蛰险情。

图4-10　菏泽右岸郓城堤段俯视图

2)单元堤段总体确定

菏泽右岸郓城堤段包括苏阁、杨集、伟庄3个险工段,根据《山东黄河二期标准化堤防工程(菏泽市局)工程地质勘察报告》结果,结合堤防结构、土质等,将郓城堤段划分为30个单元堤段。

表 4-2　菏泽右岸郓城县单元堤段总体

概化断面编号	堤防桩号	堤防类型	概化断面编号	堤防桩号	堤防类型
Y_1	285 + 000 ~ 285 + 166	平工段	Y_{16}	296 + 200 ~ 297 + 095	平工段
Y_2	285 + 166 ~ 285 + 433	平工段	Y_{17}	297 + 095 ~ 298 + 185	平工段
Y_3	285 + 433 ~ 285 + 700	平工段	Y_{18}	298 + 185 ~ 299 + 100	平工段
Y_4	285 + 700 ~ 285 + 925	平工段	Y_{19}	299 + 100 ~ 299 + 650	平工段
Y_5	285 + 925 ~ 287 + 700	平工段	Y_{20}	299 + 650 ~ 302 + 800	险工段
Y_6	287 + 700 ~ 288 + 200	平工段	Y_{21}	302 + 800 ~ 303 + 900	平工段
Y_7	288 + 200 ~ 289 + 900	平工段	Y_{22}	303 + 900 ~ 304 + 820	平工段
Y_8	289 + 900 ~ 290 + 800	险工段	Y_{23}	304 + 820 ~ 305 + 700	平工段
Y_9	290 + 800 ~ 291 + 500	险工段	Y_{24}	305 + 700 ~ 307 + 550	平工段
Y_{10}	291 + 500 ~ 292 + 000	险工段	Y_{25}	307 + 550 ~ 308 + 880	平工段
Y_{11}	292 + 000 ~ 293 + 300	平工段	Y_{26}	308 + 880 ~ 310 + 800	平工段
Y_{12}	293 + 300 ~ 293 + 980	平工段	Y_{27}	310 + 800 ~ 311 + 300	险工段
Y_{13}	293 + 980 ~ 294 + 900	平工段	Y_{28}	311 + 300 ~ 312 + 000	险工段
Y_{14}	294 + 900 ~ 295 + 450	平工段	Y_{29}	312 + 000 ~ 312 + 675	险工段
Y_{15}	295 + 450 ~ 296 + 200	平工段	Y_{30}	312 + 675 ~ 313 + 075	险工段

3）单元堤段影响指标及分类

根据郓城堤段特点以及目前所掌握的郓城堤段资料，选取堤身黏粒含量、堤身干密度、堤基结构、堤防隐患、滩区宽度、主流顶冲可能性共 6 个影响指标。

（1）定量指标的分类。

郓城各单元堤段堤身黏粒含量和干密度值见表 4-3，采用基于离差平方和的系统聚类分析法，运用统计软件 SPSS，可以得到堤身黏粒含量和干密度的聚类分析树状图（见图 4-11、图 4-12），从而划分堤身黏粒含量和干密度的指标值分类（见表 4-4）及区间范围。

（2）定性指标的分类。

黄河下游堤基结构大致可分为 9 种类型，包括一元结构（Ⅰ）、二元结构（Ⅱ）、多元结构（Ⅲ）和黄土类结构（Ⅳ），结合郓城堤段堤基结构特点，大致可划分为 4 种堤基结构类型。

黄河下游堤防隐患多为洞穴、软土夹层、决口的老口门及堤身裂缝等，根据黄河堤防隐患探测成果总结报告，通过分析隐患异常大小、前后戗截渗墙、堤防有无淤背等情况，将郓城堤段隐患分为四类：无淤背的具有明显裂缝洞穴隐患的隐患异常堤段，作为突出险点险段；有淤背的具有明显裂缝洞穴隐患的异常堤段，作为重点险点险段；松散土层、筑堤土质不均、裂隙发育，无明显裂缝洞穴隐患的异常堤段，作为一般异常堤段；无隐患异常的堤段，作为无异常堤段。

表 4-3　郓城堤段堤身黏粒含量和干密度统计结果

概化断面编号	堤身黏粒含量(%)	堤身干密度(g/cm^3)	概化断面编号	堤身黏粒含量(%)	堤身干密度(g/cm^3)
Y_{1}	14.3	92	Y_{16}	11.7	58
Y_{2}	13.8	90	Y_{17}	19.1	81
Y_{3}	13.4	66.7	Y_{18}	29.5	64
Y_{4}	27.2	20	Y_{19}	9.67	95
Y_{5}	17.3	28	Y_{20}	10.02	48
Y_{6}	17.3	28	Y_{21}	14.5	57
Y_{7}	30.4	25	Y_{22}	13.5	57
Y_{8}	19.8	50	Y_{23}	9.2	72
Y_{9}	18.3	33.3	Y_{24}	16.6	40
Y_{10}	17.9	35	Y_{25}	19.8	45
Y_{11}	17.3	32.6	Y_{26}	18.3	62.5
Y_{12}	12.7	10	Y_{27}	17.0	66.7
Y_{13}	15.6	10	Y_{28}	14.2	38
Y_{14}	18.1	25	Y_{29}	18.9	35
Y_{15}	9.24	57	Y_{30}	17.5	58

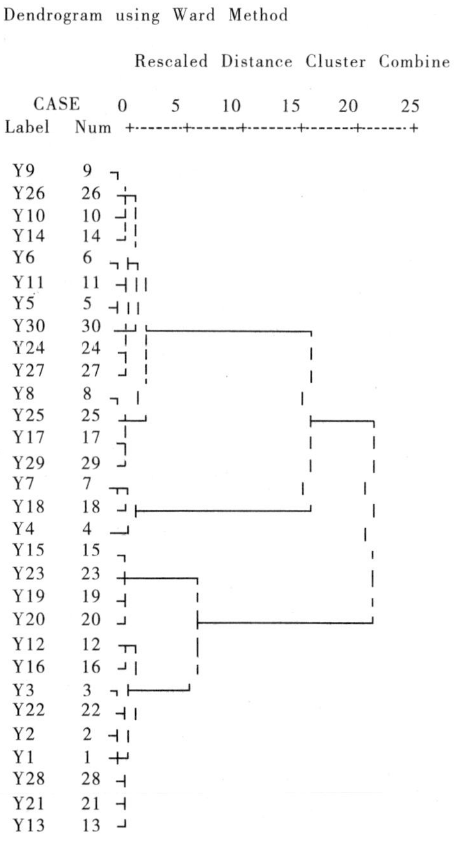

Dendrogram using Ward Method

Rescaled Distance Cluster Combine

CASE 0 5 10 15 20 25
Label Num

Y9 9
Y26 26
Y10 10
Y14 14
Y6 6
Y11 11
Y5 5
Y30 30
Y24 24
Y27 27
Y8 8
Y25 25
Y17 17
Y29 29
Y7 7
Y18 18
Y4 4
Y15 15
Y23 23
Y19 19
Y20 20
Y12 12
Y16 16
Y3 3
Y22 22
Y2 2
Y1 1
Y28 28
Y21 21
Y13 13

图 4-11　郓城单元堤段堤身黏粒含量聚类分析树状图

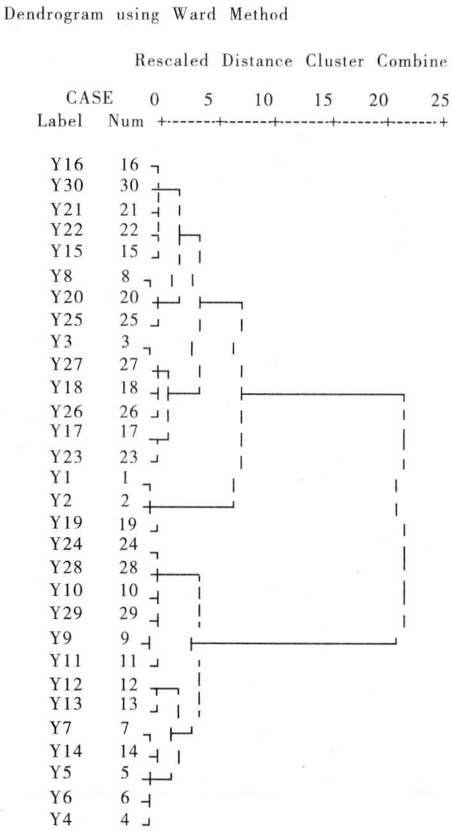

Dendrogram using Ward Method

Rescaled Distance Cluster Combine

CASE 0 5 10 15 20 25
Label Num

Y16 16
Y30 30
Y21 21
Y22 22
Y15 15
Y8 8
Y20 20
Y25 25
Y3 3
Y27 27
Y18 18
Y26 26
Y17 17
Y23 23
Y1 1
Y2 2
Y19 19
Y24 24
Y28 28
Y10 10
Y29 29
Y9 9
Y11 11
Y12 12
Y13 13
Y7 7
Y14 14
Y5 5
Y6 6
Y4 4

图 4-12　郓城单元堤段堤身干密度聚类分析树状图

表 4-4 郓城堤段定量指标的分类

分类	1	2	3	4
黏粒含量(%)	9 ~ 11	11 ~ 16	17 ~ 20	27 ~ 31
分类	1	2	3	
干密度(g/cm^3)	12 ~ 35	45 ~ 80	90 ~ 95	

由于黄河滩区表土层绝大多数为河流新近冲积形成，土质松散，抗冲能力相对较差，一旦黄河来水量突破冲淤平衡界限，水流对滩岸的冲蚀将对堤基和堤岸稳定性造成不利影响。将平滩流量对应的外滩稳定宽度（以 T_B 表示）划分为四个类别：$T_B \gg 200$ m 为宽外滩，$T_B = 100 \sim 200$ m 为较宽外滩，$T_B = 50 \sim 100$ m 为较窄外滩，$T_B \ll 50$ m 为窄外滩。

主流顶冲堤防工程，将可能致使堤防工程临河侧堤坡产生滑塌等险情。由于郓城堤段主要是苏阁险工、杨集险工和伟庄险工存在主流顶冲可能性，故该定性指标仅分为两个类别，即顶冲和不顶冲（见表 4-5）。

表 4-5 郓城堤段定性指标的分类

分类	1	2	3	4
堤基结构	由单一的厚层或较厚的砂性土或粉细砂组成的一元结构	以黏性土为主的多元结构	以砂性土为主的多元结构	上部黏性土层厚度小于 3 m，下部砂层厚度大的二元结构
分类	1	2	3	4
堤防隐患	无淤背的具有明显裂缝洞穴隐患的突出险点险段	有淤背的具有明显裂缝洞穴隐患的重点险点险段	松散土层、筑堤土质不均、裂隙发育，无明显裂缝洞穴隐患的一般异常点段	无隐患堤段
分类	1	2	3	4
滩区宽度（平滩流量对应的外滩稳定宽度 T_B）	$T_B \gg 200$ m 的宽外滩	$T_B = 100 \sim 200$ m 的较宽外滩	$T_B = 50 \sim 100$ m 的较窄外滩	$T_B \ll 50$ m 的窄外滩
分类	1		2	
主流顶冲可能性	顶冲		不顶冲	

4）单元堤段影响指标的分类组合优化

根据上述影响指标的分类结果，建立郓城单元堤段 Y_i 的多指标分类统计表（见表 4-6），绘制各影响因素指标分类的频数直方图（见图 4-13）。

表 4-6　郓城单元堤段 Y_i 的多指标分类统计结果

单元堤段编号	Y_1	Y_2	Y_3	Y_4	Y_5	Y_6	Y_7	Y_8	Y_9	Y_{10}	Y_{11}	Y_{12}	Y_{13}	Y_{14}	Y_{15}
堤身黏粒含量	2	2	2	3	3	3	4	3	3	3	3	2	2	3	1
堤身干密度	3	3	2	1	1	1	1	2	1	1	1	1	1	1	2
堤基结构	2	2	3	3	1	3	2	3	3	3	3	4	1	3	3
堤防隐患	4	4	4	4	3	4	3	4	2	2	2	4	2	3	1
滩区宽度	1	1	1	1	1	1	1	4	4	3	1	1	1	1	1
主流顶冲可能性	2	2	2	2	2	2	2	1	1	1	2	2	2	2	2
单元堤段编号	Y_{16}	Y_{17}	Y_{18}	Y_{19}	Y_{20}	Y_{21}	Y_{22}	Y_{23}	Y_{24}	Y_{25}	Y_{26}	Y_{27}	Y_{28}	Y_{29}	Y_{30}
堤身黏粒含量	2	3	4	1	1	2	2	1	3	3	3	3	2	3	3
堤身干密度	2	2	2	3	2	2	2	2	1	2	2	2	1	1	2
堤基结构	3	3	3	3	1	3	3	1	3	3	3	3	3	3	3
堤防隐患	1	1	4	4	4	4	4	4	4	4	4	1	2	2	2
滩区宽度	1	1	1	1	1	1	1	1	1	1	4	1	1	1	1
主流顶冲可能性	2	2	2	2	1	2	2	2	2	2	1	2	2	2	2

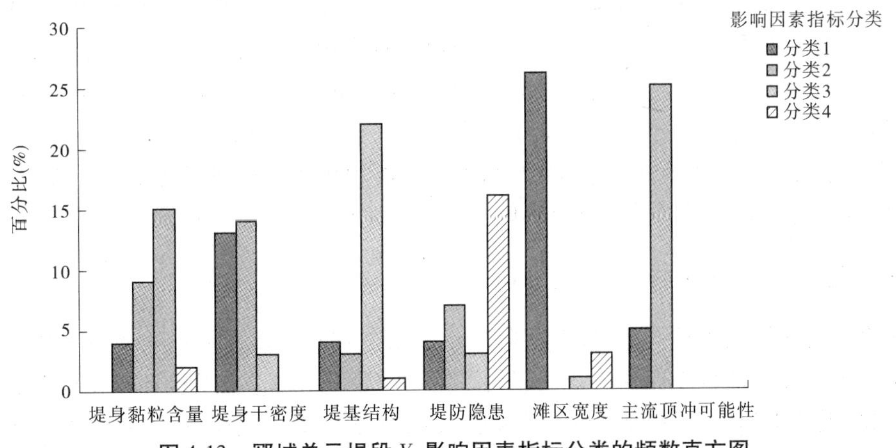

图 4-13　郓城单元堤段 Y_i 影响因素指标分类的频数直方图

编制单元堤段影响指标的分类组合优化 C 程序，得到影响指标最优分类组合的单元堤段 Y'，通过取其定量指标的分类区间平均值，最终得到堤防评价单元 Y''，见表 4-7、表 4-8。

表 4-7　符合多指标最优分类组合的单元堤段 Y'

单元堤段 Y'	多指标最优分类组合	单元堤段 Y'	多指标最优分类组合
Y_3、Y_{21}、Y_{22}	223412	Y_{16}	223112
Y_4、Y_6、Y_{24}	313412	Y_{17}、Y_{27}	323112
Y_8、Y_{26}	323441	Y_{25}	323412

表 4-8　郓城堤防评价单元 Y''

代表性单元堤段 Y''	堤段桩号	堤身黏粒含量（%）	堤身干密度（g/cm^3）	堤基结构	堤防隐患	滩区宽度	主流顶冲可能性
Y''_1	285 + 433 ~ 285 + 700 302 + 800 ~ 303 + 900 303 + 900 ~ 304 + 820	13.7	60.2	以砂性土为主的多元结构	无隐患	宽外滩	不顶冲
Y''_2	285 + 700 ~ 285 + 925 287 + 700 ~ 288 + 200 305 + 700 ~ 307 + 550	18.1	21.6	以砂性土为主的多元结构	无隐患	宽外滩	不顶冲
Y''_3	289 + 900 ~ 290 + 800 308 + 880 ~ 310 + 800	18.1	60.2	以砂性土为主的多元结构	无隐患	窄外滩	顶冲
Y''_4	296 + 200 ~ 297 + 095	13.7	60.2	以砂性土为主的多元结构	无淤背的具有明显裂缝洞穴隐患的突出险点险段	宽外滩	不顶冲
Y''_5	297 + 095 ~ 298 + 185 310 + 800 ~ 311 + 300	18.1	60.2	以砂性土为主的多元结构	无淤背的具有明显裂缝洞穴隐患的突出险点险段	宽外滩	不顶冲
Y''_6	307 + 550 ~ 308 + 880	18.1	60.2	以砂性土为主的多元结构	无隐患	宽外滩	不顶冲

综合考虑堤防工程各堤段结构特征、地质条件、出险历史、洪水特性和河道特性等差异，确定堤防工程单元堤段的总体；分析影响单元堤段安全性的因素，建立单元堤段多指标影响体系并进行区间分类，多指标影响体系包括定量指标和定性指标，其中定量指标值的区间分类采用基于离差平方和的系统聚类分析法，定性指标值的区间分类采用专家打分法；构建单元堤段影响指标的分类组合，编程计算得出符合影响指标最优分类组合的单元堤段，然后通过对定量指标值分类区间平均，最终获得堤防评价单元。

4.2.3　堤防工程安全评价导则

随着堤防保护区内社会经济的迅猛发展，堤防工程在防洪减灾中的地位不断加强，加强堤防工程的安全评价工作对于堤防设计、除险加固、防汛抢险、工程管理具有重要意义。为此，编制堤防工程安全评价导则（建议稿），规范堤防工程安全评价的内容、方法及标准，保证堤防工程安全鉴定的质量。

堤防工程安全评价导则

1　总则

1.1　为做好堤防工程安全鉴定工作，规范其技术工作的内容、方法及标准，保证堤防工程安全鉴定的质量，制定本导则。

1.2　本导则适用于河流、湖泊 3 级（重现期 30 年）以上堤防工程的安全评价，4、5 级堤防和海堤工程可参照本导则执行。

1.3　堤防工程安全是指堤防工程及穿堤建筑物的强度、稳定性、耐久性对堤防及建筑物本身、人及周围环境的保证。

1.4　验收后的新建堤防或已达标堤防一般根据堤防工程的级别或保护区经济社会发展状况每 10 ~ 30 年进行一次堤防工程安全评价；出现重大险情或未达标的堤防应及时进行堤防工程安全评价。

1.5　堤防工程安全评价分为堤防工程调查和堤防工程复核评价两个程序。按照本导则 2、3 章的规定和要求作出的调查，应编写《堤防工程调查报告》；按照本导则 4 ~ 8 章的规定和要求作出的复核及综合评价，应编写《堤防工程安全评价报告》，结论应明确合理。

1.6　堤防工程质量及运行管理调查的基本方法有：

1　座谈询问。听取堤防工程管理单位关于堤防工程情况的介绍，向设计、建设、监理、施工等单位询问有关堤防工程建设的情况。

2　现场检查。通过直观检查或辅以简单测量、测试，复核堤防及建筑物的形体尺寸、外部质量以及运行情况等是否达到了原设计的要求和功能。

3　资料分析。查阅档案，对工程施工的质量控制、质量检验、监理以及验收报告等资料进行检查分析。

4　勘探、试验。当上述方法尚不能对工程质量作出调查结论，或者工程运行中出现异常时，可根据需要对堤防、建筑物或堤基进行补充勘探、试验或原位测试检查，取得原体参数，并据此进行复核。

5　取证。发现问题，应将问题的发生时间、表现形式，以书面、复印件、影像等材料作为佐证。

1.7　进行工程安全评价的堤防范围或堤段划分由工作任务书确定。堤防工程稳定性安全评价可以分为堤防整体安全评价和危险堤段安全评价。堤防工程稳定性整体安全评价应当选取具有代表性评价断面。评价断面的数量应根据堤防级别、堤基和堤身的差异程度确定，一般不少于 3 个。危险堤段的稳定性应进行专门的安全评价。

1.8　土石堤防工程性状安全性分为 A、B、C 三级，堤防工程安全分为一、二、三 3 类。防洪墙及穿堤建筑物可单独进行工程安全性分析。

1.9　堤防工程安全评价应根据国家现行有关规范复核堤防工程的级别，并按照堤防工程目前的工作条件及运行工况进行安全复核。复核所采用的资料和数据应准确可靠，所选取的计算参数应能代表堤防目前的性状，1、2 级堤防工程选取的计算参数必要时可通过测试获得。复核计算结果应当进行合理性分析。

1.10　堤防工程安全评价，除应符合本导则外，尚应符合国家现行有关法规和技术标准的规定。穿堤建筑物中的水闸工程安全评价应按照《水闸安全鉴定规定》(SL 214—98)执行。

2　堤防工程质量评价

2.1　一般规定

2.1.1　工程质量调查的目的和任务是：

1　调查堤防工程区的工程地质及水文地质条件；

2　调查堤防工程实体的施工质量，包括堤基清理、堤身填筑、堤岸防护工程施工、穿堤建筑物施工、透水处理等是否符合国家现行规范要求；

3 重点调查堤防工程运用中在质量方面的实际情况和变化，如位移沉降、堤身隐患、工程险情、高水位工况下渗漏、建筑物损毁等，能否确保工程的安全运行；

4 进行必要的勘探、试验，为堤防工程安全鉴定的有关复核或评价提供符合工程实际的参数；

5 为堤防工程除险加固提供指导性意见。

2.1.2 工程质量调查需要收集的资料包括：

1 工程地质及水文地质资料；

2 堤防工程设计成果；

3 关于堤身填筑、堤岸防护、穿堤建筑物、防渗处理等施工质量评定及验收的有关影像和资料；

4 工程在施工期间、日常管理及防汛抢险中出现的质量事故及其处理情况的有关资料；

5 竣工后历次质量检查资料。

2.2 堤身填筑质量

2.2.1 堤基及岸坡清理的施工质量是否达到了堤防工程设计、施工的技术要求，并符合《水利水电工程单元工程施工质量验收评定标准——堤防工程》(SL 239—2011)的规定。

2.2.2 堤防工程填筑质量应从以下几方面复查是否达到工程设计的技术要求，是否符合《堤防工程施工规范》(SL 260—98)、《水利水电工程单元工程施工质量验收评定标准——堤防工程》(SL 239—2011)的有关规定：

1 上堤土料的选择、开采质量控制；

2 铺土及碾压方法、压实标准及其施工质量、接合部的处理及其施工质量；

3 堤防与相邻混凝土、砌石体的连接及其施工质量。

2.2.3 当缺乏质量评定所需的基本资料、发现施工质量不满足规范要求或存在质量隐患时，应结合工程的运行工况补充必要的勘探、试验工作。

2.2.4 当已发现堤体有明显的不均匀沉降、裂缝、滑动、散浸或集中渗漏等现象时，应针对具体情况做补充探查和试验，在堤防的结构稳定性复核和渗流稳定性复核中作进一步论证。

2.3 堤岸防护质量

2.3.1 堤防的护脚、护坡工程质量应从以下几方面复查其填筑质量是否达到工程设计的技术要求，并符合《堤防工程施工规范》(SL 260—98)、《水利水电工程单元工程施工质量验收评定标准——堤防工程》(SL 239—2011)的有关规定：

1 防冲体护脚抛投数量、沉排护脚铺放面积及其施工质量；

2 护坡垫层料级配、厚度及其施工质量；

3 护坡砌体质量及其砌筑质量。

2.3.2 当缺乏质量评定所需的基本资料、发现施工质量不满足规范要求或存在质量隐患时，应结合工程的运行工况补充必要的测量工作。

2.3.3　当已发现护脚、护坡工程有明显的裂缝、滑动、坍塌等现象时，应针对具体情况作补充探查，在堤防的结构稳定性复核和抗冲稳定性复核中作进一步论证。

2.4　穿堤建筑物质量

2.4.1　穿堤建筑物质量应从以下几方面调查实际施工质量是否达到了工程设计、施工的技术要求，并符合《水工混凝土施工规范》(DL/T 5144—2001)、《混凝土结构工程施工质量验收规范》(GB 50204—2002)、《混凝土强度检验评定标准》(GB/T 50107—2010)等的有关规定：

1　水泥、砂石料(骨料)、钢筋、掺合料及外加剂等原材料的质量；

2　混凝土拌和及其入仓浇筑的质量；

3　混凝土养护(凝固后的)及其接缝处理的质量；

4　调查重点是混凝土实际的强度、抗渗、抗冻等级，是否满足规定要求。

2.4.2　对已发现的裂缝、剥蚀、漏水等问题需进行调查、检测，并分析其对堤防稳定性、耐久性以及整体安全的影响。

2.4.3　当缺乏质量评价所需的基本资料，或经调查的建筑物实际施工质量不满足要求或存在质量隐患时，应结合工程的运行工况对堤防进行实体检验或钻探、试验工作，对混凝土质量作进一步论证。

2.5　防渗工程质量

2.5.1　当堤基及堤身采用灌浆处理时，需调查其是否满足《水工建筑物水泥灌浆施工技术规范》(DL/T 5148—2001)、《水利水电工程高压喷射灌浆技术规范》(DL/T 5200—2004)的规定；当堤基及堤身采用防渗墙处理时，需调查其是否满足《水利水电工程混凝土防渗墙施工技术规范》(SL 174—96)的规定。

2.5.2　调查重点是施工中注水试验或压水试验检测的透水率是否达到设计要求，渗流控制结果是否满足渗流稳定性要求。

2.5.3　当缺乏质量评定所需的基本资料，或经调查的防渗工程实际施工质量不满足要求或存在质量隐患时，应结合工程的运行工况对防渗工程进行实体检验或钻探、试验工作，在渗流稳定性复核中对防渗质量作进一步论证。

2.6　工程质量调查结论

2.6.1　堤防工程质量评价分为优良、合格及不合格三级。

2.6.2　实际施工质量均达到规定要求，且工程运行中也未暴露出质量问题，可认为工程质量优良。

2.6.3　当实际施工质量大部分达到规定要求，或工程运行中已暴露出某些质量缺陷，但尚不影响工程安全时，可认为工程质量合格。

2.6.4　实际施工质量大部分未达到规定要求，或工程运行中已暴露出严重质量问题，影响工程安全时，可认为工程质量不合格。

3　堤防工程运行管理评价

3.1　一般规定

3.1.1　堤防工程管理调查是为安全鉴定提供堤防的运行、管理及性状等基础资料，作为堤防安全综合评价的依据之一。

3.1.2　堤防管理调查的内容包括堤防工程管理、维修养护、防汛抢险和安全监测。

3.2　堤防工程管理

3.2.1　堤防运行管理的各项工作应按相应的规范，结合堤防工程的具体情况，制定相应的规章制度，并有专人负责实施。

3.2.2　堤防工程管理单位应当按照水行政主管部门授予的职责，根据《中华人民共和国河道管理条例》（国务院令第3号），划定保护范围并对其施行河道整治、建设、保护、清障等管理。

3.3　堤防维修养护

3.3.1　对堤防工程、堤岸防护工程和穿堤建筑物，以及堤防安全所必需的安全监测仪器设备应经常维修，使其处于安全和完整的工作状态。对设备还应定期检查和测试，确保其安全和可靠的运行。以往做过的除险加固的堤防工程，应对其效果作详细记载和评价。

3.3.2　堤防工程管理单位应及时进行堤防隐患检查及白蚁防治。

3.3.3　堤防工程的维修，应按《堤防工程养护修理规程》（征求意见稿）和《混凝土坝养护修理规程》（SL 230—98）执行。

3.4　防汛抢险

3.4.1　堤防工程防汛机构应按照防御各级洪水的要求，结合堤防工程及防洪部署的具体情况，编制各防守堤段的防洪预案，报上级主管部门审定后执行。

3.4.2　堤防巡视检查的频次、项目、方法及要求应按照防汛预案执行。

3.4.3　在发生洪水时，应及时发现并报告险情，积极采取抢护措施，保证工程在设计防洪标准内不发生安全事故。

3.4.4　堤防工程管理单位应编写堤防运行大事记，专门记载运行中出现的异常情况，尤其是遭遇大洪水或高水位时堤防工作状况、工程出险及抢险情况。

3.5　堤防安全监测

3.5.1　堤防安全监测的项目、观测布置、观测设施及安装埋设、观测方法及要求、观测频次等，应按设计要求及相关规范执行。

3.5.2　监测资料整编分析要点如下：

1　监测资料应及时进行整编分析，以便通过监测资料及时了解堤防的性状，同时为堤防总体安全评价提供基本资料。

2　监测资料整编分析应严格审查监测资料（数据）的可靠性。

3　在资料分析的基础上，结合巡视检查结果，回答如下有关堤防总体性状的问题：①堤防变形、裂缝是否符合一般规律，是否趋于稳定，或有何异常；②堤防渗流是稳定的或是向有利方向发展，还是有恶化趋势；③堤身的浸润线是否正常，并与设计值相比较，若低于设计值，可初步判断堤防整体是稳定的，否则可能不稳定，应作进一步分析研究。

3.6　堤防运行管理调查结论

3.6.1　堤防工程是否得到完好的维修，并处于完整的可运行状态。

3.6.2　堤防工程防汛抢险是否按审定的防汛预案执行，险情处理是否及时、得当，抢险稳定后是否按照既定的方案恢复工程完整。

3.6.3　堤防安全监测设施是否完备；堤防安全监测是否按规范执行，并由监测资料整编分析初步结果，审查堤防的变形、渗流及稳定总体上是否处于正常状态。

3.6.4　综合 3.6.1～3.6.3 条的分析，对堤防运行管理进行综合评价。三条都做得好的，评为好；大部分做得好的，评为较好；大部分未做到的，评为差。

4　堤防防洪能力复核

4.1　一般规定

4.1.1　通常情况下，堤防工程防洪标准由原来批准的堤防规划、设计文件确定，堤防工程安全评价不再复核堤防工程的防洪标准。

4.1.2　在堤防工程防护区及防护对象发生重大变化的条件下，规划、设计应按照《防洪标准》(GB 50201—94)的规定，重新确定堤防工程的防洪标准；根据堤防工程防洪标准，按照《堤防工程设计规范》(GB 50286—98)的规定，重新确定堤防工程的级别。堤防工程安全评价则依据新批准的规划、设计文件，确定其防洪标准、工程级别。

4.1.3　堤防工程安全评价防洪标准复核的目的和任务是：

1　根据堤防设计阶段洪水计算的水文资料和设计以后延长的水文资料，考虑在此期间流域人类活动的影响和堤防工程现状，进行河流设计洪水的复核；

2　根据设计洪水流量在河道中的沿程变化，进行设计水面线计算分析；

3　根据设计洪水和现在湖泊状况，进行湖泊调洪演算；

4　根据设计水面线、设计堤顶超高，检查现在堤防高程是否满足现行有关规范的要求。

4.1.4　进行堤防工程防洪标准复核工作需要收集下列基本资料：

1　河道、湖泊地形图及河道纵横断面图；

2　与河流、湖泊相关的水库，分、蓄、调水工程的有关资料；

3　堤防设计文件中的设计洪水计算部分；

4　设计阶段以后流域内降雨资料、水位及流量实测成果、天然河道水面线资料；

5　湖泊的水位—库容曲线及湖泊出口的水位—泄量曲线；

6　堤防验收及前次安全鉴定资料。

4.1.5　防洪标准复核前，应对收集的资料进行审查，复核应按《水利水电工程设计洪水计算规范》(SL 44—2006)要求进行。

4.1.6　当堤防所在流域内有水库时，应对其上下游洪水各种组合方式进行防洪标准的复核。考虑上游水库拦洪作用对下游的有利因素时要留有足够余地，并应考虑上游水库超标准泄洪时的安全性。

4.2　设计洪水推求

4.2.1　设计洪水包括设计洪峰流量、设计洪水总量和设计洪水过程线。对于难以获得流量资料的中、小型河流，可采用雨量资料或经验公式推求洪水的方法，但应对其计算成果进行合理性检查。

4.2.2　由流量资料推求设计洪水。应用设计阶段洪水系列资料、历史调查洪水资料，加入设计阶段以后洪水资料，计算洪峰流量和洪水总量经验频率曲线；估算统计参数并绘制理论频率曲线；根据确定的统计参数用理论频率曲线计算各种频率洪水；在分析洪水成因和洪水特点的基础上,按规范要求选用对工程防洪运用较不利的有代表性的实测大洪水过程线作为典型洪水过程线,据以放大求取各种频率的洪水过程线。

4.2.3　由雨量资料推求设计洪水。当流域雨量站较多、分布比较均匀,并具有长期比较可靠的资料时,可直接选取各种时段的年最大面暴雨量,进行频率计算;当无法直接计算时,可用间接计算法,即先求流域中心附近代表站的设计点暴雨量,然后通过暴雨的点面关系,求相应的面暴雨量。由设计暴雨量扣除损失量,进行产流计算,求得设计净雨量。根据设计净雨过程线推求洪水的流量过程线。

4.2.4　河道洪水演进计算。设计洪水控制断面以下河道洪水沿程变化,可以采用出流与槽蓄关系法、马司京干法等进行演进计算。

4.3　河道水面线推算

4.3.1　河道水面线推算的实测断面应根据设计要求及河道变化情况进行选择。断面应选择在纵断面坡度变化处、弯曲处、形状及宽窄变化处、桥闸工程处、分流或汇流口的上下游;用水流能量方程式计算河道水面线,断面间各河段的落差变幅应有所控制。

4.3.2　河道糙率应采用本河道实测资料求得。如无实测资料,则可参照类似河道的糙率或公式计算予以确定。复式河道的糙率应分滩、槽确定。

4.3.3　河道水面线计算应考虑到桥梁及其他交叉建筑物的壅水影响。

4.3.4　河道水面线推算无论是采用水位流量关系法、水流能量方程式逐段试算法及图解法,还是使用计算机程序计算,其结果均应进行合理性分析。有天然河道水面线资料的河流,河道水面线推算成果应与它进行对比分析。

4.4　湖泊调洪计算

4.4.1　调洪计算应考虑不同典型的设计洪水。计算前应做好调洪计算条件的确定和有关资料的核查等准备工作。

1　核定起调水位:

(1)堤防设计未经修改的,应采用原设计确定的汛期水位。

(2)上游人类活动对设计洪水有较大改变的,应采用经过上级主管部门审批重新确定的汛期水位。

2　复核水位—库容曲线,对多泥沙河流上淤积比较严重的湖泊,要采用淤积后实测成果。

3　对于进出口有节制工程的湖泊,复核设计规定的(或经上级主管部门批准变更了的)调洪运用方式的实用性和可操作性,了解有无新的限泄要求。

4　复核出口节制建筑物水位—泄量曲线。

4.4.2　调洪计算一般采用静库容法,对动库容占较大比重的湖泊,宜用动库容法。

4.4.3　调洪计算时一般不考虑气象预报,但对于通信可靠、预报方案完善、预报精度较高的湖泊,在留有余地的情况下,可在调洪计算时适当考虑水情预报预泄。

4.5　防洪能力复核结论

4.5.1　堤防经过改、扩建,当工程防护范围改变,或因防护区环境变化而重要程度有改变时,堤防工程防洪标准及堤防级别应按照《防洪标准》(GB 50201—94)及《堤防工程设计规范》(GB 50286—98)的规定进行调整,并报上级主管部门批准。

4.5.2　河流堤防应根据《堤防工程设计规范》(GB 50286—98)中堤防安全的规定和《水利水电工程单元工程施工质量验收评定标准——堤防工程》(SL 239—2011)中工程质量标准,根据复核河流设计和校核洪水位,判别现状的堤顶超高是否满足相应规范的要求。

4.5.3　湖泊堤防应根据《堤防工程设计规范》(GB 50286—98)中堤防安全的规定和《水利水电工程单元工程施工质量验收评定标准——堤防工程》(SL 239—2011)中工程质量标准,根据复核湖泊设计洪水位及其相应的最大下泄流量,判别现在的堤顶超高及湖泊出口节制水闸的规模是否满足相应规范的要求。

4.5.4　堤防防洪能力复核应明确作出以下结论:

1　原设计的设计洪水是否需要修改;

2　堤防工程的实际抗洪能力是否满足国家现行规范要求。

5　结构稳定性复核

5.1　一般规定

5.1.1　结构稳定性复核的目的是按国家现行规范复核计算目前堤防稳定性是否满足要求。穿堤建筑物结构稳定性复核的重点是强度及稳定分析。

5.1.2　结构稳定性复核应结合现场检查和监测资料分析工作进行,对已暴露出的问题或异常工况应作重点复核计算。

5.1.3　结构稳定性复核需要下列基本资料:

1　勘测、设计资料;

2　堤防施工质量评定资料;

3　堤防竣工验收资料及现状纵横断面图;

4　堤防事故处理及近期勘探试验资料。

5.2　堤体及护坡结构稳定性

5.2.1　堤体及护坡稳定性复核计算要点如下:

1　稳定计算的工作条件按《堤防工程设计规范》(GB 50286—98)执行,并应采用堤防现状的实际环境条件和水位参数;

2　稳定计算方法按《堤防工程设计规范》(GB 50286—98)执行;

3　稳定分析所需的主要计算参数有抗剪强度和孔隙水压力,当无代表现状的抗剪强度参数时,对于1、2级堤防工程宜钻探取样,按《土工试验规程》(SL 237—1999)测定其抗剪强度。

稳定渗流期堤体及坝基中的孔隙水压力,应根据流网确定。对于1、2级堤防工程,其流网应根据孔隙水压力观测资料绘制。高水位下绘制流网所需的孔隙水压力,应由相应观测资料整理的数学模型推算。

水位降落期上游堤体内的孔隙水压力,宜优先采用原体观测值。当缺少原体观测资料时,对于无黏性土,可用一般计算方法确定水位降落期堤内浸润线位置,绘出瞬时流网,定出孔隙水压力;对于黏性土,可用《碾压式土石坝设计规范》(DL/T 5395—2007)附录C的近似方法估算孔隙水压力。

4　稳定计算所得到的堤坡抗滑稳定安全系数,应不小于《堤防工程设计规范》

(GB 50286—98)规定的数值。

5.2.2　堤体及护坡结构稳定复核结果的分级原则如下：

1　当堤体及护坡的抗滑稳定安全系数大于规范规定数值,且运行中无滑动异常征兆时,可认为该护坡工程的滑动性态是安全的,定为A级。

2　当堤体及护坡的抗滑稳定安全系数小于规范规定数值,但运行中无滑动异常征兆,或有一定滑动异常但不影响堤防安全时,可认为该护坡工程的滑动性态基本安全,定为B级。

3　当堤体及护坡的抗滑稳定安全系数小于规范规定数值,且运行中有严重滑动情况时,可认为该工程的滑动性态不安全时,定为C级。

5.3　防洪墙结构稳定性

5.3.1　防洪墙结构稳定性复核主要是复核强度与稳定是否满足规范要求。

5.3.2　防洪墙结构稳定性复核的复核方法主要有现场检查法、监测资料分析法及计算分析法。当有监测资料时,应优先采用监测资料分析法并结合现场检查与计算分析综合评价防洪墙的结构安全性;当缺乏监测资料时,可采用计算分析结合现场检查评价防洪墙的结构安全性。

1　现场检查法。通过现场检查和观察防洪墙的变形、沉降、位移、渗漏等情况,判断其结构安全性。

2　监测资料分析法。通过对防洪墙监测资料的整理分析,了解防洪墙的位移、变形、应力等观测值的变化、有无异常以及随作用荷载、时间、空间等影响因素而变化的规律,通过监测的实测值或数学模型推算值与有关规范或设计、试验规定的允许值的比较,判断防洪墙的结构安全性。

3　计算分析法。防洪墙应按照《混凝土重力坝设计规范》(SL 319—2005)规定的方法进行。

5.3.3　防洪墙强度复核主要包括应力复核与局部配筋验算,稳定复核主要是核算沿墙基面的抗滑稳定性。

5.3.4　防洪墙结构安全分析计算的有关参数,当观测资料或分析结果表明应力较高或变形较大或安全系数较低时,应重新试验确定计算参数。在有观测资料的情况下,应同时利用观测资料进行反演分析,综合确定各计算参数。

5.3.5　作用在防洪墙上的荷载及设计的荷载组合应符合《堤防工程设计规范》(GB 50286—98)的规定。

5.3.6　防洪墙结构稳定性的评价标准如下：

1　在现场检查或观察中,如发现下列情况之一,可认为防洪墙结构不稳定或存在隐患,并应进一步监测分析：

(1)墙体表面或孔洞、穿墙管道等削弱部位出现对结构安全有危害的裂缝；

(2)墙体混凝土出现严重腐蚀现象；

(3)在墙体表面或墙体内出现混凝土受压破碎现象；

(4)墙体沿墙基面发生明显的位移或墙身明显倾斜；

(5)墙基下游出现隆起现象；

(6)墙基发生明显变形或位移;

(7)墙基突然出现大量渗水或涌水现象。

2　当利用观测资料对防洪墙结构稳定性复核时,如出现下列情况之一,可认为防洪墙结构不安全或存在隐患:

(1)位移、变形、应力、裂缝开合度等的实测值超过有关规范或设计、试验规定的允许值;

(2)位移、变形、应力、裂缝开合度等在设计或校核条件下的数学模型推算值超过有关规范或设计、试验规定的允许值;

(3)位移、变形、应力、裂缝开合度等观测值与作用荷载。时间、空间等因素的关系突然变化,与以往同样情况比有较大幅度增长。

3　当采用计算分析进行防洪墙结构稳定性复核时,防洪墙的强度与稳定复核控制标准满足《堤防工程设计规范》(GB 50286—98)的要求,可认为防洪墙堤防结构安全。

5.4　穿堤建筑物结构稳定性

5.4.1　穿堤建筑物包括影响堤防安全的水闸、涵洞等。

5.4.2　穿堤建筑物的结构稳定性复核内容和方法应按照《水闸设计规范》(SL 265—2001)相关规定进行。

5.5　结构稳定性复核结论

5.5.1　结构稳定性复核结果应作出如下明确结论:

1　堤防抗滑稳定是否满足规范要求;

2　堤防是否产生危及安全的变形;

3　护坡抗滑稳定是否满足规范要求;

4　穿堤建筑物的强度及稳定性是否满足规范要求。

5.5.2　当上述问题不能满足要求时,应分析其原因和可能产生的危害。

6　渗流稳定性复核

6.1　一般规定

6.1.1　渗流稳定性复核的目的是复核原设计施工的堤防工程、增加的渗流控制措施和当前的实际渗流状态能否保证堤防按设计条件安全运行。

6.1.2　渗流稳定性复核包括以下内容:

1　复核堤防工程及穿堤建筑物的防渗与反滤排水设施是否完善,设计、施工(含基础处理)是否满足现行有关规范要求;

2　检查工程运行管理中,特别是洪水过程中发生过何种渗流异常现象,判断是否影响工程安全;

3　分析工程现状条件下堤防及其防渗和反滤排水设施的工作性态,并预测在未来高水位运行时的渗流安全性;

4　对存在问题的堤防应分析其原因和可能产生的危害。

6.1.3　渗流稳定性复核需要以下基本资料:

1　有关渗流异常情况的检查报告或记录,重大渗流事故及其处理情况。

2　堤防的工程地质与水文地质勘察报告和试验资料,各土层的颗粒组成、渗透系数、物理性指标、允许渗透比降。

3　工程设计文件。对土堤，应提供防渗和排水设计或有关说明，堤防纵、横剖面图，浸润线位置等；对防洪墙，应提供防洪墙纵、横向地下轮廓线形状，基础处理设施等。

4　施工及验收报告。应提供基础处理实际完成情况和质量，防渗工程与排水设施的实际完成情况和质量，以及施工中发现的重大渗流隐患及其处理措施。

6.1.4　工程现场检查发现以下现象，可认为堤防的渗流状态不稳定或存在严重渗流隐患：

1　通过堤基、堤身的渗流量在相同条件下不断增大，渗漏水出现浑浊或可疑物质，出水位置升高或移动等。

2　堤防上下游坝坡湿软、塌陷、出水，堤趾区严重冒水翻砂、松软隆起或塌陷，堤防临水出现旋涡、铺盖产生严重塌坑或裂缝。

3　堤体、穿堤管(洞)壁等结合部严重漏水，出现浑浊。

6.1.5　对于1、2级堤防，可根据工程的具体情况、地质结构和有关渗透参数用设计计算分析法以及经验类比法判断堤防渗流的安危程度。

6.2　土石堤的渗流稳定性

6.2.1　堤基渗流稳定性复核要点如下：

1　砂、砾石层的渗流稳定性，应根据土的类型及其颗粒级配等情况判别其渗透变形形式，核定其相应的允许渗透比降，与工程实际渗透比降相比，判断渗流出口有无管涌或流土破坏的可能性，以及渗流场内部有无管涌、接触冲刷等。

2　覆盖层为相对弱透水土层时，应复核其抗浮动稳定性，其允许渗透比降宜由试验法或参考流土指标确定；对已有反滤盖重者，应核算盖重厚度和范围是否满足要求。

3　接触面的渗透稳定性主要有如下两种形式：

(1)复核粗、细散粒料土层之间有无接触冲刷(流向平行界面)和接触流土(流向从细到粗垂直界面)的可能性；粗粒料层能否对细粒料层起保护作用；

(2)复核散粒料土体与刚性结构物体(如混凝土墙、涵管和岩石等)界面的接触渗透稳定性。应注意散粒料与刚性面结合的紧密程度、出口有无反滤保护。

6.2.2　堤身渗流稳定性应复核堤身的防渗性能是否满足规范要求、堤身实际浸润线和下游堤坡渗出段高程是否高于设计值，还需注意堤内有无横向裂缝或水平裂缝、松软结合带或渗漏通道等。

6.2.3　经过防渗加固的堤防，应复核防渗体的防渗性能是否满足规范要求，斜墙的上下游侧有无合格的过渡保护层，水平防渗铺盖的底部垫层或天然砂砾石层能否起保护作用。

6.3　防洪墙的渗流稳定性

6.3.1　墙基渗流稳定性应复核坝基接触处相应土类的水平渗流和渗流出口的渗流稳定性，以及地基中垂直防渗构件的渗流稳定性。

6.3.2　应通过监测资料分析或各种模型计算，复核在规定水位组合下墙基渗压力分布和扬压力图形，与相应的设计允许值相比较，综合判断墙基和建筑物的渗流安全。

6.3.3　渗漏量及其水质复核要点如下：

1　渗流量复核应分析当前观测值与历史显现值的相对比较(需注意墙基渗漏与结构缝漏水的区别),结合扬压力观测资料的分析,综合分析墙基和建筑结构的渗流安全。

2　渗漏水的水质分析,应注意水流挟出的固体物质、析出物和水质化学成分的观测分析,并与河、湖水的化学成分作对比,以判断对混凝土建筑物或天然地基有无破坏性化学侵蚀。

3　在河、湖水位相对稳定期或下降期,当渗流量和扬压力单独或同时出现骤升、骤降的异常现象,且多与温度有关时,还应结合有关温度和变形观测资料作结构变形分析。

6.4　穿堤建筑物的渗流稳定性

6.4.1　水闸的渗流稳定性复核与6.3的内容同。

6.4.2　涵管的渗流稳定性复核,应分析其外围结合带有无接触冲刷等渗流稳定问题,如管身有无漏水、管内有无土粒沉积、土体与涵管结合带是否有水流渗出、出口有无反滤保护等。

6.5　渗流稳定性复核结论

6.5.1　利用6.2~6.4内容的定性、定量判别结果,并结合实际渗流情况作全面、具体分析,对堤防渗流稳定性进行综合评价。

6.5.2　堤防渗流稳定性复核结果的分级原则如下:

1　当各种土、砂、砾料的实际渗流比降小于规范允许下限,堤基扬压力小于设计值,且运行中无渗流异常征兆时,可认为该堤防工程的渗流性态是安全的,定为A级。

2　当各种土、砂、砾料的实际渗流比降大于规范允许下限,但未超过其上限或同类工程的经验安全值,堤基扬压力不超过设计值;或有一定渗流异常但不影响堤防安全时,可认为该工程的渗流性态基本安全,定为B级。

3　当各种土、砂、砾料的实际渗流比降大于规范或经验类比的上限或破坏值,堤基扬压力大于设计值;或工程已出现严重渗流异常现象时,可认为该工程的渗流性态不安全,定为C级。

7　防护体抗冲稳定性复核

7.1　一般规定

7.1.1　堤岸防护工程,包括平顺护岸、护湾、丁坝、矶头等工程措施。堤岸防护工程抗冲稳定性复核是复核护坡在风浪作用下、护脚在水流冲刷下工程的稳定性。

7.1.2　抗冲稳定性复核需要的主要资料有:

1　河道、湖泊平面图;

2　堤岸防护工程的平面图、结构形式及纵横剖面图;

3　风力、风向、风浪等观测资料;

4　河床、湖床泥沙颗粒级配分析资料;

5　河道、湖泊水力要素。

7.1.3　抗冲稳定性复核主要方法分为:

1　现场检查及观测资料分析。对于缺少资料或堤防级别比较低的堤岸防护工程,可以采用这种方法。

2　计算分析。对于具有充分的资料或比较重要堤防的堤岸防护工程,应进行理论计算,并结合现场检查及观测资料分析,对工程的抗冲稳定性进行复核。

7.2 护坡抗风浪能力

7.2.1 波浪计算应按《堤防工程施工规范》(SL 260—98) 附录 C 的要求执行。

7.2.2 护坡砌体厚度复核可按《堤防工程施工规范》(SL 260—98)的要求执行,护坡垫层应根据设计资料及现场检查情况复核是否满足反滤要求。

7.2.3 护坡砌体抗风浪能力复核结果的分级原则如下:

1 当护坡的厚度大于复核计算的数值,护坡垫层满足反滤要求,且现场检查护坡状况良好时,可认为该护坡工程抗风浪是安全的,定为 A 级。

2 当护坡的厚度大于复核计算的数值,或护坡垫层满足反滤要求,但现场检查发现护坡有所损坏时;当护坡的厚度小于复核计算的数值,或护坡垫层不满足反滤要求,但现场检查发现护坡状况基本良好时,可认为该护坡工程抗风浪基本安全,定为 B 级。

3 当护坡的厚度小于复核计算的数值,或护坡垫层不满足反滤要求,且现场检查发现护坡有所损坏时;当护坡的厚度虽然大于复核计算的数值,或护坡垫层满足反滤要求,但现场检查发现护坡损坏严重时,可认为该护坡工程抗风浪是不安全的,定为 C 级。

7.3 护脚抗冲稳定性

7.3.1 堤岸冲刷深度应按堤岸防护工程的类型分别计算,其计算方法可按《堤防工程施工规范》(SL 260—98)附录 D.2 的要求执行。

7.3.2 对堤岸冲刷深度计算的结果应进行合理性分析。

7.3.3 根据防冲体护脚结构形式及体积、沉排护脚结构强度及铺放范围复核护脚结构的稳定性。

7.3.4 复核结果的分级原则如下:

1 当防冲体护脚的刚柔性能及体积、沉排护脚结构强度及铺放范围能满足填充或覆盖复核计算冲刷坑的要求,且运行中无坍塌征兆时,可认为该护脚工程的抗冲性态是安全的,定为 A 级。

2 当防冲体护脚的刚柔性能及体积、沉排护脚结构强度及铺放范围虽然不能满足填充或覆盖复核计算冲刷坑的要求,但运行中无坍塌征兆时,可认为该护脚工程的抗冲性态基本安全,定为 B 级。

3 当防冲体护脚的刚柔性能及体积、沉排护脚结构强度及铺放范围不能满足填充或覆盖复核计算冲刷坑的要求,且护脚坍塌严重时,可认为该护脚工程的抗冲性态不安全,定为 C 级。

8 堤防工程安全综合评价

8.0.1 堤防安全综合评价包括防洪能力、结构稳定、渗流稳定、抗冲稳定等。

8.0.2 在对堤防安全进行综合评价时,应以国家现行规范为标准。当复核计算结果与规范规定接近而难以确定安危时,可结合工程现状,并考虑堤防决溢后果及堤防的运行管理情况综合评定。工程现状主要由《堤防工程调查报告》及安全监测结果体现,堤防决溢后果取决于工程规模及给下游带来的人民生命和经济损失及社会和环境影响。

8.0.3 堤防工程性状各项的安全性分为 A、B、C 三级。A 级为安全可靠;B 级为基本安全,但有缺陷;C 级为不安全。

8.0.4　堤防工程安全分为三类：一类堤防安全可靠，能按设计正常运行；二类堤防基本安全，可在加强监控下运行；三类堤防不安全，属病险堤防工程。工程性状各项的安全性级别均达到 A 级的，为一类堤防；各专项的安全性级别均达到 A 级和 B 级的，为二类堤防；各项的安全性级别中有一项以上（含一项）是 C 级的，为三类堤防。各项安全性级别中有 1 ~2 项是 B 级（不含抗洪能力），其余的均达到 A 级，且堤防的工程质量及运行管理优良的，可升为一类堤防，但要限期将 B 级升级。

8.0.5　根据《堤防工程安全评价报告》专家所认可的复核结果对照相应的安全性分级原则，确定堤防工程性状各专项的安全性级别。综合堤防工程性状各专项安全性分级结果，最终确定安全分类。

8.0.6　对评定为二、三类的堤防，应提出加固措施的建议。

附录 A　引用标准

《水利水电工程结构可靠度设计统一标准》（GB 50199—94）
《防洪标准》（GB 50201—94）
《土工试验方法标准》（GB/T 50123—1999）
《土工试验规程》（SL 237—1999）
《水利工程水利计算规范》（SL 104—95）
《水利水电工程设计洪水计算规范》（SL 144—2006）
《堤防工程设计规范》（GB 50286—98）
《海堤工程设计规范》（SL 435—2008）
《水闸设计规范》（SL 265—2001）
《堤防工程养护修理规程》（征求意见稿）
《水利水电基本建设工程单元工程质量等级评定标准》（DL/T 5113.1—2005）

附录 B　堤防性状安全性分级

安全性分级	防洪能力	结构稳定	渗流稳定	抗冲稳定
A 级	堤防防洪能力满足规范要求	堤身及堤坡抗滑稳定安全系数大于规范规定数值，且运行中无滑动异常征兆	各种土、砂、砾料的实际渗流比降小于规范允许下限，堤基扬压力小于设计值，且运行中无渗流异常征兆	护坡的厚度大于复核计算的数值；护坡垫层满足反滤要求，且现场检查护坡状况良好； 防冲体护脚的刚柔性能及体积、沉排护脚结构强度及铺放范围能满足填充或覆盖复核计算冲刷坑的要求，且运行中无坍塌征兆

续附录 B

安全性分级	防洪能力	结构稳定	渗流稳定	抗冲稳定
B 级	堤防防洪能力不满足规范要求	堤体及护坡的抗滑稳定安全系数小于规范规定数值，但运行中无滑动异常征兆，或有一定滑动异常但不影响堤防安全	各种土、砂、砾料的实际渗流比降大于规范允许下限，但未超过其上限或同类工程的经验安全值，堤基扬压力不超过设计值；或有一定渗流异常但不影响堤防安全	护坡的厚度大于复核计算的数值，或护坡垫层满足反滤要求，但现场检查发现护坡有所损坏；当护坡的厚度小于复核计算的数值，或护坡垫层不满足反滤要求，但现场检查发现护坡状况基本良好； 防冲体护脚的刚柔性能及体积、沉排护脚结构强度及铺放范围虽然不能满足填充或覆盖复核计算冲刷坑的要求，但运行中无坍塌征兆
C 级	堤防防洪能力不满足规范要求	堤体及护坡的抗滑稳定安全系数小于规范规定数值，且运行中有严重滑动情况	各种土、砂、砾料的实际渗流比降大于规范或经验类比的上限或破坏值，堤基扬压力大于设计值；或工程已出现严重渗流异常现象	护坡的厚度小于复核计算的数值，或护坡垫层不满足反滤要求，且现场检查发现护坡有所损坏；当护坡的厚度虽然大于复核计算的数值，或护坡垫层满足反滤要求，但现场检查发现护坡损坏严重时； 防冲体护脚的刚柔性能及体积、沉排护脚结构强度及铺放范围不能满足填充或覆盖复核计算冲刷坑的要求，且护脚坍塌严重

附录 C　堤防工程安全分类

安全分类	分类原则
一类堤防	防洪能力为 A 级，结构稳定、渗流稳定、抗冲稳定有一项、两项或三项为 A 级
二类堤防	防洪能力、结构稳定、渗流稳定、抗冲稳定有三项或四项为 B 级
三类堤防	防洪能力、结构稳定、渗流稳定、抗冲稳定有一项或多项为 C 级

4.3　基于数据驱动的堤防病害诊断方法

4.3.1　故障诊断研究现状

随着对各种大型工程系统安全性要求的不断提高以及复杂性的不断增加,系统的可靠性、故障诊断问题越来越受到人们的重视。堤防工程作为一个大型系统,其诊断方法有其研究和应用对象的特殊性,但在方法和理论方面又与一般大型系统的故障诊断有很多相通之处。故障诊断技术中的许多方法、理论等都可以应用于堤防工程的病害诊断。

大型系统的故障诊断方法大体上可以分为3类:基于定量模型的方法、基于定性模型的方法和基于过程历史(也称数据驱动)的方法。基于定量模型的方法包括观测器设计法、对偶空间法和扩展Kalman滤波法等;基于定性模型的方法包括有向图法、故障树法、定性机理分析法、抽象结构分层模型法、抽象功能分层模型法;基于过程历史的方法可分为定性和定量两类,其中定性的方法有专家系统和定性趋势分析,定量的方法有基于神经网络的方法、基于统计的PCA(Principal Component Analysis)方法和基于盲源分离的方法等。

基于模型的方法,无论是定性的还是定量的,都需要关于系统的一些先验知识,这些信息有些情况下是无法得到的,或者很难建立起较适用的精确模型,基于模型的故障技术要求建立已知对象系统的数学模型,因此对复杂系统效果受限。而监控模型的好坏又很大程度地依赖于模型的准确程度。大型复杂系统中,基于历史数据的方法(也称为数据驱动方法)可以更好地解决"数据丰富、信息匮乏"的问题。

对于大坝等人造大型工程,由于其岩土结构比较规律,可以采用基于工程力学、结构力学、材料学的建模方法,建立起大坝这一大型系统的机理模型,从而大部分基于模型的异常检测与诊断方法均可用于大坝健康诊断。基于随机滤波理论的故障诊断是该类技术的代表,包括卡尔曼滤波、无味滤波和粒子滤波等。

但是,对于形成因素复杂的堤防来说,它具有岩土结构复杂、分布严重不均匀等特点,很难甚至无法建立起堤防的系统机理模型。在无法建立起准确堤防模型的情况下,如何及时发现堤防隐患,为堤防加固和度汛防守提供依据,是亟待解决的重大技术课题之一。

开展数据驱动的堤防健康诊断方法研究,充分利用数据信息,更好地诊断堤防病害的原因,正确评估堤防工程的健康状态,对于提高国家公共安全、保护人民的生民财产安全具有重要的理论和实际应用价值。

在桥梁、堤防、大坝、水利水电等工程领域,病害诊断的概念也逐渐被广泛接受,并有了一定的发展,主要集中在工程结构的故障诊断,通过对振动、磁、红外信号的采集和分析,发现或预报结构的故障和损伤,分析手段包括FFT分析、倒谱分析、HHT分析、短时傅里叶分析等。这些方法多是对单个传感器观测到的信息进行检测和诊断,而堤防安全监测中测量到的观测数据往往来自相同或不同类型的多个传感器,不同传感器对应的观测数据之间可能存在高度相关性。因此,现有方法中仍然存在没有充分利用多变量观测信息的问题。

基于多变量观测数据特征信息提取的数据驱动故障诊断方法分定性的方法和定量的方法两类。其中定性的方法有专家系统法和定性趋势分析法，定量的方法有基于神经网络的方法和基于统计的 PCA/PLS(Principal Component Analysis/Partial Least Square)方法等。

人工神经网络(ANN)具有高度神经计算能力和极强的自适应性、鲁棒性和容错性，在堤防工程安全监测中得到了广泛关注，它在处理不确定性问题时具有独特的优势。但神经网络用于病害诊断的缺点也很明显：①收敛缓慢，易于陷入局部极小点；②神经网络学习完成后在外推时可能产生较大误差；③黑箱建模的输入输出关系不明确，无法很好地实现病害影响强度分析和健康管理。

专家系统(ES)模拟人类专家的思维决策过程，运用系统存储的大量领域知识和经验，对用户提出的问题进行推理和判断，能解决只有人类专家才能解决的问题。堤防工程安全中用到的专家系统通常由两个独立的系统组成，即监测系统和专家系统。监测系统的输出数据就是专家系统的输入数据。专家系统法存在的问题有：①知识获取的“瓶颈”和系统维护工作量大的问题；②简单的专家系统推理方法容易出现匹配冲突，容错能力较差。

基于多元统计分析的故障诊断方法利用系统的多个观测变量之间的相关性进行故障诊断，它是基于数据特征抽取对象进行诊断的最常用方法之一，其中的主流方法是主元分析(PCA)法和部分最小二乘(PLS)法。主元分析及其有关改进和扩展的方法，包括动态主元分析、自适应主元分析、分块主元分析、多向主元分析和非线性主元分析等在大型系统或工程的异常监控和故障诊断方面的研究已经广泛开展。

但此类方法在堤防工程安全监测中的应用还较少。这是因为在堤防监测过程中用于监测渗流场、应力场、电场等变化的多种类型传感器，如材料电阻率、波速、渗流量、应力应变量等，它们的量纲差异较大。要能使 PCA 用于堤防安全监控中就必须对数据进行标准化以消除量纲的影响，但是标准化后的数据可能出现各主元“分布均匀”的情况，即各主元对应载荷向量的方差贡献率近似相等，从而无法很好地建立起 PCA 监控模型。若可以根据各观测变量的物理重要性程度，先将观测数据做相对化变换，再对变换后的数据做 PCA 分析，则可以将 PCA 成功地用于堤防病害诊断中。

堤防隐患多种多样，它们呈现出的病害特征往往是在多个不同尺度上的，而且对噪声的敏感性差别也较大。建立多尺度灾害诊断方法有望使得检测突发型故障诊断对高频噪声信号具有较强的鲁棒性，而在检测缓变类型故障时具有实时性。

基于 PCA 的异常监控虽能较好地进行异常检测，并可用贡献图法进行故障分离，但 PCA 的模式复合效应使得其无法进行故障模式辨识，即无法找到病害的具体位置；特别地，当堤防同时受到多种病害影响时，基于 PCA 的方法无法判定究竟哪些部位发生什么样的隐患。基于 PCA 的病害诊断通常把异常检测和病害模式辨识分两步进行，这就影响了病害诊断的时效性，在大型系统中，特别是堤防安全监控中可能错失抢修的良机，造成危及公共安全的决堤等洪水灾难。

4.3.2　观测数据空间投影框架的建立

在堤防系统等大型工程系统中,一处故障可能导致灾难性事件的发生,因此故障(病害)诊断方法的研究吸引了包括工程和学术领域众多专家的广泛关注。其中以多元统计分析为基础的数据驱动方法基于数据提取系统状态的有用信息进行异常监控,无须系统或故障的准确机理模型,从而可以有效解决现代大型系统面临的“数据丰富、信息匮乏”问题。

对观测数据阵做主元分析后所得第一主元对应的载荷向量表示对系统变化贡献最大的变化方向,在系统受多种故障影响的情况下,基于观测数据所提取的第一载荷向量是由几个不同的实际变化方向复合而成的,如图 4-14 所示。PCA 的这种模式复合效应使得引起系统发生异常的故障模式的解释变得更加困难,区分不显著模式的能力也因这一复合效应而受到影响。

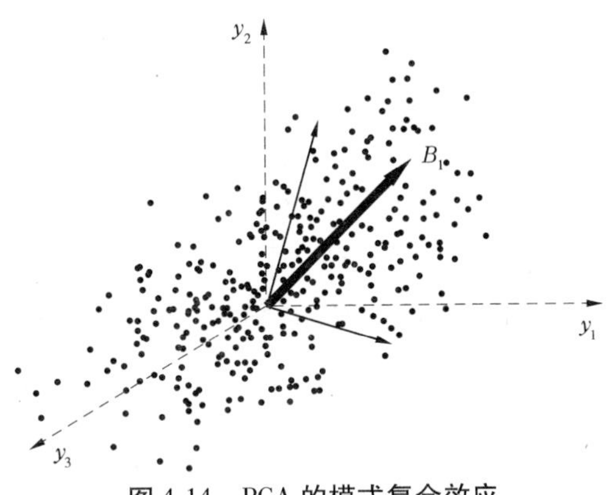

图 4-14　PCA 的模式复合效应

为了克服 PCA 因模式复合现象而无法进行多故障诊断和诊断结果难以解释及无法针对某些具体故障进行监控的不足,引入指定元分析(DCA)的思想,并建立 DCA 多故障诊断理论的空间投影框架,这是一种结合统计建模与物理建模的多变量统计特征提取方法。

DCA 分析是一种知识导引的多变量统计特征提取工具。基于 DCA 的故障诊断分离线建模和在线监测两部分。离线建模部分先以正常或典型故障数据为基础,通过各类学习方法获取故障征兆关系的知识(也可参考专家经验获取知识),然后定义相应的正常或故障模式,并建立相应的 DCA 空间投影框架。在线监测部分以实际观测到的多元观测数据为输入,在所建立的 DCA 空间投影框架把异常检测问题转化为将观测数据向故障子空间投影后投影能量的显著性检测问题。在确定系统存在异常的情况下,再将观测数据向故障子空间中各故障模式方向分别进行投影,根据投影能量的显著性进行多故障诊断。

刻画设备状态的变化模式包括正常变化模式和故障模式,统称为指定模式,可由模式类型和征兆之间的关系定义。根据系统的实际运行经验,若系统的故障域包括 l 个典型故障 $\boldsymbol{D}_1,\boldsymbol{D}_2,\cdots,\boldsymbol{D}_l$,并可提取 p 个征兆 $u_r(r=1,2,\cdots,p)$ 作为 $\boldsymbol{D}_i$ 的特性指标。u_r 按以下规则取值:

$$u_r = \begin{cases} 1, \text{当第 } r \text{ 种征兆存在时} \\ 0, \text{当第 } r \text{ 种征兆不存在时} \end{cases} \quad (r = 1,2,\cdots,p) \tag{4-27}$$

从而变化模式 $\boldsymbol{D}_i$ 可以通过一个取值为 0 或 1 的 p 维向量表示：

$$\boldsymbol{D}_i = [u_{i1}, u_{i2}, \cdots, u_{ip}] \tag{4-28}$$

其中

$$u_{ir} = \begin{cases} 1, \text{第 } i \text{ 种模式呈现第 } r \text{ 种征兆} \\ 0, \text{第 } i \text{ 种模式不呈现第 } r \text{ 种征兆} \end{cases} \quad (i = 1,2,\cdots,l;\ r = 1,2,\cdots,p) \tag{4-29}$$

假设 $\boldsymbol{D}_1, \boldsymbol{D}_2, \cdots, \boldsymbol{D}_l$ 是 l 个正交指定模式，则有正交指定模式的数目 l 不可能超过观测空间的维数 p，即

$$l \leqslant p \tag{4-30}$$

(1)正交指定模式数目等于 p。

设多变量系统观测空间 $S \subset R^{p \times 1}$，观测变量 y 的采样样本 $Y_j (j = 1,2,\cdots,n)$ 构成 S 中的元素。若按式(4-29)定义的 p 个指定模式 $\boldsymbol{D}_1, \boldsymbol{D}_2, \cdots, \boldsymbol{D}_p$ 是相互正交的，S 可看做 $\boldsymbol{D}_1$，$\boldsymbol{D}_2, \cdots, \boldsymbol{D}_p$ 的张成子空间

$$S = \mathrm{span}\{\boldsymbol{D}_1, \boldsymbol{D}_2, \cdots, \boldsymbol{D}_p\} \tag{4-31}$$

输出空间 S 可分解为正常子空间 S_N 和故障子空间 S_F 的直和：

$$S = S_N \oplus S_F \tag{4-32}$$

$$S_F = \mathrm{span}\{\boldsymbol{D}_{F1}, \boldsymbol{D}_{F2}, \cdots, \boldsymbol{D}_{Fl}\} \tag{4-33}$$

$$S_N = \mathrm{span}\{\boldsymbol{D}_{N1}, \boldsymbol{D}_{N2}, \cdots, \boldsymbol{D}_{Nm}\} \tag{4-34}$$

$$\boldsymbol{D}_{Ft}, \boldsymbol{D}_{Ns} \in \{\boldsymbol{D}_1, \boldsymbol{D}_2, \cdots, \boldsymbol{D}_p\} \ (t = 1,2,\cdots,l;\ s = 1,2,\cdots m; l + m = p)$$

(2)正交指定模式数目小于 p。

当正交指定模式数目小于观测空间维数时，可通过构造由指定模式张成子空间的正交补空间的方法给出观测数据阵基于指定元的分解式。

若指定了 $l(l<p)$ 个正交变化模式 $\boldsymbol{D}_1, \boldsymbol{D}_2, \cdots, \boldsymbol{D}_l$，则可构造指定模式张成子空间 $S_1 = \mathrm{span}\{\boldsymbol{D}_1, \boldsymbol{D}_2, \cdots, \boldsymbol{D}_l\}$ 的正交补空间，从而观测数据阵可以有如下分解形式

$$\boldsymbol{Y} = \boldsymbol{D}_1 W_1 + \boldsymbol{D}_2 W_2 + \cdots + \boldsymbol{D}_l W_l + E \tag{4-35}$$

输出空间 S 可分解为正常子空间 S_N、故障子空间 S_F 和残差子空间 S_E 的直和：

$$S = S_F \oplus S_N \oplus S_E \tag{4-36}$$

$$S_F = \mathrm{span}\{\boldsymbol{D}_{F_1}, \boldsymbol{D}_{F_2}, \cdots, \boldsymbol{D}_{F_{l_F}}\} \tag{4-37}$$

$$S_N = \mathrm{span}\{\boldsymbol{D}_{N_1}, \boldsymbol{D}_{N_2}, \cdots, \boldsymbol{D}_{N_{l_N}}\} \tag{4-38}$$

$$\boldsymbol{D}_{Ft}, \boldsymbol{D}_{Ns} \in \{\boldsymbol{D}_1, \boldsymbol{D}_2, \cdots, \boldsymbol{D}_l\} \ (t = 1,2,\cdots,l_F; s = 1,2,\cdots,l_N;\ l_F + l_N = l)$$

$$S_E = \mathrm{span}\{\widetilde{\boldsymbol{D}}_{l+1}, \widetilde{\boldsymbol{D}}_{l+2}, \cdots, \widetilde{\boldsymbol{D}}_p\} \tag{4-39}$$

将空间的基看做坐标轴，向量向子空间投影的能量定义为它在子空间的各坐标轴上投影的平方和。将 j 时刻采集到的观测值 $\boldsymbol{Y}_j \in R^{1 \times p}$ 看做是观测输出空间 $S \subset R^p$ 中的一个向量，$\boldsymbol{Y}_j$ 向故障信号子空间 S_F、正常信号子空间 S_N 和残差子空间 S_E 投影的能量可以用下式定义：

$$A_{F_j} = \sum_{i=1}^{l_F} |\boldsymbol{D}_{F_i}^{\mathrm{T}} Y_j|^2 \tag{4-40}$$

$$A_{N_j} = \sum_{i=1}^{l_N} |\boldsymbol{D}_{N_i}^{\mathrm{T}} \boldsymbol{Y}_j|^2 \tag{4-41}$$

$$A_{E_j} = \sum_{i=l+1}^{p} |\widetilde{\boldsymbol{D}}_i^{\mathrm{T}} \boldsymbol{Y}_j|^2 \tag{4-42}$$

$$A_{S_j} = A_{F_j} + A_{N_j} + A_{E_j} \tag{4-43}$$

若 $\boldsymbol{Y}_j$ 在故障空间投影的能量 A_{F_j} 较大，则系统发生异常，否则认为系统正常运作。

4.4.3　基于指定元分析的多级相对微小故障诊断方法

病害对堤防等大型复杂系统的影响可由其引起的征兆体现。若将观测值的偏离程度较大视为相应的征兆显著,则偏离程度较小视为该征兆微小。随着对系统安全性和可靠性要求的提高,人们不仅希望能很好地诊断出有明显异常征兆的大故障,也希望能对那些虽然只有微小的异常征兆,却可能危及系统安全运行的小故障进行及时有效的监控,常称这一过程为微小故障诊断。

系统发生的微小故障往往会因其征兆较小而被淹没在噪声或征兆显著的大故障中,因此必须对现有的诊断方法进行有效的改进或建立新的方法才有望实现对微小故障的诊断。目前,这方面的研究还仅限于单个微小故障的检测。当小故障不是被噪声所淹没,而是淹没在“大”故障或其他征兆较大的随机模式中时,解决多级相对微小故障诊断问题有着重要的科学价值和应用前景。

基于 DCA 的多级微小故障诊断思想如下:

首先,将观测数据 $\boldsymbol{Y}^1$ 关于第一级主模式类 $\boldsymbol{D}^1$ 中的各指定模式做 DCA 分析

$$\boldsymbol{W}^1 = \boldsymbol{D}^{1\mathrm{T}} \boldsymbol{Y}^1 \tag{4-44}$$

并计算 $\boldsymbol{Y}^1$ 向 $\boldsymbol{D}^1$ 中各指定模式投影能量显著性:

$$D_i^1\% = \frac{\| \boldsymbol{D}_i^{1\mathrm{T}} \boldsymbol{Y}^1 \|_2^2}{\| \boldsymbol{Y}^1 \|_F^2} \quad (i = 1,2,\cdots,l_1) \tag{4-45}$$

然后,将这 l_1 个显著变化模式的影响移除,得

$$\boldsymbol{Y}^2 = \boldsymbol{Y}^1 - \sum_{i=1}^{l_1} d_i w_i = \boldsymbol{Y}^1 - \boldsymbol{D}^1 \boldsymbol{W}^1 \tag{4-46}$$

将 $\boldsymbol{Y}^2$ 向故障子空间投影,根据投影能量的大小判断系统中是否发生了尚未被诊断出的小故障。

在已发生微小故障的情况下,再将 $\boldsymbol{Y}^2$ 关于 $\boldsymbol{D}^2$ 中的各指定模式做 DCA 分析:

$$\boldsymbol{W}^2 = \boldsymbol{D}^{2\mathrm{T}} \boldsymbol{Y}^2 \tag{4-47}$$

计算 $\boldsymbol{D}^2$ 中各指定模式的显著性:

$$D_i^2\% = \frac{\| \boldsymbol{D}_i^{2\mathrm{T}} \boldsymbol{Y}^2 \|_2^2}{\| \boldsymbol{Y}^2 \|_F^2} \quad (i = 1,2,\cdots,l_2) \tag{4-48}$$

据此判断相应的小故障是否已发生。

移除所有 $M-1$ 组显著变化模式的影响后,对所得残差矩阵 $\boldsymbol{Y}^M$ 关于 $\boldsymbol{D}^M$ 做 DCA 分析:

$$\boldsymbol{W}^M = \boldsymbol{D}^{M\mathrm{T}}\boldsymbol{Y}^M \tag{4-49}$$

并计算残差 $\boldsymbol{Y}^M$ 对各指定模式的显著性:

$$D_i^M\% = \frac{\|\boldsymbol{D}_i^{M\mathrm{T}}\boldsymbol{Y}^M\|_2^2}{\|\boldsymbol{Y}^M\|_F^2} \quad (i = 1,2,\cdots,l_m; m = 1,2,\cdots,M) \tag{4-50}$$

从而图 4-15 所示的算法可实现多级小故障诊断。

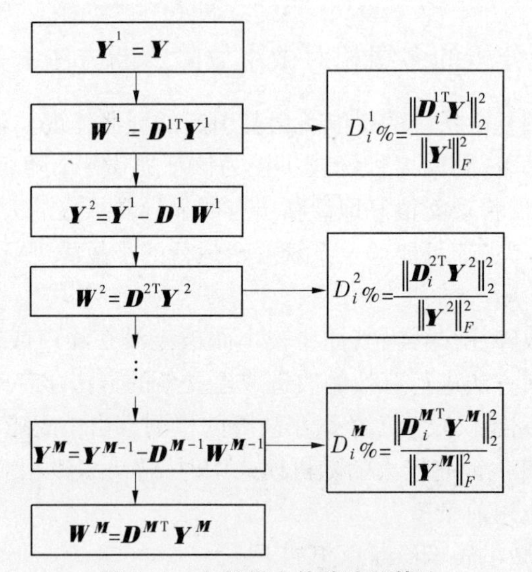

图 4-15　多级微小故障诊断算法

4.3.4　基于多尺度 DCA 的多故障诊断方法

以主元分析(PCA)为代表的多变量统计分析方法是最常用数据驱动的故障(病害)诊断方法。该方法无须建立准确的机理模型,通过提取具有代表性的观测数据中的统计特征信息对系统运行状况进行统计推断,是解决“数据丰富、信息匮乏”问题的重要途径之一,可以有效处理堤防系统病害诊断过程中遇到的结构复杂、介质分布不均匀、机理模型的建立不可行等问题。

PCA 进行统计特征提取时没有考虑故障和观测信号的多尺度特性,使得其检测能力受到不同程度的限制。多尺度主元分析(MSPCA)可以更好地提取出不同频率类型故障所呈现出的多尺度特性。但 PCA 的模式复合效应使得多尺度主元在应用时仍然只能进行故障检测而无法很好地进行故障模式辨识,且 MSPCA 在滤波时多采用各尺度上分别建立 PCA 模型的方法,各尺度上的空间投影框架不同。

DCA 可以克服 PCA 模式复合的不足,使诊断结果具有明确的物理意义,且可以方便地进行多故障诊断。但是现有的 DCA 故障诊断方法是在单尺度上提出的。当系统中有多个故障发生时,不同频率类型故障特征体现在不同尺度上,进行多尺度滤波后有望更好地进行多故障诊断。提出一种 MSDCA 多故障诊断算法,它是由 MSDCA 建模和多故障诊断两部分组成。

MSDCA 的基本思想:将观测数据 $\boldsymbol{Y}$ 经 DWT 分解后所得数据 $\boldsymbol{Y}_D^{(j)}$ 和 $\boldsymbol{Y}_V^{(L)}$ 统一都向由

$\boldsymbol{D}_i(i=1,2,\cdots,l)$所构成的坐标系上投影。具体见式(4-51)和式(4-52)：

$$\boldsymbol{W}_i^{(j)} = \boldsymbol{D}_i^{\mathrm{T}}\boldsymbol{Y}_D^{(j)} \quad (j = 1,2,\cdots,L;i = 1,2,\cdots,p) \tag{4-51}$$

$$\boldsymbol{W}_i^{(L)} = \boldsymbol{W}_i^{\mathrm{T}}\boldsymbol{Y}_V^{(L)} \tag{4-52}$$

其中，$\boldsymbol{W}_i^{(j)}$ 是j尺度上 DCA 分析的指定元向量；$\boldsymbol{W}_i^{(L)}$ 是L尺度平滑数据 DCA 所得指定元向量。

对在线观测数据$\boldsymbol{Y}$做多尺度分解，得$\boldsymbol{Y}_D^{(j)}(j=1,2,\cdots,L)$和$\boldsymbol{Y}_V^{(L)}$。

在各个尺度上，分别将相应的数据矩阵向所定义的指定模式张成子空间投影，得到各尺度上的指定元：

$$\boldsymbol{W}_{i,D}^{(j)} = \boldsymbol{D}_i^{\mathrm{T}}\boldsymbol{Y}_D^{(j)} \quad (j = 1,2,\cdots,L) \tag{4-53}$$

$$\boldsymbol{W}_{i,V}^{(L+1)} = \boldsymbol{D}_i^{\mathrm{T}}Y_V^{(L)} \tag{4-54}$$

计算各尺度上观测数据向相应故障模式张成子空间投影能量$\boldsymbol{A}_i^{(j)}$和投影能量的显著性。计算滤波后 DCA 模型的 Shewhart 图控制限。

$$\boldsymbol{L\hat{C}L}_i = -3\boldsymbol{A}_i = -3\left(\frac{1}{2}\boldsymbol{LCL}_i^{(1)} + \frac{1}{2^2}\boldsymbol{LCL}_i^{(2)} + \cdots + \frac{1}{2^L}\boldsymbol{LCL}_i^{(L)} + \frac{1}{2^L}\boldsymbol{LCL}_i^{(\bar{L})}\right) \tag{4-55}$$

$$\boldsymbol{U\hat{C}L}_i = 3\boldsymbol{A}_i = 3\left(\frac{1}{2}\boldsymbol{UCL}_i^{(1)} + \frac{1}{2^2}\boldsymbol{UCL}_i^{(2)} + \cdots + \frac{1}{2^L}\boldsymbol{UCL}_i^{(L)} + \frac{1}{2^L}\boldsymbol{UCL}_i^{(\bar{L})}\right) \tag{4-56}$$

在各个尺度上，根据在线观测信号的频率特征，将小波变换系数$\boldsymbol{Y}_D^{(j)}$和$\boldsymbol{Y}_V^{(L)}$做滤波，计算重构 DCA 模型相应的投影能量和显著性：

$$\hat{D}_i\% = \frac{\|\hat{\boldsymbol{A}}_i\|_2^2}{\|\hat{\boldsymbol{Y}}\|_F^2} = \frac{\sum_{j=1}^{L+1}\tau_{ij}\bar{\boldsymbol{A}}_i^{(j)}}{\|\hat{\boldsymbol{Y}}\|_F^2} \tag{4-57}$$

MSDCA 采用具有明确物理意义的指定模式作为统一投影框架。利用小波变换的尺度递归特性，可根据各尺度上 DCA 投影能量直接确定 0 尺度上的投影能量，从而可以节省多尺度方法在计算机实现时所需的存储空间。

4.3.5　数据驱动的病害传播和影响强度分析

堤防等大型系统包含有很多辅助系统和设备，它们之间正确的协调是实现系统正常运作的基础。为了对系统运行状况进行监控，需在各子系统中安装各种类型的传感器，以采集不同参量(如热工系统的温度、压力等)的观测值。当系统发生故障时，这些观测变量的统计特性会发生变化。对相邻的两个子系统来说，若把前一系统的输出看做后一系统的输入，则可视其为一个输入/输出系统。从而由多个相互耦合子系统组成的大型自动化系统可以抽象成如图 4-16 所示的多变量 I/O 系统。

输出子系统r的故障来源由三部分组成：①由输入子系统t的故障传播而来的；②由与其相邻的其他子系统传播而来的；③由子系统r自身产生的故障。输出子系统r的故障影响强度应为上述三种情况共同作用的结果，共同作用的形式可根据系统的特性确定。因此，大型系统故障传播研究首先需要解决的是输入/输出子系统间的故障传播问题。

若$\boldsymbol{D}_\alpha$是故障模式，则指定元方差$\mathrm{var}(\boldsymbol{w}_\alpha)$体现的是观测数据在$\boldsymbol{D}_\alpha$方向的覆盖程度。

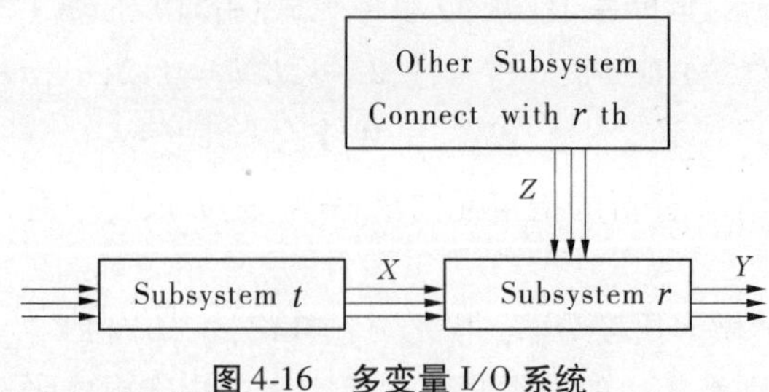

图 4-16　多变量 I/O 系统

另外，系统的能量可用观测数据阵范数的平方 $\|\boldsymbol{X}\|_F^2$ 来表示。

故障 $\boldsymbol{D}_\alpha$ 对系统的影响强度定义为

$$\Gamma_\alpha = \mathrm{var}(\boldsymbol{w}_\alpha)/\|\boldsymbol{X}\|_F^2 \tag{4-58}$$

由定义知，指定元 $\boldsymbol{w}_\alpha$ 是由观测变量 $\boldsymbol{x}$ 决定的 p 个随机变量 $x_1, x_2, \cdots, x_p$ 的线性组合，即

$$\boldsymbol{w}_\alpha = \boldsymbol{D}_\alpha^{\mathrm{T}}\boldsymbol{x} \tag{4-59}$$

$$\boldsymbol{s}_\beta = \boldsymbol{C}_\beta^{\mathrm{T}}\boldsymbol{y} \tag{4-60}$$

所以，$\boldsymbol{w}_\alpha$ 和 $\boldsymbol{s}_\beta$ 是分别由 $\boldsymbol{D}_\alpha$ 和 $\boldsymbol{C}_\beta$ 定义的关于 $\boldsymbol{x} = (x_1, x_2, \cdots, x_p)^{\mathrm{T}}$ 和 $\boldsymbol{y} = (y_1, y_2, \cdots, y_q)^{\mathrm{T}}$ 随机变量函数。这就说明指定元 $\boldsymbol{w}_\alpha$ 和 $\boldsymbol{s}_\beta$ 分别是 $\boldsymbol{x}$ 和 $\boldsymbol{y}$ 关于系统中实际发生故障的一个特征变量。由于 $E\{\boldsymbol{x}\} = E\{\boldsymbol{y}\} = 0$，从而有 $E\{\boldsymbol{w}_\alpha\} = E\{\boldsymbol{s}_\beta\} = 0$。$\boldsymbol{w}_\alpha$ 和 $\boldsymbol{s}_\beta$ 间的相关系数为

$$\rho_{\alpha\beta} = E\{\boldsymbol{w}_\alpha \boldsymbol{s}_\beta\}/\sqrt{\mathrm{var}(\boldsymbol{w}_\alpha)\mathrm{var}(\boldsymbol{s}_\beta)} \tag{4-61}$$

若 $\boldsymbol{D}_\alpha$ 经传播后对 $\boldsymbol{C}_\beta$ 有影响，则 $\rho_{\alpha\beta} \neq 0$。

取 n 个观测样本情况下，故障模式对应指定元 $\boldsymbol{w}_\alpha$ 和 $\boldsymbol{s}_\beta$ 间的相关系数可以通过下式来计算：

$$\rho_{\alpha\beta} = \sum_{k=1}^{n} w_{\alpha k} s_{\beta k}/\sqrt{\sum_{k=1}^{n} w_{\alpha k}^2 \sum_{k=1}^{n} s_{\beta k}^2} \tag{4-62}$$

根据输入/输出故障模式对应指定元间的相关性，视对输出子系统影响较大的输入故障模式 $\boldsymbol{D}_\alpha$，其中 $a \in \{1, 2, \cdots, l_F\}$ 为关键故障，就需作出应对 $\boldsymbol{D}_\alpha$ 针对性监控的决策。关键故障的选取方法如下：

首先，对包含故障 $\boldsymbol{D}_\alpha$ 的典型故障数据 $\boldsymbol{X}_{\boldsymbol{D}_\alpha}$ 和相应的 $\boldsymbol{Y}_{\boldsymbol{D}_\alpha} = f(\boldsymbol{X}_{\boldsymbol{D}_\alpha})$ 分别作 DCA 分析。

$$\boldsymbol{W}_{\boldsymbol{D}_\alpha} = \boldsymbol{D}^{\mathrm{T}}\boldsymbol{X}_{\boldsymbol{D}_\alpha} \tag{4-63}$$

$$\boldsymbol{S}_{\boldsymbol{D}_\alpha} = \boldsymbol{C}^{\mathrm{T}}\boldsymbol{Y}_{\boldsymbol{D}_\alpha} \tag{4-64}$$

其次，计算输入和输出中各指定模式的影响强度：

$$\Gamma_{\boldsymbol{D}_i} = \frac{\mathrm{var}(\boldsymbol{w}_i)}{\mathrm{trace}(\sum \boldsymbol{X}_{\boldsymbol{D}_\alpha})} \quad (i = 1, 2, \cdots, l) \tag{4-65}$$

$$A_{\boldsymbol{C}_j} = \frac{\mathrm{var}(\boldsymbol{s}_j)}{\mathrm{trace}(D\sum \boldsymbol{Y}_{\boldsymbol{D}_\alpha})} \quad (j = 1, 2, \cdots, m) \tag{4-66}$$

易知输入子系统中 $\Gamma_{\boldsymbol{D}_\alpha}$ 最显著。

最后，确定故障传播关系矩阵：

$$\Phi(\alpha,\beta) = \begin{cases} 1, \rho_{\alpha\beta} > \tau \\ 0, \rho_{\alpha\beta} \leqslant \tau \end{cases} \tag{4-67}$$

$\boldsymbol{\Phi}(\alpha,\beta)=1$ 表示 $\boldsymbol{D}_\alpha$ 是引发 $\boldsymbol{C}_\beta$ 的故障源之一。

4.3.5.1　指定元回归模型

输出故障的故障源可能有多个,可分别预测各关键输入故障 $\boldsymbol{D}_\alpha$ 对输出故障 $\boldsymbol{C}_\beta$ 的影响强度 $\Lambda_{\alpha\beta}$,再把各 $\Lambda_{\alpha\beta}$ 按某种方式复合,即可得到输出子系统中故障 C_β 的影响强度 Λ_β。本小节建立各 $\boldsymbol{D}_\alpha$ 与 $\boldsymbol{C}_\beta$ 间的指定元回归模型。

基于 $\boldsymbol{W}_{\boldsymbol{D}_\alpha}(\alpha,:)$ 和 $\boldsymbol{S}_{\boldsymbol{D}_\beta}(\beta,:)$,在最小二乘意义下建立 $\boldsymbol{C}_\beta$ 和 $\boldsymbol{D}_\alpha$ 对应指定元间的回归模型:

$$\boldsymbol{s}_\beta = \boldsymbol{H}_{\beta\alpha}\boldsymbol{w}_\alpha + \boldsymbol{e}_{\beta\alpha} \quad (\alpha = 1,2,\cdots,l_F) \tag{4-68}$$

其中,$\boldsymbol{H}_{\beta\alpha}$是回归系数矩阵。

式(4-68)是根据以往经验数据建立的输入/输出指定元回归模型。当输入子系统的在线观测数据到来后,可利用式(4-68)预测输出子系统中故障模式对应的指定元 $\hat{\boldsymbol{s}}_\beta$ 和相应的故障影响强度 $\hat{\Lambda}_{\alpha\beta}$。

4.3.5.2　在线监控及故障影响强度预测

式(4-68)是根据以往经验数据,建立的输入/输出子系统指定元回归模型。当输入子系统的在线观测数据到来时,先对其作 DCA 分析:

$$\boldsymbol{w}(k) = \boldsymbol{D}^{\mathrm{T}}\boldsymbol{x}(k) \quad (k = 1,2,\cdots,n) \tag{4-69}$$

计算各采样时刻观测数据向故障子空间投影的能量

$$\boldsymbol{A}_F(k) = \sum_{i=1}^{l_F} |\boldsymbol{D}_{F_i}^{\mathrm{T}}x(k)|^2 \quad (k = 1,2,\cdots,n) \tag{4-70}$$

根据投影能量的大小判断输入子系统是否发生了异常,并计算各 $\boldsymbol{D}_\alpha$ 的故障影响强度为

$$\Gamma_\alpha = \mathrm{var}(\boldsymbol{w}_\alpha)/\mathrm{trace}(\sum \boldsymbol{X}) \tag{4-71}$$

根据 $\boldsymbol{D}_\alpha$ 的影响强度 Γ_α,判断其是否发生。

然后,基于输入子系统的在线观测数据 DCA 分析所得指定元 $\boldsymbol{w}_\alpha$,利用所建立的指定元回归模型预测输出空间中的故障模式 $\boldsymbol{C}_\beta$ 对应的指定元 $\hat{\boldsymbol{s}}_\beta$:

$$\hat{\boldsymbol{s}}_{\alpha\beta} = \boldsymbol{H}_{\alpha\beta}\boldsymbol{w}_\alpha \tag{4-72}$$

并据此预测 $\boldsymbol{D}_\alpha$ 对 $\boldsymbol{C}_\beta$ 的影响强度:

$$\hat{\Lambda}_{\alpha\beta} = \mathrm{var}(\hat{\boldsymbol{s}}_{\alpha\beta})/\mathrm{trace}(\sum \hat{\boldsymbol{Y}}) \quad (\alpha = 1,2,\cdots,l_F) \tag{4-73}$$

其中,$\hat{\boldsymbol{Y}}$ 是历史数据 PLS 模型的预测输出,即

$$\hat{\boldsymbol{Y}} = AGU \tag{4-74}$$

$\boldsymbol{G}$ 是由各阶主元回归系数阵 $\boldsymbol{G}_i(i=1,2,\cdots,K)$ 决定的。然后,输出故障 $\boldsymbol{C}_\beta$ 的影响强度。

多故障同时发生情况下输出子系统中故障 $\boldsymbol{C}_\beta$ 的影响强度为

$$\hat{\Lambda}_\beta = \sum_{\alpha=1}^{l_F} k_{\alpha\beta}\hat{\Lambda}_{\alpha\beta} \tag{4-75}$$

其中,权系数 $k_{\alpha\beta}$ 可由回归参数的置信区间和输入/输出指定元相关系数 $\rho_{\alpha\beta}$ 确定。

图 4-17 给出了多变量 I/O 系统中采用知识导引的数据驱动方法异常监控的算法框图。

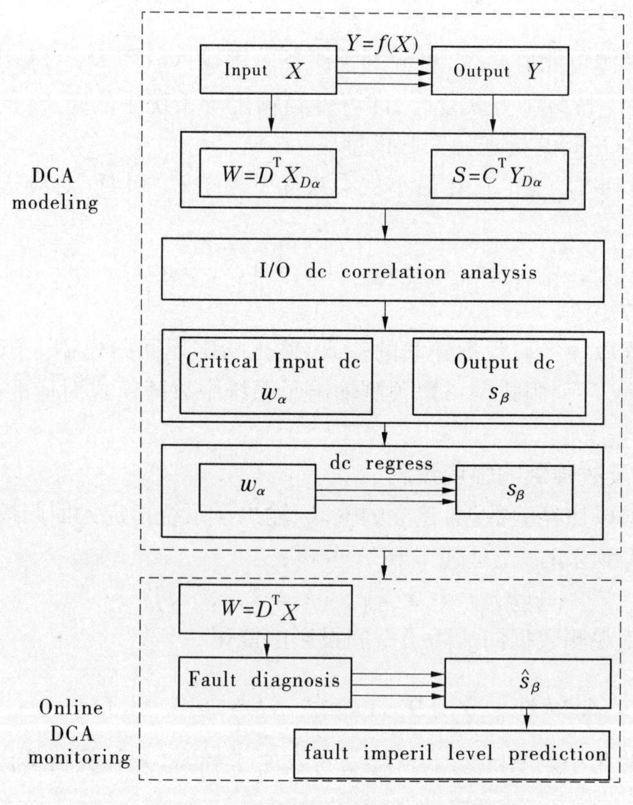

图 4-17　多输入多输出系统监控

参 考 文 献

[1] 李国英.治理黄河思辨与践行[M].郑州:黄河水利出版社,2003.

[2] 黄河水利委员会.1901～2000世纪黄河[M].郑州:黄河水利出版社,2001.

[3] 陈效国,邓盛明.黄河流域防洪减灾对策研究[C]//中国防洪减灾对策研究.北京:中国水利水电出版社,2002.

[4] 张秀勇.黄河下游堤防破坏机理与安全评价方法的研究[D].南京:河海大学,2005.

[5] 陈红.堤防工程安全评价方法研究[D].南京:河海大学,2004.

[6] 刑万波.堤防工程风险分析理论与实践研究[D].南京:河海大学,2006.

[7] 蒋邦远.实用近区磁源瞬变电磁法勘探[M].北京:地质出版社,1998.

[8] 方文藻,李予国,李貅.瞬变电磁测深法原理[M].西安:西北工业大学出版社,1993.

[9] 静恩杰,李志聃.瞬变电磁法基本原理[J].中国煤田地质,1995,7(2):83-87.

[10] 中华人民共和国地质矿产部.DZ/T 0187—1997 地面瞬变电磁法技术规程[S].北京:中国标准出版社,2004.

[11] 牛之琏.时间域电磁法原理[M].长沙:中南工业大学出版社,1992.

[12] 李貅.瞬变电磁测深的理论与应用[M].西安:陕西科学技术出版社,2002.

[13] 杨成林.瑞利面波勘探[M].北京:地质出版社,1993.

[14] 陈效国.堤防工程新技术[M].郑州:黄河水利出版社,1998.

[15] 谢向文.黄河下游堤防隐患探测技术研究[J].水利技术监督,2000,8(4):20-24.

[16] 冷元宝,黄建通,张震夏,等.堤坝隐患探测技术研究进展[J].地球物理学进展,2003,18(3):370-379.

[17] 冷元宝,等.我国堤坝隐患及渗漏探测技术现状及展望[J].水利水电科技进展,2002,22(2):59-62.

[18] 董浩斌,王传雷,等.高密度电法的发展与应用[J].地学前缘,2003,10(1):171-176.

[19] 郭玉松,谢向文,马爱玉,等.从堤防隐患探测到堤防隐患监测的思考[J].水利技术监督,2003,11(3):34-36.

[20] 谢向文,马爱玉,张晓豫,等.堤防隐患探测和险情监测技术研究[J].大坝与安全,2004(1):24-26.

[21] 李大心.探地雷达方法与应用[M].北京:地质出版社,1994.

[22] 李大心,祁明松,王传雷,等.江河堤防隐患的地质雷达调查[J].中国地质灾害与防治学报,1996,7(1):21-25.

[23] E W Lane. Security from underseepage: Masonary dams on earth foundations[J]. Trans. Am. Soc. Civ. Eng, 1919,100: 1235-1272.

[24] 孙东亚,M. Aufleger.基于光纤温度测量的土石坝渗漏监测技术[J].水利水电科技进展,2000,20(4):29-31.

[25] Zhu Pingyu, Luc Thenevaz, Leng Yuanbao, et al.. Design of simulator for seepage detection in an embankment based on distributed optic fibre sensing technology[J]. Chinese Journal of Science and Instruments, 2007, 28(3):431-436.

[26] 何玉均,尹成群.布里渊散射分布式光纤传感技术[J].传感器世界,2001,7(12):16-21.

[27] 陈建生,李兴文,赵维炳.堤防管涌产生集中渗漏通道机理与探测方法研究[J].水利学报,2000(9):48-54.

[28] 冷元宝,朱萍玉,周杨,等.基于分布式光纤传感的堤坝安全监测技术及展望[J].地球物理学进展,2007,22(3):1001-1005.

[29] 李青云,张建民. 长江堤防安全评价的理论、方法和实现策略[J]. 中国工程科学, 2005(6):7-13.

[30] 介玉新,李青云,等. 层次分析法在长江堤防安全评价系统中的应用[J]. 清华大学学报, 2004,44(12):1634-1637.

[31] 周小文,包伟力. 基于堤防监测数据的安全评价模型研究[J]. 大坝观测与土工测试, 2001,25(5):17-20.

[32] 汪自力,顾冲时. 堤防工程安全评估中几个问题的探讨[J]. 地球物理学进展,2003,18(3):391-394.

[33] 张庆彬. 河道堤防工程老化评定初探[J]. 水土保持通报,1999,19(5):21-23.

[34] 周福娜, 文成林, 汤天浩, 等. 基于指定元分析的多故障诊断方法[J]. 自动化学报,2009,35(7):971-982.

[35] 谷琼,蔡之华,朱莉,等. 基于 PCA - GEP 算法的边坡稳定性预测[J]. 岩土力学,2009,30(3):757-761.

[36] Y G Liu, S J Hu. Assembly fixture fault diagnosis using designated component analysis[J]. Transaction of the ASME,2005,127:358-368.

[37] 周福娜,文成林,陈志国,等. 基于指定元分析的多级相对微小故障诊断方法[J]. 电子学报,2010,38(8):1874-1879.

[38] 周福娜,文成林,陈志国,等.基于多尺度指定元分析的多故障诊断方法 [J].南京航空航天大学学报,2011,(S1):91-96.

[39] 周福娜,文成林,冷元宝,等.一种数据驱动的故障传播分析方法[J]. 化工学报,2010,61(8):1993-2001.